KB064410

숲, 다시 보기를 권함

Original Title :
Der Wald : Eine Entdeckungsreise by Peter Wohlleben

숲, 다시 보기를 권함

Der Wald

페터 볼레벤 지음 | 박여명 옮김 | 남효창 감수

더숲

머리글

나는 지금 거대한 너도밤나무 앞에 서 있다. 반들거리는 나무껍질의 한쪽은 밝은 회색, 지난밤 비에 젖어 눅눅해진 반대쪽은 어두운 회색이다. 잎에서는 버섯과 곰팡이 냄새가 난다. 나는 다시 시선을 돌려 저 멀리 언덕 위 벌거벗은 수관의 가지들을 바라본다. 170년 동안 나무는 그곳에 서 있었다.

그때 갑자기 조심하라는 산림노동자의 날카로운 외침이 들린다. 생각에 빠져 있던 나는 그 소리에 화들짝 놀라 현실로 돌아와 무심결에 몇 발자국 뒤로 물러섰다. 기계톱이 요란한 소음을 내며 새하얀 나뭇조각들을 흩뿌렸고, 기계의 칼은 무자비하게 줄기를 파고들었다. 얼마 안 가 줄기에는 커다란 금이 생겼다. 눈에 띄지 않을 정도로 미세하게 흔들리던 수관에도 이내 커다란 진동이 일었다. 줄기가 커다란 신음 소리를 내며 날카롭게 울부짖었고, 잔가지들은 솨솨거리며 부딪쳤다. 쾅. 너도밤나무가 바닥으로 쓰러졌다. 발바닥으로 그 충격이 고스란히 전해졌다.

내 감정은 요동치기 시작했다. 이처럼 거대한 나무를 베어 낼 엄청난 힘이 나에게 있다니……. 유용한 목재를 생산해 낼 두꺼운 줄기가 내 지시에 따라 처리된다. 동시에 연민의 감정이 나를 짓눌렀다. 그것은 나무 한 그루 한 그루가 베어져 나갈 때마다 솟아나는 감정이자, 공유림에 유일하게 남아 있는 고령의 활엽수 서식지에서 마지막까지 버티고 있던 너도밤나무와 참나무 거목을 베어 내고 있다는 죄책감이었다. 결국 이곳은 몇 살 되지 않는 어린나무들만 남았다. 이 어린나무들로 이루어진 '숲'의 키는 내 턱에도 채 이르지 못한다. 정말로 이것이 내가 환경을 위해 하고 싶어 하던 일일까?

이것은 벌써 20년 전의 이야기다. 현재 우리 지역의 오래된 숲들은 모두 보호를 받고 있다. 하지만 숲이 어떤 기능을 하고 인간의 행위는 숲에 어떤 영향을 끼치며 숲에서 어떤 일이 일어나고 있는지를 이해하기까지는 꽤 오랜 시간이 걸렸다. 나는 내가 하고 있는 일에 대해 묻고 또 물었다. 그것은 산림경영 전문가로서 던지는 질문이자 21세기를 살아가는 한 인간의 질문이기도 했다.

물론 이 배움의 과정에 끝이 없다는 것을 나는 안다. 내가 여전히 실수할 수 있는 존재라는 사실도 안다. 하지만 나는 마침내 나무들과 화해를 할 수 있었다. 그리고 이 일을 시작한 지 25년 만에야 비로소 내 일과 자연보호 사이에서 균형을 찾게 되었다. 우리 지구상 가장 거대한 생태계인 숲을 새롭고 자유로운 시각으로 바라보게 되자, 나는 끝없이 놀라운 사실들 발견하게 되었다. 어떤 학교에서도 가르쳐 주지 않는 지식이었다.

숲은 훼손되지 않은 원시 상태의 자연을 가장 많이 닮은 생태계다. 일상의 소음과 분주함은 숲에서만큼은 자취를 감춘다. 바람이 우듬지 사이를 살랑거리면 새들이 노래하고, 초록의 나뭇잎들이 파란 하늘과 뒤섞인다. 우리가 깊이 호흡하며 휴식을 누리는 시간이다. 마실 물과 깨끗한 공기, 생물종의 다양성을 허락하는 것 또한 숲이다. 이는 우리가 숲을 사랑하는 이유다.

나는 지금 우리가 보고 있는 것이 정말 자연의 본모습인지 묻고 싶다. 숲의 미래를 비판적인 시각으로 살피기 시작하자, 그저 녹색의 무대 세트에 불과한 수많은 숲이 내 눈에 들어왔다. 정작 무대 세트의 뒤에서는 무자비한 착취가 이루어지고 있다는 사실을 알게 된 것이다. 숲의 동물들은 가장자리로 밀려난 채 성가신 방해물 정도로 여겨지고 있으며, 나무는 체류기간이 이미 정해져 있는 목재 원료에 불과하다는 사실을 말이다.

훼손되지 않은 공동체를 가진 숲들은 여전히 남아 있다. 물론 원시림이라기보다는 사람의 손길이 닿지 않은 인공림에 가깝지만 우리는 이를 통해 나무들의 사회생활을 관찰할 수 있고, 한 번도 연구가 이루어지지 않은 향토 생물종을 발견할 수 있다. 아니, 이것들을 다 떠나서라도 이곳에서 우리는 진짜 숲이 어떤 곳인지를 비슷하게나마 느껴 볼 수 있다. 하지만 현실에서는 이들마저 점점 사라지고 있다. 새로운 침엽수 조림지를 조성하려는 계획 탓이다. 더욱 안타까운 것은 이를 알고 있는 사람들이 없다는 사실이다. 이따금 눈에 띄는 변화가 나타나도 숲의 죽음이나 기후변화를 그 원인으로 제시할 뿐이다.

이 숲들은 여러분의 숲이다. 숲의 주인이 국가나 시, 지역인 경우가 대부분이기 때문이다. 이 민감한 생태계를 보호하는 일에 많은 사람이 비판적인 시각을 갖고 '행동'해 주기를 바라는 것은 바로 그래서다.

지금부터 나의 안내에 따라 숲으로 가보자. 숲은 우리가 사는 지구상에 남은 마지막 비밀의 장소다. 하지만 숲을 발견하는 여행을 떠나기에 앞서 숲으로 들어가게 된 내 이야기를 먼저 꺼내 보려 한다.

감수의 글

독일은 숲을 공부하고 숲 전문가가 되기 위한 길이 두 갈래 있다. 하나는 고위 행정공무원이나 더 깊은 연구를 위해 학자를 양성하는 대학이고, 또 다른 하나는 숲이라는 현장에서 직접적으로 숲을 관리하는 책임자, 즉 산림경영 전문가를 양성하는 대학이다. 페터 볼레벤은 숲을 직접 관리하는 책임자의 길을 걸어간 셈이다. 그는 무엇보다 수십 년에 걸친 실제 현장에서의 체험을 통해 그만의 시각으로 독일 숲의 현황과 경영 방식에 대한 가감 없는 그의 식견을 내보인다. 그래서인지 그의 글은 많은 사람으로부터 사랑을 받을 뿐 아니라 독일의 저명 매체에 출현하기도 하고, 때로는 숲이라는 주제로 프로그램의 진행도 맡을 만큼 대중적 인기를 얻고 있다.

페터 볼레벤은 분명 개혁가이다. 그는, 독일 정부의 산림정책과 산림경영에는 숲의 핵심 키워드인 생태적 경영 마인드가 빠져 있다거나, 생태적 경영을 표방하고는 있지만 그것은 결국 포장지일 뿐 진정한 숲의 주인인 나무와 그 밖의 생물의 입장이 아닌 인간의 입장에서 벗어나지 못하는 산림경영을 한다고 꼬집는다. 어떤 방식으로든 현실적 모순과 부조리에 맞서 자신의 철학을 실천으로 옮기려는 의지가 책의 서두부터 마지막 문장까지 고스란히 묻어나 있다. 한 그루의 위대한 너도밤나무가 페터 볼레벤인지, 페터 볼레벤이 한 그루의 위대한 너도밤나무인지 책을 읽는 내내 혼동될 정도다. 너도밤나무는 서두름이 없는 나무다. 소나무나 참나무가 자신을 추월하며 서둘러 높이 자랄 때도 너도밤나무는 서두르는 법이 없다. 그냥 그들의 그늘 아래에서 참고 견딘다. 모순과 부조리를 삼키며 혁명의 시기만을 기다릴 뿐이다. 언젠가는 극상림(숲의 순환 과정에서의 마지막 단계 즉 더 이상 나아갈 수 없는 상태의 숲. 너도밤나무, 까치박달 같은 나무들이 극상림을 이루는데 모두 응달에 견딜 수 있는 능력의 소유자들이다. 이들이 수명을 다하여 바닥에 눕게 되면 빈 공간이 생겨 빛이 바닥까지 들어오면서 숲은 순환의 처음으로 돌아가며, 이때 빛을 좋아하는 나무들이 자라게 된다)을 주도하게 되는 것이 너도밤나무이다.

Der Wald. '숲, 다시 보기를 권함'으로 번역된 이 책은 현대문명의 물질적 혜택을 받는 사람이라면, 누구나 읽어 봄 직한 훌륭한 양서이다. 한 사람이 자신이 그토록 좋아하는 숲이라는 영역에서 느끼는 행복감과 아울러 현실적 모순에 대한 자신의 신념을 아낌없이 내보여 주는 책이다. 지독하게 경제적 관점으로만 숲을 경영하도록 설계되어 있는 모순을 생태적 경영으로의 전환을 꾀하는 시도나 야생동물을 포획해야만 하는 수렵법의 모순에 맞서는 그만의 저항 방식, 나무와 숲에 대한 일반인의 오해와 더불어 전문가들의 숲에 대한 잘못된

정보 전달에 일침을 가하기도 한다.

그는 자신의 책에서 꽃이나 나무의 이름은 중요하지 않다고 한다. 중요한 것은 나무가 어떠한 상황에서 어떠한 느낌으로 무엇을 고민하고 갈구하는지에 대한 정보를 공유해야 한다고 주장한다. 정말 공감하는 부분이 아닐 수 없다. 식물과 동물이 갖고 있는 이름은 우리 인간의 편의에 의해 부여한 한낱 명칭일 뿐이며, 그 이름을 안다고 해서 우리가 그 생물들의 본질을 이해할 수는 없는 일이다. 그것은 철저하게 우리 인간의 관점에 불과하다. 또한 페터 볼레벤은 지극히 인간중심적 자연 해석이 낳은 부정적인 영향을 고스란히 되돌려 받고 있다고 강조한다. 이상기후, 수질오염 그리고 각종 질병 등이 그 대가다.

무엇보다 이 책의 백미는 그가 보여 주는 실제적 실천성이다. 막다른 골목에서 새로운 길을 찾아내는 수목장의 방식이나 젊은 산림경영 전문가 양성 방식 등에서 그렇다. 이 책을 읽는 내내 저자의 삶이 너도밤나무의 성품과 일치함을 느끼고, 황무지를 천국으로 만든 장 지오노의 엘제아르 부피에가 떠오르고, 현실적 모순에 저항했던 헨리 데이비드 소로의 삶을 생각하게 된다.

산림 부국 독일의 한 숲 전문가가 지금껏 그 누구도 이야기하지 않았던 '숲의 진실'을 보여 주는 책이다.

차례

일러두기

- 본문 아래의 주는 모두 옮긴이 주이다.
- 본문 중 숫자는 책 뒤에 실린 주의 번호이다.

1

산림경영 전문가가 되다

그때의 나는 몇 년이 지나기도 전에
생각이 바뀌게 될 줄은,
그토록 힘들게 쌓아 온 지식들에게
이별을 고하게 될 줄은 미처 알지 못했다.

사실 나는 어릴 때부터 환경운동가가 되고 싶었다. 가족들과 함께 알고이나 북해 도서 지역으로 여행을 떠날 때마다 광활한 풍경과 원시 상태의 자연에 매료되었고, 휴가를 마치고 집으로 돌아올 때면 울음을 터뜨리곤 했다. 그런 열정은 오늘날까지 여전히 내 안에 살아 숨쉬고 있다.

문제는 환경보호가 학문이나 교직 과정으로 분류되지 않는다는 점이었다. 그래서 대학 입학 자격시험인 아비투어를 마치고 내가 선택한 전공이 생물학이었다. 졸업 후 생물학으로 무엇을 어떻게 해야 할지도 모른 채 말이다. 그러던 어느 날 어머니가 일간지에 게재된 공고 하나를 내게 내밀었다. 코블렌츠시 산림청에서 산림경영 전문가 양성을 위한 내부 교육과정을 운영한다는 공고였다.

나는 200명 남짓한 지원자들 사이에 끼어 어렵게 채용시험을 치렀다. 정치적 이슈에 대한 질문에 답변을 하고 몇 가지 시범 과제들을 수행한 나를 기다리는 것은 세 명의 면접관이었다. 나를 꽤나 난처하게 만든 한 가지 질문만 제외하면 질문은 '산림경영 전문가가 되고 싶은 이유는?' 같은 비교적 평범한 수준의 것들이었다. 한 면접관이 내게 물었다.

"군대에는 다녀왔나요, 아니면 다녀올 예정인가요?"

순간 얼굴이 달아올랐다.

"아니요. 신장이 1.98미터라 면제받았습니다."

"그러니까 부적합 판정을 받은 거네요."

안타깝게도 산림청은 군과 관련된 것을 선호하는, 보수적 성향이 강한 정부기관이다. 과거에 보병부대에서 복무 중인 군인 가운데 녹색 스커트를 두른 숲지기를 선발하던 이력만 봐도 알 수 있다. 그러니 나 같은 군 미필자를 불신의 눈으로 바라보는 것이 당연한 일일지 모른다.

그래서 낙방했을 것이라고 생각했다. 생물학을 전공하는 대학생이 되어 강의실에 앉아 있는 내 모습이 눈앞에 그려졌다. 그런데 놀랍게도 몇 주 뒤 나는 합격 통보를 받았다. 1983년 9월 1일부로 신입 공무원이 된 것이다! 만세!

채용 당일 합격자들과 함께 시장의 초대를 받아 코블렌츠시로 향했다. 기대와 조금 다르게 진행된 자리이기는 했다. 모두 함께 작은 샴페인잔을 부딪치는 대신, 반백의 시장이 나타나 요즘 라디오방송은 듣지도 말아야 한다며 큰 소리로 우리에게 경고를 날렸으니까. 우리는 조금 주눅이 든 채 이 모임의 또 다른 의제가 등장하기만을 기다렸지만 헛수고였다. 정말로 그게 끝이었다. 현실 세계에 오신 걸 환영

합니다!

첫해의 커리큘럼은 대부분 실습수업으로 이루어져 있었다. 물론 우리가 신입이라는 사실과 공직사회의 위계질서 중 최하위에 있다는 현실을 끊임없이 마주해야 했지만, 별다른 걱정 없이 동료들과 함께 보낼 수 있는 즐거운 시간이기도 했다. 결정적으로 우리는 정식 공무원으로 임명받기 전이었다. 나는 발령 지역 숲의 산림노동자들과 대부분의 시간을 함께 보내며 힘겨운 육체노동을 이어 갔다. 목재 수확부터 울타리 설치, 나무 심기 등 날씨에 상관없이 현장에서 업무 범위를 파악해 나갔다. 산림노동자들은 우리를 반겼다. 왜냐하면 우리가 일한 몫을 자신들의 업무량에 포함시켜 하도급 대금을 높일 수 있었던 것이다.

첫날부터 나는 녹색의 현실을 마주했다. 열아홉 살이라 차를 갖고 있지 않은 나는 지도교수의 관사까지 15킬로미터에 이르는 거리를 자전거로 통근했다. 첫날에는 파란색 솜재킷에 하늘색 청바지 차림이었는데, 내가 이토록 정확하게 기억하는 데에는 그만한 이유가 있다. 갓 부여받은 나의 새로운 정체성에 이 차림이 얼마나 부적절한지를 금방 알아차렸기 때문이다. 파란색이라니, 정말이지 말도 안 되는 일 아닌가. 그날 나는 얼마나 부끄러웠는지 모른다! 제아무리 신입이라도 초록색으로 갖추어 입어야 한다는 건 기본 중의 기본이었다. 그렇게 이어진 주말, 나는 본에 있는 수렵용품점에 들러 코르덴 소재의 니커보커스*와 헌팅 셔츠를 구입했다. 물론 올리브그린색으로 말이

* 무릎 길이의 폭이 넓고 느슨한 바지. 밑단에 주름을 잡아 조인 형태로 여행, 등산, 골프 등을 할 때 주로 입는다.

다. 여기에 어머니가 직접 떠주신 무릎양말까지 신고 나서야 비로소 고개를 들고 다닐 수 있었다.

첫해에는 자주 팔츠시의 트립슈타트라는 작은 마을에 가서 수업을 받았다. 이곳에서 다른 동기생들을 만나 친분을 쌓았다. 기계톱 사용법, 경작 식물 관리, 살충제 살포 등이 그때 배운 내용들이다.

이듬해 가을 예비공무원으로 임명됨과 동시에 우리는 독일의 여러 연방주가 공동으로 운영하는 로텐부르크암네카르의 산림경영 전문대학으로 보내졌다. 2년 과정의 현장 실습과 2년 과정의 학교 수업이 번갈아 가며 이루어지는 일종의 이중직업훈련제도를 통해 임금을 받으며 공부하다 졸업 후 산림청에서 일하게 되는 방식이었다. 규모가 작고 서로 잘 알아서 가족 같은 분위기로 운영되었지만, 규정이 엄격해 한 강의도 빠지지 않고 출석해야 학위를 인정받을 수 있었다. 교육과정에 대한 논의는 없었다. 물론 요구되지도 않았다. 나는 우리 모두가 이와 같은 방식으로 획일화되었다는 사실을 나중에야 깨달았다.

하이라이트는 단연 유니폼을 교부받은 일이었다. 마침내 우리는 정식 산림경영 전문가 같은 모습을 갖추게 된 것이다! 진초록색 소맷부리가 달린 녹색 재킷에 예비 산림경영 전문가임을 보여 주는 녹색 견장, 여기에 라인란트팔츠주의 문장이 새겨진 녹색 모자까지. 복장 하나 바뀌었을 뿐인데 순식간에 중요한 사람이라도 된 듯한 기분이었다. 현장으로 실습을 나갈 때 반드시 이 업무용 유니폼을 착용해야 한다는 의무가 주어졌고 우리는 기꺼이 따랐다.

1년간의 집중교육이 끝나자 중간시험이 우리를 기다리고 있었다.

하지만 게으름을 피우며 학업에 소홀하던 나로서는 시험을 준비하는 마음이 편치만은 않았다. 부지런히 공부하지 않기로는 나와 다를 바 없는 동기생 볼프강 역시 시험 날짜가 다가올수록 조금씩 걱정되는 모양이었다. 우리는 주저 없이 한 주의 주말을 희생해 자료실을 둘러보기로 하고 학교에 남았다. 자료실 테이블 위에는 수종별 목재들이 깔끔하게 분류되어 있었고, 벽에는 산림노동자들이 사용하는 장비들이 걸려 있었다. 그 옆에는 의안으로 우리를 응시하는 박제된 동물들이 있었다.

그중에서 가장 중요한 것은 유해곤충 수백 마리가 폼 블록 위에 핀으로 고정되어 있는 표본상자들이었는데, 각 곤충 옆에는 해당 동물의 식흔이 남은 나뭇조각이나 나무껍질이 함께 보관되어 있었다. 자료실에 있던 한 동기생이 이 산더미 같은 학습자료들을 우리가 소화해야 할 최소한의 것으로 여기는 바람에 우리를 경악하게 만들었다. 그가 어찌나 자주 모습을 보이는지 아예 그곳에서 밤을 새는 것이 아닌지 의문이 들 정도였다.

자료실로 들어서는 우리를 본 그 동기생은 갑자기 나무좀과의 한 곤충에 대해 설명을 늘어놓기 시작했다. 이름 한번 특이하다 싶으면서도 별로 중요할 것 같지 않은 곤충에 관한 설명이었다.

“여기 이건 가문비모피나무좀의 전형적인 식흔이지.”

나는 새어 나오는 웃음을 참지 못한 채 킥킥거리며 마찬가지로 웃음보가 터진 볼프강을 바라보았다. 우리 둘은 눈을 크게 떠 신호를 주고받고는 아이스크림을 하나 더 사먹기 위해 자료실을 빠져나왔다.

다음 날 숲 보호 과목의 구두시험이 치러졌다. 여기에는 곤충학이 포함되어 있었는데, 담당교수가 내게 제시한 곤충명이 무엇이었는지 아는가? 놀라지 마시라! 바로 가문비모피나무좀이었다! 물론 나는 만점을 받았다! 이때부터 가문비모피나무좀은 절대 잊을 수 없는 이름이 되었다. 무엇보다 중요한 것은 내가 중간시험을 무사히 치렀고, 마침내 숲으로 돌아갈 수 있게 되었다는 사실이다!

세 번째 해에는 각자 다른 근무 구역을 배정받아 우리가 배운 것들을 증명할 차례였다. 나의 근무지는 아이펠 지역 산림청이었다. 그곳은 유난히 시계가 느리게 돌아가는 지역이었다. 공공 소유의 광활한 고원지대라 나무 보호를 중심으로 산림을 경영해야 한다는 법규정에도 불구하고 수렵 허가를 주된 업무로 삼는 곳이기도 했다. 아이펠 지역의 숲에는 사슴과 야생양인 무플론의 개체수가 유달리 많았는데, 당시만 해도 나는 이를 이상하게 여기지 않았다. 아니, 오히려 그 반대였다. 수렵을 해볼 기회가 제한되어 있는, 힘없는 예비공무원으로서는 흥분되는 일이었다.

그곳 숲에서 살아남을 수 있는 개체는 아사 직전에 이른 꺼칠한 노루들뿐이었다. 커다란 가지뿔을 자랑하며 살집이 오를 대로 오른 사슴들에게는 임자가 따로 있었기 때문이다. 그 주인공은 다름 아닌 고급 공무원들과 접대가 필요한 재계의 수렵 손님들, 산림청의 수장들이었다.

일반적으로 산림경영 전문가들에게는 수렵의 기회가 주어지지 않는다. 임기가 끝날 즈음 딱 한 번, 자신이 수렵한 일명 '사슴 연금'의 사체를 가질 수 있는 것이 유일한 기회다. 그때는 나도 이와 같은 유형의 산림경영 방식을 지극히 논리적이라고 여겼다. 수렵 사업 역시 내 미래 직업의 중요한 관리 영역이라고 생각했기 때문이다.

나는 수렵 운이 없는 편이었다. 수렵에 성공할 뻔한 경험은 단 한 번 몰이수렵을 할 때였다. 몰이수렵 시기에는 당국의 발포 허가가 떨어진 사냥감에 한해 모든 수렵인이 총을 들 수 있다. 교육을 받고 있는 예비공무원 신분으로 내가 사냥을 할 수 있었던 것은 바로 그 덕분이다.

나는 사냥개들이 내가 있는 쪽으로 달려오며 짖는 소리를 들었다. 개들이 무언가를 쫓고 있다고 확신하고는 사격 준비를 마쳤다. 그 순간 관목 사이에서 딱 하며 무언가가 부러지는 듯한 소리가 나더니 어린 사슴 한 마리가 모습을 드러냈다. 가지뿔은 작았지만 풋내기 수렵인인 내게는 과분할 따름이었다.

그런데 내 위치에서 불과 100미터 떨어진 곳에 해당 관리구역의 관리인이 서 있었다. 몸집이 큰 사슴을 잡기 위해 일부러 사슴들을 먹이고 키우는 것으로 잘 알려진 인물이었다. 그런 그가 자신이 그토록 아껴 둔 사슴이 그대로 죽음을 맞이하는 것을 가만히 두고 볼 수만은 없었으리라. 게다가 하필이면 신분 피라미드의 가장 밑바닥에 속한 내 앞에 수렵을 하기에는 아직 아까운 사냥감이 나타났으니 오죽했겠는가.

관리인은 주저 없이 자신의 발 옆에 얌전히 누워 있는 개의 목줄을 풀었고, 개는 주인의 신호를 완벽하게 이해한 듯 내 뒤를 따라 달리기 시작했다. 내가 사슴을 향해 총알을 발사하며 명중을 직감한 순간, 달려오는 개의 존재를 알아차린 사슴은 뒤를 돌아보았고 그와 동시에 내 꿈은 수포로 돌아갔다. 사슴은 이미 자취를 감춘 뒤였다.

비록 사슴을 얻는 데에는 실패했지만 이날 밤 수렵인의 역할을 수행할 기회는 얻을 수 있었다. 지독히 추운 겨울밤이었다. 나는 다른 교육생들과 함께 사살당한 야생동물들을 모아 두는 사체보관실로 가라는 지시를 받았다. 일반적으로 수렵인들은 자신이 사살한 사냥감을 직접 해체해 판매할 수 있는 상태로 만든다. 부패를 막기 위해서는 엉덩이에서 목까지 길게 칼집을 내어 배를 연 다음 내장을 완전히 제거해 냉장 보관을 해야 하는데, 산림청에서 고급 공무원들을 초대해 몰이수렵을 진행할 때 문제가 생겼다. 손님들이 추위를 호소하는 바람에 서둘러 카슬러와 감자퓨레, 사워크라우트와 각종 맥주가 준비되어 있는 식당으로 안내한 것이다.

이들이 저녁 만찬을 즐기는 사이 우리 신입 교육생들은 영하 5도의 추위 속에서 야생동물 사체보관실로 들어가 피를 묻히며 작업을 했다. 나는 살집이 제대로 오른 수멧돼지의 사체를 처리하던 당시의 느낌을 아직도 기억한다. 죽은 수멧돼지에게서는 심하게 악취가 났고, 겨우내 살포된 먹이들을 먹어 치운 뱃살은 두껍고 기름진 상태였다. 나는 추위에 얼어 뻣뻣해지고 아무런 감각도 없는 손으로 비계를 손질하고 멧돼지의 내장을 헤집어 장과 폐, 간을 제거했다. 그 냄새는 며칠이 지난 후에도 내 손에 그대로 남아 있었다.

현장실습 교육은 대부분 이와 비슷하게 진행되었다. 언제나 저마다의 위계질서가 명확했다. 물론 최상위 계층에게는 최상위의 업무가 주어졌고, 그 지역에서는 수염을 가진 산림청장이 최상위의 자리를 차지하고 있었다. 산림청장의 제복에는 은색 테두리를 두른 녹색 견장 리본이 달려 있었다. 산림경영 전문가의 경우, 리본은 없지만 견장에 달린 금속 도토리가 산림경영 전문가의 지위를 나타냈다. 반면 예비공무원인 내 견장에는 아무런 장식도 달려 있지 않았다. 위계 피라미드의 최하위 계층이라는 징표였다.

하지만 사실 내 밑에 또 하나의 계층이 있었다. 바로 내근만 하는 산림청 직원들이었는데, 나보다 직급이 낮은 것을 증명이라도 하듯 회의 참석에 제한이 있었다. 심지어 이들은 공개 행사를 치르는 날이면 간단한 스낵과 음료를 내오는 일까지 도맡아 해야 했다. 그리고 결정적으로 청사에서 일하는 건물 미화 직원은 이런 행사에서조차 제외되었다. 나는 직원 대부분이 청소를 담당하는 아주머니의 이름을 전혀 알지 못했으리라고 생각한다.

산림경영의 세계가 어떻게 돌아가는지를 배우고 나서 나는 다시 학교로 돌아와 또 다른 한 해를 보냈다. 이 마지막 한 해는 첫해와 크게 다르지 않았지만, 얼마 남지 않은 직업 세계에서의 압박 탓에 조금 더 부지런히 움직여야 했다. 14개월 후 어느 우중충한 가을날에 우리는 국가고시를 치렀다. 현장에서 질문을 던지고 답을 하는 방식이었으므로 다 같이 버스를 타고 베스터발트로 향했다. 이날 나의 답변에 큰 문제가 없었는지 얼마 지나지 않아 학위를 취득할 수 있었다. 드디어 산림경영 전문가가 된 것이다! 그리고 평균학점이 우수한 나는 곧장 공무원으로 임용되었다. 당시만 해도 나는 내 업적에 자부심을 느끼고 마침내 내가 해냈다고 착각하며 희망적인 미래를 기대하고 있었다.

물론 그때의 나는 몇 년이 지나기도 전에 생각이 바뀌게 될 줄은,

그토록 힘들게 쌓아 온 지식들에게 이별을 고하게 될 줄은 미처 알지 못했다.

2

숲에서 배우다

그날 나는 나무를 다루는
새로운 방법을 알게 되었다.
이는 내가 접한 경영 방식 가운데 난생처음
내 마음에 깊은 울림을 남긴 것이었다.

드디어 나는 새내기 산림경영 전문가가 되었다. 국가고시 합격의 자랑스러움과 하루라도 빨리 업무를 시작하고 싶은 열정으로 가득 차 숲에서 일하게 될 날만을 고대하는 신입 산림경영 전문가가 된 것이다. 벌써부터 나무 사이를 누비며 숲의 신선한 공기를 음미하는 내 모습이 그려졌다. 말하자면 내게 맡겨진 구역을 책임지는 숲 관리자로서의 삶을 꿈꾸고 있었다. 당연했다. 몇 년간의 실습을 거치면서 보아온 교수들의 삶이 그러했기 때문이다.

하지만 산림청은 이내 현실의 밑바닥으로 나를 끌어내렸다. 나는 신입이라면 누구나 기피하는 보직으로 발령을 받았다. 숲 애호가들에게는 그야말로 고역일 수밖에 없는 사무실 근무를 하게 된 것이다. 당시 약혼녀가 본에 있는 한 기업의 영업부에서 일하고 있어서 내심 라인란트팔츠주와 노르트라인베스트팔렌주의 경계 지역으로 발령 나기를 기대했다. 그렇게 되면 함께 살 수 있는 가능성이 열리기 때문이었다. 결국 나는 라인란트팔츠주에 있는 소도시 아이펠의 지역 산림청 사무실 책임자로 첫 출근을 하게 되었다.

근무 첫날 두 직원의 열렬한 환영 인사를 받았다. 만나자마자 두 사람은 나에게 격의 없이 편하게 소통할 것을 제안했다. 그러나 두 사람 사이에는 분명한 위계질서가 있었다. 그중 위에 속하는 직원은 다소 특이한 성향을 가진 예순세 살의 여성으로, 작은 사무실이 연기로 가득 찰 때까지 줄담배를 피워대는가 하면 사무실의 '이인자'에게 커피 심부름을 시키거나 심지어 책임자인 나에게 업무를 지시하기도 했다. 내가 필요할 때마다 쩌렁쩌렁한 목소리로 "페털리!"라고 부르는 것도 무척이나 독특했다.

그렇게 몇 주가 흘렀고 시간이 갈수록 나의 불편한 심기는 커져만 갔다. 그런 곳에서는 사무실 소장이라는 직책을 가진 사람이 대체 무엇을 해야 하는지 도무지 알 수 없던 나는 결국 이웃 지역 산림청 사무실에 근무하는 동료를 찾아가 사무실 운영체계에 대한 설명을 부탁했다. 그때 내가 책임지고 있는 사무실이 정상이 아니라는 사실을 알게 되었다. 즉각 직원들을 상대로 회의를 소집해 몇 가지 업무를 통상적인 체계에 맞게 수정하겠다고 선언했다. 순간 '일인자'의 표정이 굳어졌다. 그러더니 내 지시에 대한 논의조차 거부하고는 '격의 없는 호칭'을 삼가 달라고 요구했다. 이것이 몇 달간 이어진 작은 전쟁의 시작이었다. 일인자는 상사로서의 내 지위를 인정하지 않고 명령과 지시를 무시하기 일쑤였다.

마침내 어느 날 오후 사무실에 단 둘이 남아 있던 우리 두 사람은 제대로 맞붙었다. 내가 산림청 간부들에게 보낼 보고서 초안의 작성을 지시하자, 일인자가 손가락으로 귀를 틀어막더니 내 말을 듣지 않겠다는 듯 혼잣말을 중얼거리기 시작한 것이다. 나는 두 손 두 발 다 들고 말았다.

나의 긴급 도움 요청에 코블렌츠시의 인사과장이 직접 사무실을 찾아왔다. 그러나 인사과장은 일인자를 질책하기는커녕 오히려 우리 두 사람에게 화해할 것을 제안했다. 분명 양쪽 모두에게 잘못이 있으리라는 게 인사과장의 생각이었다. 일인자도 그렇게 주장했다. 일인자는 내가 사무실에서 늘 잠만 잘 뿐, 모든 일을 자신에게 떠넘긴다고 목소리를 높였다. 하지만 어쩌겠는가. 이제 막 직업세계에 발을 들인 스물세 살 난 풋내기에게는 더 이상 상대를 공격할 여력이 남아 있지 않았다. 결국 우리의 대화는 뾰족한 성과 없이 종료되었다. 하지만 문제는 해결되었다. 얼마의 시간이 흐른 후 예순네 살이 된 일인자가 높은 수준의 보상금을 받고 마침내 고용종결계약에 동의한 것이다. 이후 몇 년 동안은 나에게 해방과도 같았다. 신입 여직원이 채용되고 낡아빠진 점포 같던 우리 사무실은 비로소 현대화의 길을 걸을 수 있게 되었다.

내가 왜 이 이야기를 하는지 궁금할지도 모르겠다. 이 사건은 젊은 피로 들끓는 신입 산림경영 전문가가 겪어야 할 일차 관문과도 같았다. 이후 수렵인들과의 관계에서 겪게 될 갈등의 맷집이 되어 줄 소중한 교훈이 되었기 때문이다. 이 경험을 하면서 다시는 그렇게 무시당하지 않으리라 굳게 다짐했다. 나중에야 안 사실이지만, 일인자의 악명을 익히 알고 있던 동료들은 내가 언제 백기를 들지를 놓고 내기를 했다고 한다. 심지어 일인자에게 극심한 괴롭힘을 당했던 내 전임자는 산림청 사무실에서 심근경색으로 사망하고 말았다.

5년의 사무실 근무 의무기간이 끝나 갈 즈음이었다. 은퇴를 앞두고 있는 나이 많은 선배가 자신이 맡고 있는 휨멜 지역의 관리구역을 운영해 보지 않겠느냐고 제안해 왔다. 그곳이 매우 아름답다는 것은 나 역시 익히 알고 있었다. 관사가 너무 오래되어 보수가 필요하다는 단점이 있긴 했다. 특히 그 관사는 커다란 나무들과 아이펠산맥에 둘러싸인 아름다운 전망을 자랑했고, 매우 고요한 곳에 자리하고 있었다. 하지만 그게 문제였다. 외진 곳에 살고 싶지 않다는 아내의 바람 때문이었다. 그렇다고 커피 한 잔 마시러 오라는 선배의 초대까지 거절할 이유는 없었으므로, 아내와 나는 햇살 좋은 5월의 어느 오후 휨멜산에 올랐다. 왠지 안으로 들어갈수록 외진 지역이라는 느낌이 들었고, 겨우 스무 가구 남짓한 아담한 마을을 보니 그런 인상이 더 짙어졌다. 관사는 휨멜에서 1킬로미터 떨어진 곳에 위치해 있었고, 게다가 좁은 국도에서 50미터를 더 안으로 들어가야 했다. 도착하자 커다란 뜰에 나이 든 자작나무와 구주소나무가 그늘을 드리우고 있는 관사가 눈에 들어왔다. 그리고 방향을 꺾어 입구로 들어서는 순간 아내가 말했다.

"세상에! 여기에 살아야겠어."

몇 주 뒤 여러 산림경영 전문가가 휨멜 지역 후임 자리에 지원한 끝에 내가 최종 선택을 받았다. 그때 나는 사무실 근무 의무기간을 전부 채운 상태가 아니었다. 그런데 산림청은 남은 기간에 대해 눈감아 주었다. 그렇게 1991년 10월, 우리는 이삿짐 차에 짐을 싣고 낡은 관사로 이사했다. 나이 든 구주소나무 사이사이로 바람이 살랑거리는 소리, 침실 창문으로 보이는 어둑한 숲, 외로운 작은 올빼미의 울음소리까지 아주 작은 사소한 것 하나하나에도 흥분을 감출 수가 없었다. 그리고 이것들은 어느덧 당연한 일상이 되어 이곳이 아닌 다른 곳에 산다는 것은 상상조차 할 수 없는 일이 되고 말았다.

진정한 산림경영 전문가로서의 삶은 그렇게 시작되었다. 사무실 책상 앞이 아니라 저기 바깥, 숲에서의 삶이 조용히 시작된 것이다. 내게는 세 명의 직원이 딸려 있었다. 산림을 경영하는 데 있어서 나의 계획을 함께 실행에 옮길 산림노동자들이었다. 물론 처음에는 전임자에게 익숙해져 있던 이들과의 관계가 쉽지만은 않았다. 근무시간 준수에 대한 기준이 나보다 관대했던 탓이다. 어쩌면 내 나이도 한몫했을 것이다. 숲과 관련해 현장 경험이 훨씬 많은 산림노동자로서 풋내기 산림경영 전문가의 지시를 기꺼이 따를 사람이 어디 있겠는가?

별도의 적응기간이 없었고 필요하다고 생각하지도 않았으므로 상관없었다. 산림경영 전문가로서 알고 있어야 할 모든 것은 이미 학교에서 배우지 않았던가. 나는 독일가문비나무와 참나무를 쉽게 심기 위해 특수 굴삭기를 동원해 숲 바닥을 갈아엎었다. 개벌* 과정에서 나타나는 쥐들은 독성이 있는 미끼를 이용해 잡았고, 병충해를 막기 위해 길가에 쌓아 놓은 목재더미에는 살충제를 아낌없이 살포했다. 처음으로 벌채 장비인 하베스터를 투입해 진행한 간벌** 작업은 또

* 우량목, 불량목, 소재목 등의 구분 없이 한꺼번에 모든 나무를 베어 내는 벌채 방법. 개벌을 하면 숲은 나지가 된다.

** 입목 밀도를 조절하거나 나무의 생장을 위한 벌채. 개체 간 경쟁을 인위적으로 조정하여 산림경영 목적에 따라 나무의 양이나 질을 증대하기 위한 것이다.

어찌나 재미있던지! 하베스터가 몇 분 간격으로 박자를 맞춰 가며 나무들을 쓰러뜨리기 시작하면 해당 구역에 심긴 모든 나무가 순식간에 사라진다. 나는 너무 나이가 많다고 판단되는 너도밤나무들을 조금씩 솎아 내곤 했다. 당시 이 개체들은 이미 170살로, 산림경영 분야에서 보는 평균수명보다 10년을 더 산 상태였기 때문이다. 물론 나이 든 거목들이 쓰러지는 모습을 보면 무척 마음이 쓰라리다. 하지만 꽤 높은 값에 중국 목재상에게 잘린 통나무들을 넘기는 일 또한 짜릿한 경험이었다.

잘되지는 않았지만 산림을 경영해서 돈을 버는 일은 나의 최종 목표였다. 나는 관리구역의 1제곱킬로미터당 연간 1만 유로의 손실을 '얻었다.' 양심의 가책을 느낄 필요는 없었다. 이는 당시 인근 지역의 평균'수익'에 부합하는 수준이었기 때문이다. 숲을 이렇게나 잘 관리하고 있으니 어느 정도 비용이 드는 것은 감안해야 한다는 것이 당시의 통념이었다.

누군가의 방문은 개 짖는 소리로 금방 알 수 있었다. 오토바이나 차를 가지고 숲에 들어서면 신분을 확인했고, 가끔은 범칙금을 부과했다. 아무래도 상관없었다, 내 숲이니까. 내 관리구역에는 아무런 문제가 없다고 생각했다.

이제 와 그때 내가 숲에서 한 일을 떠올리면 수치심이 몰려온다. 거기에는 무엇보다 내가 베어 낸 나무들에 대한 미안함이 포함된다. 폭풍에 수관이 꺾여 버린 한 고령의 너도밤나무도 그중 하나다. 그 나무는 살아남기 위해 갖은 애를 썼다. 몇 년에 걸쳐 얼마 남지 않은 가지들을 이용해 빈약한 보조수관을 만들어 냈다. 이런 나무들은 생태학적인 측면에서 매우 가치가 높다. 꺾인 부분에 희귀한 곤충과 버섯류가 자리를 잡기 때문이다. 그러나 당시의 나는 몇 톤이나 나가는 두꺼운 줄기를 그냥 내버려 두는 것이 경영적인 측면에서 실수라고 판단했다. 그래서 결국 그 나무에 베어 내라는 표시를 남겼고, 얼마 후 산림노동자들은 기계톱으로 나무를 베어 냈다. 그런데 신기한 현상이 일어났다. 나무를 베어 내자 마치 나무가 눈물을 흘리기라도 하는 양 물이 솟아오른 것이다. 그리고 바닥에 쓰러진 나무의 절단면에서 별 모양의 흰색 무늬를 발견했다. 버섯류였다. 이것이 다 무슨 소용이겠는가. 어차피 목재상들은 목재 이상의 가치를 쳐줄 리 만무하다. 숲에서 살게 두었더라면 더 좋았을 것이라는 뜻이다.

죽은 것이나 다름없던 너도밤나무도 기억난다. 목재로 사용하기에는 다소 부적합해 보여서, 마침 어느 지역의 단체에서 장작을 구한다기에 주기로 한 나무였다. 때마침 숲길 근처에 있던 터라 실어 나르기 어렵지 않았다. 그때의 나는 그 나무와 함께 그 안에 살던 수천 마리의 생명체들을 함께 내어 준 것이라는 사실을 알지 못했다.

무분별한 기계 사용에 대해서도 양심의 가책을 느끼지 않을 수 없다. 나는 딱 두 번 유압용 호스가 폭발하는 순간을 목격한 적이 있다. 몇 미터까지 날아가 튄 기름은 숲의 토양에 그대로 스며들었다. 숲에 쏟아지는 유해물질이 이것뿐이라면 그나마 다행이다. 산림노동자들은 비용 절감을 위해 대단히 해로운 폐유를 기계톱의 체인 윤활유로 사용했다. 폐유로 채워진 기계톱은 그렇게 나무를 베고 가지를 꺾었으며, 끈적끈적한 폐유는 리터 단위로 숲 구석구석에 튀었다.

전통적인 방식으로 산림을 경영한 처음 몇 해 동안 불편한 마음은 갈수록 커졌다. 깊이 생각할수록 이해하기 어려운 경영시스템이었다. 고령의 활엽수림을 벌채하는 일이 정말로 환경을 보호하기 위한 것이라고 할 수 있을까? 왜 좋은 형질의 나무들을 베어 내면서까지 숲의 나이를 젊게 유지해야 하는 것일까? 화학물질을 사용하지 않으면 정말 안 되는 것일까? 먼 훗날 후임에게 이 관리구역을 넘겨줄 때 내가 오염시킨 토양은 과연 얼마나 될까?

이건 아니다! 내가 원한 것은 이런 게 아니었다. 나는 어느새 오랜 꿈이던 환경운동가에서 너무나도 멀어진 삶을 살고 있었다. 내게 맡겨진 숲과 그 안에서 살아가는 모든 생명체가 보호되기는커녕 파괴되고 있었다. 물론 업무규정을 지키며 일하고 전임자의 지시를 따를 뿐이었다. 하지만 그렇다고 양심의 가책에서 벗어날 수는 없었다. 분명 어떤 변화가 필요했다.

변화의 필요성을 가장 절실하게 느낀 분야는 수렵이었다. 휨멜 지역 소유의 숲은 조림지와 초원을 포함해 총 네 곳의 수렵장으로 나뉘어 모두 임대된 상태였다. 이곳에는 몇십 년 동안 야생동물의 증가에 관심을 갖는 사람이 단 한 명도 없었다. 전임자 역시 이 부분을 언급한 적이 없었다. 아니, 오히려 그 반대였다. 해당 구역에서 무료로 수렵을 하며 불법을 눈감아 주었기 때문이다. 그 결과 야생동물들의 개체수가 계속 증가했다. 이 지역의 경우, 예전의 산림경영자료를 살펴보니 1934년부터 보호울타리 없이는 참나무와 너도밤나무를 비롯한 그 밖의 다른 활엽수들을 키우지 못하도록 규정되어 있었다. 전임자가 활엽수들에 관해 아예 손을 놓아 버린 것은 그 때문이었다. 그리고 이를 문제 삼기는커녕 노루와 사슴이 입도 대지 않는 침엽수를 심기 시작했고, 생태계에 이로운 활엽수들을 하나둘 베어 냈다. 고령의 참나무와 너도밤나무는 그렇게 무자비하게 죽임을 당했고 독일가문비나무로 대체되었다.

내가 숲을 물려받았을 때, 활엽수 대부분이 이미 똑같은 운명을 맞이한 상태였다. 그 결과 두꺼운 줄기를 자랑하는 참나무는 열 손가락으로 셀 수 있을 정도로 개체수가 줄어들었다. 그들과 이별한 대가로 얻은 것이라고는 활엽수 줄기를 보관할 수 있는 넓은 터가 전부였다. 값나가는 목재들을 수확하면 곧장 화물트럭에 실어 경매에 넘기던 과거의 방식이 사라지면서 필요해진 공간이었다. 그사이 숲을 지배하게 된 어린 독일가문비나무들 사이를 지날 때면 과거의 잔재인 몇 미터 너비의 활엽수 그루터기에 발이 걸렸다. 물론 고령의 참나무들이 모두 사라진 것은 아니었지만, 근본적인 변화가 이루어지지 않는 한 이들 또한 장차 사라지게 되리란 것을 쉽게 예측할 수 있었다.

변화는 루돌프 피텐Rudolf Vitten이 시장으로 당선된 지방선거로부터 시작되었다. 자동차산업에 종사한 경험이 있는 데다 경영학적 전문지식을 겸비한 인물인 루돌프 피텐의 당선은 그야말로 행운이었다. 시장 임기가 시작된 지 몇 주 뒤, 시장에게 외근을 나와 줄 것을 부탁했고 우리는 함께 내 소형 스즈키 지프를 타고 덜컹거리는 숲길을 달렸다. 나는 지금까지의 산림경영이 만들어 낸 결과물을 시장이 직접 두 눈으로 확인하기를 바랐다.

“선택지는 두 개입니다.”

열린 마음으로 내 말에 귀를 기울여 주는 시장에게 이렇게 말을 꺼냈다.

“하나는 이 경영 방식을 앞으로 10년간 더 지속하면서 이 지역의 숲을 탈탈 털어 버린 다음 다른 지역의 산림경영 전문가로 이직하는 것이고, 다른 하나는 우리가 같이 부지런히 노력해 이 지역의 산림경영 방식을 근본적으로 바꿔 버리는 거죠.”

시장은 무엇이 문제인지를 단번에 알아차렸다. 지속 가능한 산림경영을 위해서는 무엇보다 수렵 문제를 해결해야 한다는 사실을 깨달은 것이다. 곧바로 지역 의회가 열렸다. 그리고 어느 온화한 여름날 저녁, 우리는 의회에 참석한 의원들과 너도밤나무 숲길을 걸으며 성인 무릎 높이에 돋은 너도밤나무 새싹들이 몽땅 노루에게 먹혀 버렸다는 사실을 직접 두 눈으로 확인했다. 하지만 수렵장을 임대한 수렵인들에게 수렵 횟수를 늘려 야생동물 개체수 조절하라고 설득하는 것은 분명 오랜 시간이 걸리는 일이었다. 그렇다고 그때까지 손을 놓고 있을 수만은 없는 노릇이었다. 결국 의회 의원들은 야생동물들로부터 나무를 보호하기 위한 울타리 설치에 전원 동의했다.

그날 루돌프 피텐 시장은 집에 도착하기도 전에 잔뜩 화가 난 수렵장 관리인의 전화를 받았다. 그는 자신이 관리하는 구역에 이 늦은 시간에 지역 의원들이 모인 이유가 무엇인지 안 봐도 뻔하다며, 사전에 알리지도 않은 채 이런 일을 진행하는 것은 있을 수 없는 일이라고 주장했다. 이해를 돕기 위해 덧붙이자면 숲의 주인은 지역 의회고, 수렵장을 임대한 수렵인들은 숲의 손님이며, 그는 말 그대로 그 손님들을 돕는 ‘관리자’에 불과하다. 그럼에도 그가 큰소리를 칠 수 있었던 것은 당시 그 같은 일들이 관행처럼 이루어지고 있었기 때문이다. 시장은 크게 개의치 않았다. 실제로 임기를 시작하자마자 수렵인 측으로부터 거부당한 마을축제 같은 행사에 수표와 기부금을 낸 사람은 바로 피텐 시장이었다.

"우리 스스로 감당해 내지 못하는 수준이라면 손을 쓰기에는 어차피 늦은 거겠죠."

친절함과 깊은 신뢰를 겸비한 시장의 진심어린 태도는 이후 빠른 속도로 진행될 변화의 열쇠가 되었다. 먼저 당시의 내 직위에 대해 설명해야 할 것 같다. 그때 나는 독일 라인란트팔츠주 산림청 소속 공무원으로, 산림청의 월급을 받으며 휨멜 지역의 숲을 경영하는 위탁책임자였다. 다시 말해 나의 상사는 시장이 아니라 산림청장이었다. 하지만 숲은 지역 소유이므로 숲에서 일어나는 일에 대한 결정권은 지역 의회에 있었다. 문제는 지역 의회 대표들이 산림경영에 관한 지식을 갖고 있지 않아 산림청 소속 공무원에게 조언을 받는다는 것이었다. 산림경영에 대한 감시·감독 역시 산림청의 업무이므로, 궁극적으로는 산림경영 전문가의 입맛대로 숲을 운영하는 일이 가능한 구조였다. 하지만 눈앞에 아른거리는 산림경영 방식에 근본적인 변화를 가져오려면 반드시 강력한 협력 파트너가 있어야 한다는 것이 내 생각이었다. 그 협력 파트너는 바로 숲의 주인들을 위해 용기를 낼 수 있는 대표였고, 휨멜 지역의 경우 루돌프 피텐 시장에게서 그 힘을 발견했다.

휨멜 지역의 숲 경영을 물려받은 지 3년이 되었을 무렵, 자연림*조성연구회Arbeitsgemeinschaft Naturgemäße Waldwirtschaft, ANW의 회원들과 인연을

* 인위적으로 식재하고 돌보는 것이 아니라 자연의 순리에 따라 조림하고 보육하는 숲을 이른다.

맺게 되었다. 그들은 생태학적 경영을 목표로 관리되고 있는 숲으로 나를 안내했는데, 그곳에서 놀라움을 감출 수 없었다. 동화 속에서나 나올 법한 숲이 눈앞에 펼쳐진 것이다. 우아하게 선 고령의 활엽수들이 숲을 지배하는 가운데 그들이 드리운 빽빽한 활엽수 잎 그늘 아래로는 그 후손들이 어미나무의 보호를 받으며 자라나고 있었다. 어스름한 숲의 공기에서는 버섯향이 났고, 우리는 두텁게 형성된 부식토층의 탄성을 고스란히 느끼며 땅 위로 발을 내디뎠다. 벌채의 흔적은 전혀 보이지 않았고, 목재 수송을 위한 길은 최소 40미터 간격을 유지하고 있었다. 게다가 산림경영 전문가들은 마치 숲과 사랑에 빠진 사람들처럼 하나같이 자신들이 관리하는 숲에 대해 이야기하고 있었다.

그날 나는 나무를 다루는 새로운 방법을 알게 되었다. 이는 내가 접한 경영 방식 가운데 난생처음 내 마음에 깊은 울림을 남긴 것이었다. 그곳의 산림경영 전문가들은 숲의 자연적인 생장 과정을 존중했다. 인간의 개입을 최소화하는 이유가 여기에 있었다. 숲 곳곳에서는 필요에 따라 한 그루씩 베어지고 남은 그루터기를 만날 수 있었는데, 그 나이 든 그루터기는 이끼로 뒤덮여 있었다. 그루터기 근처에는 기회를 놓칠세라 햇살을 더 받기 위해 비집고 들어온 어린나무가 온 힘을 다해 자라나고 있었다.

알프스 기슭의 작은 숲을 방문했던 일도 기억한다. 내가 방문했을 때는 마침 목재 수확이 이루어지는 중이었다. 숲 주인은 베어 낼 나무의 근처에서 자라고 있는 어린나무들에 밧줄을 매어 놓았는데, 이 밧줄은 어린나무의 줄기를 옆으로 잡아당겨 휘게 만든 다음 말뚝에 고정되어 있었다. 거목이 어린나무들을 덮치지 않고 쓰러질 수 있도록 길을 내놓은 것이다. 이 사전 작업이 완료된 후에야 산림노동자들은 비로소 거목을 베어 낼 수 있었다. 여기에서 끝이 아니었다. 그들은 수확한 줄기를 4미터 간격으로 절단했다. 숲 밖으로 운송하는 과정에서 어린나무들을 해치지 않고 쉽게 방향을 바꿀 수 있도록 하기 위한 조치였다. 나는 임업에서 그렇게 많은 부분을 고려해 작업하는 경우를 한 번도 보지 못했다. 설령 이 방식이 경제적이지 않다 하더라도, 회원들은 생태학적 산림경영을 위해 전혀 개의치 않았을 것이다. 숲에 피해를 남기지 않는 작업 방식이 있다는 사실을 보여 주는 인상 깊은 사례였다.

이 짧은 연수는 큰 깨달음을 주었다. 그것이 곧 내가 상상해 온 산림경영 전문가의 모습이었고, 나 역시 그런 방식으로 숲을 경영하고 싶었다. 하지만 문제가 있었다. 나는 숲을 관리만 할 뿐 소유하고 있는 것이 아니었다. 다시 말해 내 숲이 아니라는 뜻이다. 내가 배운 바를 실행에 옮기기 위해서는 지역 의회와 시장을 설득하는 과정이 필요했다. 나는 즉각 루돌프 피텐 시장에게 연락해 함께 이처럼 우수한 경영 방식을 가지고 있는 숲을 방문해 우리 지역의 개선점을 찾아보는 것이 어떻겠느냐고 제안했다.

몇 달 뒤 우리는 프랑켄으로 향하는 대여버스에 올랐다. 우리가 방문할 곳은 로텐한 남작이 소유하고 있는 숲으로, 로텐한 가문은 몇 대에 걸쳐 숲을 생태학적 방식으로 관리하고 있었다. 로텐한 2세는 우리보다 앞서 걸으며 숲을 안내했다. 남작의 힘 있는 목소리와 당당한 태도에 우리의 기대는 커져 갔다. 주변에는 보존 가치가 높은 고령의 나무들이 우리를 둘러싸고 있었다. 남작이 참나무 한 그루를 툭툭 치며 말을 꺼냈다.

"아내와 함께 2주간 뉴욕 여행을 떠나고 싶을 땐 아마 이런 나무를 팔겠죠."

의원들은 말없이 눈빛을 교환했다. 대체 이 나무줄기의 값어치가 얼마기에 그런 말을 할 수 있단 말인가. 우리 지역의 경우 나무 한 그루가 가져다주는 평균수익은 50유로에 불과했다. 저가 항공사가 없던 시절임을 감안하면 그의 말은 더욱 믿기지 않았다. 우리는 줄기의 둘레를 측정해 보기로 했다. 의원 세 명이 손을 잡아야 비로소 줄기를 감싸 안을 수 있었다.

10분 뒤 로텐한 남작은 쓰고 있던 베레모를 벗어 숲속 깊숙이 던졌다.

"어디로 던지건 상관없어요. 무조건 어린나무 위에 떨어지거든요."

우리는 남작의 말에 설득당하고 말았다. 사실이었다. 어린나무들이 자랄 새도 없이 약탈당해 텅 비어 버린 우리 지역의 숲과 달리, 그곳에서는 1제곱미터당 수백 그루의 어린나무들이 싹을 틔우고 있었다. 그날 저녁 우리는 돼지족발요리 슈바인학세에 밤베르크 지역의 명물인 훈연맥주 라우흐비어를 곁들이며 견학한 것들에 대해 열띤 토론을 펼쳤다. 우리의 결론은 하나였다.

"우리도 이런 숲을 갖고 싶다!"

그 뒤에도 연수와 견학을 이어 갔다. 여전히 배울 것들이 많았다. 물론 처음에는 본보기가 될 만한 사례들을 답습하는 정도였지만, 나중에는 새로운 아이디어를 고안해 의원들과 함께 실행에 옮기는 수준에까지 이르렀다. 그리고 그 변화는 혁신적이었다! 벌채? 아니요, 사양하겠습니다! 우리는 고령의 활엽수림을 지키며 필요에 따라 한 그루씩 나무를 베어 내다 마침내 2003년부터는 활엽수들을 보호종으로 지정하기에 이르렀다. 그렇다면 침엽수들은 어떻게 하기로 했을까? 점진적으로 몰아내는 방식을 선택했다. 활엽수가 한 그루 자라면 침엽수 한 그루를 제거하는 식이었다. 살충제는? 고민할 가치조차 없는 문제였다. 혹시라도 산림청 간부들이 업무 지시를 통해 산림경영에 개입할 경우에 대비해 생태학적 경영에 대한 인증을 받기로 했다. 그 결과 우리 숲에서 생산된 목재에는 'FSC'라는 화려한 마크가 붙게 되었다. 생태적·경제적·사회적 측면에서 건전한 산림경영을 보증하는 산림관리협의회Forest Stewardship Coouncil의 인증 마크였다.

하지만 가장 큰 장애물은 수렵이었다. 친환경적인 숲의 조성을 목표로 하는 경영은 나무의 후손들이 생존할 수 있고, 야생동물들의 개체수가 자연적인 수준을 유지할 때만 가능하기 때문이다. 그러나 원칙적으로 나무들의 사회적 상호작용은 매우 느리게 진행되어 초식동물들의 공격에 살아남지 못한다. 그 결과 어린나무들은 10년 동안 채 1미터도 자라지 못하게 되고, 애써 만들어 놓은 수관은 얼마 지나지 않아 노루의 입속으로 들어가 버리고 만다.

수렵인들에게 당장 먹이 살포를 줄이고 야생동물 수렵을 늘리라고 압박한 것은 그 때문이었다. 당연히 이런 조치는 갈등을 야기했다. 지금까지 아무 방해도 받지 않고 우리 지역에서 몰이수렵을 즐기던 수렵인들의 입장에서는 성가신 일이 벌어진 것이다. 물론 그들은 그 조치에 따를 수밖에 없었다. 만일의 상황에 대비해 우리가 이 전략을 언론 보도로 만천하에 알린 덕분이었다. 신문에는 야생동물들에게 먹이를 살포하는 행위와 그 결과로 발생하는 노루와 사슴의 개체 수 증가가 숲에 큰 피해를 입히고 있다는 기사가 실렸다. 의원들도 직접 나섰다. 이웃 지역의 사례로 친환경적 숲 경영의 생태적·경제적 효과를 증명한 것이다. 그리고 여기에 결정적인 한 방이 더해졌다. 의원들이 우리 숲의 일부 구역에 한해 주민들의 수렵을 허락하자는 결정을 내린 것이다. 이로써 나는 관습에 얽매여 있는 수렵인들의 가장 큰 적이 되고 말았지만 사실 상관없었다. 이제 비로소 숲이 제대로 숨을 쉴 수 있게 되었으니 그것으로 충분했다.

얼마 지나지 않아 나의 관리구역은 공공기관과 환경보호단체 들의 연수 장소로 변해 버렸다. 아무 문제 없이 완벽하게 운영되고 있어서 그런 것은 아니었다. 하지만 실수를 저지르지 않기 위해, 자연에 피해를 주지 않기 위해 노력하고 있다는 사실 하나만으로도 사람들은 우리 숲에 관심을 갖기 시작했다.

그러나 안타깝게도 내 동료들에게는 그렇지 못했다. 동료들은 오히려 불쾌한 반응을 보였다. 국가의 지원을 받는 숲 주인들의 경우, 우리의 사례를 보고 인식이 바뀌어서 왜 자신들의 구역에서는 그런 변화가 이루어지지 않느냐며 동료들을 추궁할 빌미가 생긴 것이다. 업무 관련 회의에서도, 동료들이나 다른 기관 소속 직원들과의 대화에서도 지속적으로 이 문제가 언급되었다. 결국 나는 내 관리구역의 경제적인 성과를 공개적으로 언급하는 것을 삼가라는 지시를 받았다. 비우호적인 행동이라는 이유에서였다.

시간이 흐르면서 압박은 더욱더 심해졌다. 이렇게 싸움을 지속하면서 과연 내가 은퇴하게 될 2031년까지 이 일을 할 수 있을지, 매번 아슬아슬하게 징계를 피해 가는 이 상황을 견딜 수 있을지 자문할 정도였다. 나는 지쳐 가고 있었다. 결국 나는 이직을 하기로 마음먹었다. 가능하다면 아예 다른 분야에서 일을 시작하고 싶었고, 더 나아가 이민까지 고려했다. 아내와 내가 그토록 사랑하는 스웨덴이라면 괜찮지 않을까. 당시 우리 두 사람은 짐가방까지 꾸려 놓고 새로운 시작에 대해 진지하게 의논했다.

나는 루돌프 피텐 시장에게 솔직한 마음을 털어놓았다. 시장은 내 의견에 동의하지 않았다. 내가 그렇게 떠나 버리고 나면 우리의 프로젝트는 어떻게 되고, 또 후임자는 누가 오겠냐는 이야기였다. 그러면서 시장은 차라리 주 산림청과의 계약을 파기하고 휨멜 지역이 자립을 선언한 다음 자체적으로 숲을 운영하는 것이 어떻겠냐고 제안했다. 휨멜 지역이 고용한 직원이 되어 숲을 운영하면 되지 않겠냐는 것이었다. 아무렴 되고말고! 물론 안정적인 공무원으로서의 돈벌이를 기대할 수는 없을 것이다. 휨멜은 작은 공동체여서 그 부분에서는 어느 정도 위험을 감수해야 했다. 하지만 산림경영 전문가로 채용된다니! 충분히 가능한 일이었다.

그것은 앞으로 루돌프 피텐 시장이 나의 상사가 되고, 주 산림청은 관리기관의 역할만 하게 된다는 것을 의미했다. 국가 차원의 개입을 원천적으로 차단하는 것은 법적으로 불가능하다. 하지만 휨멜 지역 소유의 숲과 관련한 일은 법적인 틀 안에서 우리 스스로 결정할 수 있다. 우리가 원하는 것은 분명했다. 어떤 타협도 하지 않는 생태학적 숲 경영. 나의 꿈은 과연 실현될 수 있을까.

가족들과 상의를 마친 후 시장과 나는 그 프로젝트를 실행에 옮겼다. 우리 두 사람은 무조건 서로를 지지했고, 그것은 곧 서로를 향한 조건 없는 신뢰였다. 산림청으로부터의 완전한 독립이 이루어지기까지는 몇 달의 시간이 걸릴 것이다. 그리고 만에 하나 그사이에 프로젝트에 관한 이야기가 새어 나가기라도 한다면 우리는 실패의 쓴맛을 보게 되리라. 공무원 신분인 내게는 산림청장과의 논의 없이 지역사회와 우선적으로 협상을 진행할 권한이 없었기 때문이다. 산림청장에게 이 일을 먼저 알린 다음 휨멜 지역과 협상을 했더라면 그 결과가 어땠을지는 상상조차 하고 싶지 않다. 다행히 루돌프 피텐 시장과 휨멜 지역 의회는 끝까지 비밀을 지켜 주었고, 나의 도움을 받아 자체 산림 관리체제를 세워 산림청으로부터 독립하는 데 성공했다.

그리고 마침내 찾아온 2006년 9월 30일. 공무원들에게 주어진 수많은 특권 가운데 하나는 계약 해지 통보기간이 길지 않아 사직 의사를 직전에 밝혀도 된다는 것이다. 하루 전에 퇴직을 해도 아무런 문제가 없다는 뜻이다. 하지만 나는 몇 주를 남겨 놓고 미리 그만두겠다는 의사를 밝혔다. 휨멜 지역에서의 고용은 진작에 정해져 있었다. 계약이 체결되던 순간을 나는 정확하게 기억하고 있다. 회의실 책상 위에는 계약서가 놓여 있었고 의회는 나의 고용을 승인했으며, 나는 곧바로 계약서에 서명했다. 그리고 매우 중요한 의미를 갖는 작은 의식이 이어졌다. 나는 라인란트팔츠주의 와펜이 달린 녹색 근무복을 입고 있었는데, 계약서 서명란의 잉크가 마르기도 전에 라인란트팔츠주의 와펜을 떼고 그 자리에 휨멜 지역의 와펜을 단 것이다. 공식적인 사직 날짜까지는 아직 며칠 남아 있었지만 상관없었다. 나는 이미 자유를 만끽하고 있었다!

이후 숲의 변화에 속도가 붙었다. 우리에게는 주 산림청 없이도, 산하 관리기관 없이도, 아무런 대가 없이도 주어진 과제들을 수행해 나가리라는 것을 증명할 의무가 있었다. 그리고 실제로 멋지게 그 일들을 해냈다. 수입이 늘어나자 이윤 또한 늘어났다. 어떤 타협도 없이 생태학적 경영 방식을 고수할 수 있게 된 것이다. 합리적이라고 생각되는 일들은 곧장 실행에 옮겼고, 불필요한 것들은 과감히 없앴다. 문서 작업에 들이던 시간을 줄이고 행정상의 위계질서를 없앴다. 새로운 아이디어를 실행에 옮길 때는 상사인 시장과 짧게 논의하는 것만으로 충분했다. 그것이 수용 가능한 제안인 경우에는 불과 몇 시간 후부터 적용할 수 있었고, 그렇지 않은 경우에는 폐기하거나 다른 아이디어를 제시했다.

그런데 변화가 시작된 지 고작 몇 주 만에 내 건강에 이상 신호가 나타났다. 여러 해 전부터 등 통증과 디스크에 시달리고 있었는데, 이때를 기다렸다는 듯 척추의 고통이 심해졌던 것이다. 몸 안의 불행이 시작되었음을 직감한 것은 어느 날 저녁이었다. 그날은 하루 일과를 마친 후 관사 앞 잔디를 깎았는데 통이 넘칠 정도로 풀이 많았다. 고되기는 했지만 하룻밤 푹 쉬면 괜찮아지리라고 생각했다.

하지만 이번에는 달랐다. 아침에 눈을 뜨자마자 아무것도 할 수 없음을 깨달았다. 화장실까지 가는 데 무려 10분이 걸렸고, 그마저도 침대에서 일어날 방법이 없어 몸을 굴려 바닥으로 떨어져야 했다. 척추를 굽힌다는 건 엄두조차 낼 수 없었다. 척추를 구부릴라치면 마치 화살이 꽂히듯 엄청난 통증이 등과 엉덩이, 다리를 엄습했고 그 통증은 몸을 똑바로 세운 상태에서는 약간의 움직임조차 허용하지 않았다. 나는 화장실까지 엉금엉금 기어갔다. 그러는 동안 어느 정도 몸이 풀린 모양인지 다행히 변기에 앉는 데에는 성공할 수 있었다. 5분이라는 시간이 걸리기는 했지만 힘겹게 계단을 내려가 거실 소파에 앉고 나니 그나마 끝이 보였다. 이내 구급차가 도착했고 그대로 병원에 실려 갔다. 주사와 링거를 맞고 나서야 어느 정도 일상생활이 가능한 수준까지 회복할 수 있었다.

그후에도 통증은 계속되었고 나는 세 달 동안 각종 치료를 받으러 다녀야만 했다. 그리고 이듬해 1월에는 단 2분조차 앉아 있지 못할 정도로 악화되어 본대학병원에서 수술을 받기로 결정했다. 추간판이 찢어지면서 내부에 있는 젤리 같은 수핵이 탈출해 척추신경을 압박한 것이다. 비수술적 치료법은 더 이상 소용이 없어 추간판을 절제해야 한다는 것이 의사의 소견이었다. 수술과 함께 고통은 사라졌지만 얼마 지나지 않아 양심의 가책으로 인한 고통이 찾아왔다. 휨멜 지역에 고용된 지 얼마 되지 않아 몇 주를 누워만 있었던 것이다.

분명 좋은 시작은 아니었다. 그저 이 모든 것이 부끄러울 뿐이었다. 설상가상 자연조차 불길한 징조를 보이고 있었다. 당시 병원 침대에 누워 있으면 창밖으로 참나무 한 그루의 수관이 보였는데, 앙상한 가지에도 결코 절망하지 않는 듯한 모습이 내내 나의 숲을 떠올리게 했다. 어느 날 그 나무의 가지가 바람에 흔들리는가 싶더니 갈수록 정도가 심해졌다. 내가 보기에 매우 위협적인 신호였다. 그 신호가 의미하는 바가 무엇인지 확실히 알고 있었다. 시간이 남아도는 나는 매일 틈만 나면 병실에 있는 작은 텔레비전으로 뉴스를 확인했다. 아니나 다를까 일기예보는 갈수록 긴장감을 더해 가고 있었고, 기상학자들은 강한 저기압의 출현을 예고했다. 겨울에 찾아오는 저기압이 의미하는 것은 다름 아닌 강력한 태풍이다. 그리고 마침내 2007년 1월 18일 서유럽을 휩쓴 허리케인급 폭풍우 '키릴'이 독일에 상륙했다. 키릴은 마치 포효하듯 병원 주변을 덮쳤고, 고령의 참나무를 뒤흔들었다. 나는 병실 침대에 누워 가족과 숲을 걱정하는 것 말고는 할 수 있는 일이 없었다.

다음 날 아침 아내에게 급히 전화를 걸어 숲의 상황을 확인했다. 아내가 전한 소식은 좋지 않았다. 나무들이 뽑히고 관사 양옆에 난 길이 막혔고 전기가 끊겨 우리의 숲속 작은 오두막에 촛불의 낭만이 찾아왔다는 소식이었다. 다행히 관사 주변으로는 피해가 없고 가족과 가축 모두 무사하다는 말도 덧붙였다. 얼마 후 병문안을 온 아내의 손에는 피해 현장을 담은 사진이 들려 있었다. 일부 구역의 경우 나무들이 모조리 뽑히는 피해를 입었는데, 공교롭게도 모두 침엽수라고 했다. 그러나 이 또한 위로가 될 수 없었다. 나는 여전히 병원에 입원해 있으면서 전화로 업무를 보고 사고를 수습했으며, 뽑혀 버린 나무 1만 그루를 판매했다. 프리랜서로 일하며 나의 자리를 대신해 준 동료의 도움을 받은 덕분이었다. 하지만 아직 안심할 수는 없었다. 결국 나는 숲으로 향했고, 지그재그로 쓰러져 있는 나무들 사이를 힘겹게 지나며 피해 정도를 확인했다. 수술한 지 불과 닷새 만이었다. 의사의 만류가 있었지만 어쩔 수 없었다. 내 관리구역에 무슨 일이 일어났는지를 직접 봐야만 했다.

나는 그런 마음가짐으로 이어진 2년 동안 전력을 다해 숲을 돌봤다. 디스크는 '이제는 조금 적당히 일하라'는 몸의 경고였지만 나는 그 경고 신호를 무시했다. 휴가? 2주간의 휴가도 나는 주기적으로 반납했다. 주말? 나에게 주말이란 숲에서 일할 수 있는 또 다른 이틀일 뿐이었다. 퇴근? 저녁 8시에 근무 일정을 잡지 말란 법이 어디 있겠는가! 그러던 어느 날 나의 강력한 배터리는 드디어 닳아 버리고 말았다.

2009년 6월이었다. 나는 자를란트 방송에서 내가 쓴 책들을 주제로 한 시간 동안 생방송으로 라디오 인터뷰를 진행하고 있었다. 그런데 바로 그때, 안 그래도 몇 주 전부터 느끼고 있던 불안증세가 하필이면 방송 도중 공황발작으로 나타나고 말았다. 나는 기자의 질문에 어떻게 답했는지도 모른 채 최소한 겉보기에는 멀쩡한 모습으로 겨우 방송을 마쳤다. 그렇지만 나의 내면은 전혀 안녕하지 못했다. 마치 폭동이 일어나는 것 같은 느낌을 받으며 여전히 좋지 않은 몸 상태로 기차를 타고 집으로 돌아왔다. 내가 기댈 수 있는 것은 곧 다가올 휴가뿐이었다. 3주만 버티자는 마음으로 이를 악물었다.

그렇게 아무런 내색을 하지 않으며 시간이 가기만을 기다렸다. 20일간 휴가지로 떠나 업무 스트레스에서 벗어나 지내다 보면 모든 것이 제자리로 돌아올 것이다. 그럴 수 있는 최적의 조건이 이미 마련되어 있었다. 우리 가족은 스웨덴 남부로의 여행을 계획하고 있었다. 깊은 숲속에 자리한 외딴 오두막도 빌려 놓았으니, 호수에서 보트를 타거나 사우나를 즐기면서 그야말로 온전한 휴식을 취할 수 있으리라. 하지만 현실은 달랐다. 휴식을 즐기기는커녕 매일 밤 잠을 이루지 못한 채 새벽 4시까지 뒤척여야 했고 기진맥진한 상태로 낮 시간을 보냈다. 걱정스러웠다. 이런 내 모습은 나 역시 처음이었다.

집으로 돌아오자마자 곧장 주치의를 찾았다. 주치의는 우선 지금까지의 일을 전부 중단시켰다. 여러 검사를 진행한 결과, 현재 완전히 지친 상태이고 에너지가 몽땅 연소되어 버렸다는 사실을 알게 되었다. 일종의 번아웃증후군이었다.

그후 상태를 안정시켜 줄 약을 복용하며 2년간 심리상담을 함께 진행했다. 전문가의 도움을 받으며 얻은 중요한 깨달음은 두 가지다. 첫째, 나는 모든 실패를 내 문제로 여기고 있었다. 그 책임이 모두 자신에게 있다고 생각한 것이다. 둘째, 나는 내 능력을 과대평가하고 있었다. 하지만 수렵인들과의 갈등은 끊임없이 나를 괴롭혔고 야생동물들은 쉬지 않고 숲을 먹어 치웠다. 숲의 안녕을 위해 일하겠다는 전면적인 선언과 달리 계속해서 퇴보하는 현실 앞에 나는 과연 필요한 일들을 다했는지 자신의 능력을 의심했다.

물론 전부 내 문제가 아니라는 것을 이제는 안다. 심리치료 상담사가 해준 말 중 지금도 내 마음에 남아 있는 것이 하나 있다.

“당신은 신이 아닌걸요! 인간 사이의 관계에는 최소 두 명 이상이 개입하죠. 상대가 원하지 않으면 당신도 어쩔 수 없는 거예요.”

진부하게 들릴 수 있겠지만 나에게는 엄청난 해방감을 주는 말이었다. 물론 이 깨달음 하나로 모든 문제가 해결되지는 않았다. 무엇보다 중요한 것은 내 안에서 솟아오르는 욕구를 달래는 일이었다. 단 몇 분이라도 시간이 날라치면 무언가 의미 있는 일을 하는 데 써야 한다는 압박감에서 벗어날 필요가 있었다. 그러기 위해 부단히 노력을 기울였다. 휴식시간을 온전히 즐기고 한 번쯤은 정시에 퇴근도 하고 휴일에는 업무와 관련된 일을 절대 하지 않으려고 애썼다. 이것을 지키는 것은 산림경영 전문가에게는 결코 쉽지 않은 일이다. 집이 곧 사무실이기 때문이다. 여러분이라면 어떻겠는가? 늦은 저녁 장작을 사고 싶다며 초인종을 누르는 손님들을 그냥 돌려보내겠는가? 업무시간이 끝났다는 이유로 업무용 전화가 울리는데도 받지 않겠는가? 무려 25년이라는 세월 동안 철저히 업무 중심의 삶을 살아온 내가 그제야 자신과 가족을 돌보는 방법을 배우고 있었다.

루돌프 피텐 시장은 이런 새 출발을 적극적으로 지원했다. 진정한 의미에서의 내려놓음을 위해 시장은 젊은 직원 한 명을 추가로 고용해 관리구역을 줄여 주었고, 덕분에 나는 넘쳐 나는 업무와 걱정을 조금이나마 덜어 낼 수 있었다. 물론 이제는 부수적인 것들이 정리되어 구조적 측면만 고민하면 되는 환경에서 일하고 있다. 나는 균형감 있게 시간을 안배해 휴식의 기회를 제대로 활용하고, 조금 더 의연해지고 싶었다.

정확한 이해를 위해 날씨를 예로 들어 설명해 보겠다. 모든 관심이 업무에만 집중되어 있는 산림경영 전문가는 어떤 날씨도 즐길 수가 없다. 바람이 세게 불라치면 나무가 쓰러질까 걱정, 며칠 내내 해가 비치면 땅이 마를까 걱정, 나무좀이 독일가문비나무와 구주소나무를 갉아먹을까 걱정이 되기 때문이다. 쾌청한 날씨가 너무 길게 이어져도 문제다. 기후변화에 신경을 써야 하고, 건조주의보가 발령되지는 않을지 걱정하며 일기예보를 살핀다. 양동이로 쏟아붓듯이 비가 내리면 또 어떤가. 숲길이 질퍽해지면 목재 운송 화물차에 숲 바닥이 완전히 짓눌릴 것이 뻔하다. 눈이 너무 적게 내리면 지하수 양에 별다른 기여를 하지 못하기 때문에 문제고, 너무 많이 내리면 모든 작업에 피해를 주기 때문에 문제다. 어쩔 수 없이 작업을 중단하면 작업일정이 죄다 뒤엉켜 버리고 그만큼 수익이 줄어들게 된다. 그러니까 날씨가 어떻든 모든 날씨에는 저마다 문제가 있는 셈이다.

바로 그 부분을 나는 다르게 바라보고 싶었다. 한 번쯤은 밀려오는 가을의 폭풍을 반겨 보고 싶었고, 몇 주에 걸쳐 내리쬐는 햇살과 후드득 쏟아지는 빗소리를 즐기고 싶었다. 결국 중요한 것은 건강한 숲, 자연이 부리는 변덕을 견뎌 낼 수 있는 숲을 만드는 것이니까. 그 외의 것들은 모두 내 능력 밖의 일이므로 걱정할 필요가 없다. 그리고 내 나름대로 일을 하면 된다.

이쯤에서 산림경영 전문가의 업무에 대해 덧붙이고 싶은 말이 하나 있다. 내가 아팠던 이야기를 꺼낼 때마다 사람들은 이렇게 묻는다.

“과로 때문에요? 지쳤다고요? 하루 종일 신선한 공기를 마시며 일하지 않나요?”

맞다. 예나 지금이나 숲을 좋아하고, 나무들은 아무리 보고 또 봐도 지겹지 않다. 숲에서 일하는 것은 여전히 큰 기쁨이다. 그러나 이 일도 때로는 스트레스가 될 수 있다. 산림경영 전문가라고 하면 흔히 떠올리는, 반려견과 함께 숲을 누비는 숲지기로서의 이미지를 깨뜨리기 위해 지금부터 나의 하루 일과를 소개해 보겠다.

아침 6시 30분. 알람이 울린다. 정해진 일터로 출근해야 하는 직업은 아니므로 이동시간을 고려해 더 일찍 일어날 필요는 없다. 곧장 화장실로 가 준비를 마치고 제일 먼저 마구간으로 향한다. 말들에게 먹이를 주며 날씨를 확인한다. 어딘가가 얼어붙지는 않았을까? 비가 오려나? 바람은 어떤가? 다시 관사로 돌아와 뮤즐리로 아침식사를 하고, 커피잔을 들고 사무실에 들어선다.

7시. 컴퓨터 앞에 앉아 일정표를 확인한 다음 오늘의 일과를 준비한다. 오늘 오전에는 정해진 업무가 없다. 다행이다. 안 그래도 다가올 목재 수확 시기를 준비할 시간이 필요했다. 하지만 그 전에 먼저 보고해야 할 회계자료는 없는지, 답변을 보내야 할 문의사항은 없는지 서류들을 살펴본다.

7시 30분. 실습생이 도착하면 오프로드차를 타고 같이 숲으로 들어간다. 독일가문비나무 한 그루를 솎아 내야 할 때가 되어 해당 나무에 표시를 해야 한다. 나는 벌목꾼들이 베어야 할 나무들을 모두 골라 표시를 하는데, 그러려면 우선 나무 한 그루 한 그루를 면밀하게 살펴봐야 한다. 휘거나 썩은 나무 혹은 그 밖의 이유로 베어 내야 할 나무에는 노란색 종이띠를 두른다. 한 시간 동안 작업할 수 있는 양은 500그루다. 두 시간을 넘기면 집중력이 떨어져 더 이상 작업하기 힘들다. 실습생은 내 옆을 지키며 설명을 듣는다. 나는 베어 내야 할 나무가 어떤 것인지 계속해서 실습생에게 묻는다. 며칠 후면 그녀도 벌목과에서 베어 내야 할 나무들을 선별하게 될 것이기 때문이다.

관목 사이를 헤치고 다시 차로 돌아온 우리는 다른 구역으로 이동한다. 벌목이 한창 진행 중인 구역이다. 시끄러운 기계톱 소리와 이중 사이클 엔진이 연소되며 일어나는 매캐한 냄새, 여기에 부스러기 톱밥이 뒤섞여 만들어 내는 복합적인 향은 간벌 현장의 대표적인 이미지이기도 하다. 우리를 발견한 벌목꾼들은 즉각 기계 작동을 멈췄다. 서 있는 상태의 살아 있는 나무를 구입해 직접 벌목 작업을 하는 회사의 일꾼들이다. 이는 무척 실용적인 거래 방법으로, 그렇게 하면 내 입장에서는 판매 과정에 개입할 일도 임금 지급과 관련한 일도 줄어든다. 그러나 작업 안전의무와 우리 숲의 생태학적 기준 준수 여부를 감시하는 것은 당연히 내 몫이다. 나는 작업자 모두와 악수를 나눴다. 이들에게 친절한 태도를 보임과 동시에 내가 오늘 작업을 통제할 관리자임을 인식시키려는 의도가 담긴 인사다.

모든 것이 기준에 따라 진행되고 있음을 확인한 나는 실습생과 함께 다시 차로 향한다. 또 차를 타느냐고? 그렇다. 산림경영 전문가인 나는 오늘 운전하는 데에만 약 한 시간을 소비하게 될 것이다. 예전에 비해 관리하는 구역이 몇 배나 커졌기 때문이다. 운행 구간은 하루 평균 약 50킬로미터 정도에 불과하지만, 경우에 따라서는 2단기어를 놓고 운전을 해야 한다. 예산 부족으로 숲길은 상태가 좋지 않아 군데군데 깊이 파인 곳이 있기 때문이다. 어떤 때는 사람이 걷는 속도로 운전하기도 한다.

어쨌거나 우리는 다시 차를 타고 이동했다. 목재 운반을 담당하는 노베르트와 마주쳤을 때, 시계는 어느덧 11시를 가리키고 있었다. 노베르트는 말을 데리고 다니며 절단한 나무토막들을 차량이 진입할 수 있는 길까지 옮기는 작업을 하는 일꾼이다. 아쉽지만 나는 노베르트가 언제 와서 작업하는지 알지 못한다. 말을 이용해 목재를 옮기는 것은 우리 숲에서 정한 규정이지만, 노베르트는 나무를 직접 수확해 작업하는 업체의 의뢰를 받아 일하는 사람이라 작업 일정 또한 자신의 상사와 논의한다. 그와 마주치는 일이 일종의 룰렛게임처럼 느껴지는 나로서는 하루 종일 그를 찾아다니는 수밖에 도리가 없다. 그럴 바에야 다른 업체에 하청을 주지 말고 직접 일꾼을 고용하는 것이 낫지 않겠느냐고 생각하는 독자들도 분명 있으리라 생각한다. 맞는 말이다. 하지만 우리 숲에는 1년 내내 일꾼과 말을 움직일 만큼의 일감이 있는 것이 아니기에 불가능하다.

오늘은 노베르트가 작업하러 온 날이다. 이처럼 말의 도움을 받아 이루어지는 운송 작업은 숲을 보호한다. 나에게는 반가운 일이다. 말이 나무를 실어 나르는 모습은 언제 봐도 아름답다. 노베르트는 말과 소통할 때 그만의 언어를 사용한다. '쫙' 소리와 '딱' 소리다. 말은 그의 지시를 정확하게 이해하고 이내 힘차게 움직인다. 오른편에 난 새싹을 피해 목재를 숲길까지 안전하게 옮기는 것이다. 우리에게는 이 장면을 오랫동안 지켜보고 있을 여유가 없다. 사무실로 돌아가 처리해야 할 일이 남아 있기 때문이다. 우선 실습생이 작성한 측정자료를 검토해야 한다. 며칠 전 그녀에게 여러 유형의 간벌이 경제적 측면에서 어디에 어떻게 유용한지를 예측해 보라는 과제를 냈다. 이 자료에 관해 이야기를 나눈 다음에는 새로운 과제를 내주어야 한다. 그러고 나면 실습생은 먼저 퇴근한다.

12시. 점심시간이다. 아내와 나는 버터 바른 빵과 커피를 들고 벽난로가 있는 방에 들어가 앉는다. 장작이 타오르며 타닥타닥 소리를 내자, 이내 아늑한 온기가 내 몸을 감싼다. 숲 경영과 관련해 어떤 변화를 줄 수 있을지를 놓고 아내와 대화를 나눈다. 아내 미리암은 이 지역 수목장림의 운영을 담당하고 있는데, 이는 내 업무와도 접점이 많다. 일 이야기는 여기에서 그만. 원래 우리가 하려던 이야기는 일과 관련된 것이 아니다.

주말에 가족이 한자리에 모여 식사를 할 때면 아이들은 불만을 털어놓는다. 엄마, 아빠는 늘 일 이야기만 한다며 도대체 언제쯤 일에서 신경을 끌 수 있느냐는 것이다. 그렇다면 잠깐 조는 건 어떨까? 눈꺼풀이 말할 수 없이 무겁다. 벽난로의 따스한 온기까지 더해지니 스르르 잠이 온다. 그 순간 전화벨이 울리고 맥박은 다시 120까지 치솟는다. 핸드폰의 녹색 버튼을 누른다. 나무를 직접 수확해 작업하는 업체의 화물차 운전기사가 걸어온 전화다. 공장으로 가져갈 목재들을 찾지 못하고 있다는 내용이었다. 괜찮다. 얼른 가서 알려 주면 그만이니까. 여기에서 '얼른'은 한 시간을 의미한다. 화물차 운전기사를 만나러 가는 길에 일꾼들이 일하는 현장을 한 번 더 들여다봐야 하기 때문이다. 일거리는 충분한지, 나무들을 더 솎아야 하는지를 확인하기 위해서다.

1시 30분. 다시 책상 앞에 앉아 내일 저녁에 있을 의회 회의의 자료를 준비한다. 시장은 우리가 주민들에게 장작을 판매하는 일이 과연 어느 정도의 수입을 가져오는지 궁금하다고 했다. 장작 패기가 새로운 대중스포츠로 인기를 얻으면서 시작하게 된 사업인데, 사실 사업자의 입장에서는 번거로운 측면이 없지 않다.

상권 안에 포함되어 있는 가구들은 하나같이 5~10세제곱미터 부피의 너도밤나무나 참나무의 구입을 원하므로, 먼저 일꾼들을 시켜 나무를 베어 낸 다음 각각 부피를 측정해야 하는 것이다. 이어 스프레이를 이용해 줄기에 번호를 매기고 줄기의 위치가 어디인지 디지털 카드에 일일이 입력한다. 수입에 비해 소모가 많은 사업이다. 장작은 목재 중에서도 저렴한 축에 속하기 때문이다. 하지만 어쩌겠는가. 이곳은 지역 소유의 숲이고, 결국 장작 패기를 즐기는 주민들의 소유인 것을. 게다가 단순히 땔감을 얻기 위해 장작을 패는 것만은 아니다. 그 자체가 재미있는 숲 체험이다. 지역 주민들은 아이들과 함께 트랙터를 타고 숲에 들어가 줄기를 토막 내고 쪼갠 뒤, 저녁이 되면 어느새 산더미처럼 쌓인 장작을 트레일러에 싣고 집에 돌아가는 행위 자체를 즐거워한다. 아무도 싫어하지 않을 체험이다. 그러나 시장은 장작을 준비하는 과정에 드는 수고가 너무 크지 않기를 바라고 있으니, 이 사업의 수익성을 다시 한번 검토해 내일 의회가 열리기 전까지 관련 정보를 시장에게 보내야 한다.

3시. 커피 한 잔을 마실 때가 되었다. 아내 미리암 그리고 아들 토비아스와 같이 주방 식탁 앞에 앉았다. 우리는 숲에 대한 이야기를 하지 않으려고 노력하며 요즘 학교는 어떤지, 정원은 괜찮은지 따위를 물으며 대화를 나눴다. 수목장림으로 전화가 걸려 왔다. 아마도 누군가 세상을 떠났음을 알리는 전화일 것이다. 미리암은 미안한 듯 시선을 돌리며 서둘러 주방을 빠져나가고, 토비아스는 빈 컵을 식기세척기에 넣었다. 이로써 커피타임은 끝이 나고 나는 다시 작업을 시작한다. 한 번 더 숲으로 향한다. 이번에는 수목장림이다. 자신들이 세상을 떠난 뒤 묘지로 쓸 만한 나무를 찾고 있다는 본 출신의 한 부부를 만나러 가기 위해서다. 숲 주차장에 차를 세우고 'BN'이라는 지역번호가 적힌 오프로드차가 있는지 둘러본다. 4시가 되기 직전 내가 찾던 차가 모습을 드러냈다. 나이가 지긋한 한 여성이 운전대를 잡고 있었다. 짧은 인사를 나눈 후 우리는 수목장림으로 들어갔고, 약 한 시간을 돌아본 끝에 나무를 선정했다. 관사로 돌아온 나는 관련 내용을 미리암에게 전달했다. 미리암은 오늘 계약한 내용을 문서로 정리해

둘 것이다.

5시 15분. 비가 내리기 시작했다. 나는 먹이를 기다리는 말들을 살피러 다시 한번 마구간으로 향했다. 이미 마방에 들어간 말들은 비를 뚫고 자신들에게 다가오는 나를 지켜보고 있다. 나는 말들을 보며 '그래도 젖지 않아서 다행이네'라고 생각했다. 관사로 돌아오자마자 벽난로 방으로 들어가 몸을 말린다.

8시. 저녁 뉴스 시작을 알리는 효과음이 현관 초인종 소리와 거의 동시에 울렸다. 힘겹게 소파에서 몸을 일으켜 세운다. 이런, 거의 잠들 뻔했는데……. 현관으로 향하며 피곤한 표정을 바꾸려 애쓴다. 현관문 앞에는 이웃 지역의 수렵장 임차인이 서 있다. 얼마 전에 수렵인들이 속임수를 쓰지 않게 하려면 실제로 사살된 야생동물의 수를 확인할 필요가 있다고 시장에게 의견을 전달한 터였다. 야생동물의 사체를 직접 계수한 경우에만 사살이 인정되는 것이 당연할 것 같지만 현실은 결코 그렇지 않았다. 야생동물의 개체수를 줄이기 위해 수렵인들이 수렵 건수를 조작해 보고하는 경우가 다반사이기 때문이다. 하지만 내게는 통하지 않는 일이다. 나는 수렵인과 함께 그의 차량으로 가 피로 얼룩진 트렁크를 살폈다. 노루 한 마리, 확인 완료. 기록.

8시 15분. 이제 정말 퇴근이다. 다행히도 초인종을 누르는 사람은 더 이상 나타나지 않았고 컴퓨터도 껐다. 나는 미리암, 토비아스와 함께 오디션 프로그램을 시청했다. 그 프로그램을 보는 데에는 이유가 있다. 몇 장면을 놓치더라도 무방한 프로그램이라 대화를 나누며 볼 수 있기 때문이다. 텔레비전 속 지원자들은 음반 계약을 놓고 기약 없는 경쟁을 펼친다. 숲이라는 일터와는 참으로 대조적인 장면이다. 그제야 비로소 나도 오늘의 업무를 내려놓는다. 물론 우리 숲의 에코 인증마크에 대한 문의에 답하지 않았다는 사실이 떠올랐지만 내일 하기로 한다. 그리고 내일은 우리 가족이 함께 숲을 산책하는 날이다.

3

체스판 같은 숲의 탄생

구획 또한 정확히 직사각형에 맞춰졌고
가장자리 역시 일직선을 이루었다.
원시림이 아닌 거목들로 구성된
대형 체스판의 탄생이었다.

인간은 애초에 숲에서 살도록 창조된 존재가 아니다. 진화의 역사를 돌아보면 인간은 언제나 초원에서 살았고, 감각 능력 역시 넓은 시야를 가진 드넓은 평지에 최적화되어 있다. 인간은 매우 뛰어난 시력을 자랑하며 일정 수준 이상의 청력을 지니고 있다. 반면 후각 능력은 뛰어나지 않다. 야생동물은 어떨까? 숲에 사는 야생동물들은 시력이 좋을 필요가 없다. 어차피 나무줄기와 가지 들이 시야를 차단하기 때문이다. 이와 같은 환경에서 생존하려면 청력으로 적의 등장을 감지하는 편이 낫다. 청력보다 민감한 감각이 있다면 단연 후각일 것이다. 냄새는 수백 미터까지 퍼질 수 있기 때문이다.

우리 인간은 초원에 살며 진화한 과거로부터 벗어날 수 없는 존재다. 그럼에도 선조들은 중부 유럽의 원시림 지대를 정복했다. 어두컴컴하고 빽빽한 숲은 공포의 대상이 되었고, 동화 혹은 신화 속에나 등장하는 장소일 뿐이었다. 켈트족과 게르만족은 일부 수종을 숭배했지만, 이내 나무를 베어 내고 정착할 수 있는 공간을 만들었다. 숲의 개간이 속도를 내기 시작한 것은 중세시대부터다. 목재 자원이 도시 발전과 조선산업, 경제 부흥의 중심에 있었던 것이다. 그런 이유로 우리는 중세에서 18세기에 이르는 시대를 '목재시대'라고 부른다. 산림 개간이 이루어지면서 나타난 또 한 가지 변화가 경작지와 목초지의 증가였다. 인구 증가와 그로 인한 식량 수요의 증가에 따른 변화였다. 마을과 도시를 중심으로 초원지대는 계속 확장되어 나갔고, 그 같은 환경에서는 약탈을 하려고 숨어든 군인이나 먹잇감을 찾아 나선 늑대 등 모든 위험 요소를 먼발치에서도 감지할 수 있었다. 그사이 누구도 안심할 수 없는 환경을 가진 숲은 줄곧 쇠퇴의 길을 걸었다.

마침내 19세기 중반 마지막 남은 원시림마저 해체되었고 숲의 나무들은 건축용 목재나 장작이 되어 생을 마감했다. 원시림이 사라지고 남은 빈터는 경작지가 되었고, 경작을 하기에 부적합한 토양을 가진 원시림은 소와 양을 방목해 키우는 목축지로 사용되었다. 숲이 사라지자 늑대와 곰, 스라소니도 자취를 감췄다. 드디어 인간들의 눈에 흡족한 풍경이 완성된 것이다. 일각에서는 얼마 남지 않은 참나무와 너도밤나무를 지키려고 시도했으나, 그 또한 인간이 저지른 만행을 반성하는 의미에서 이루어진 것은 아니다. 참나무와 너도밤나무의 열매는 겨울이 되면 잡아먹을 돼지를 살찌우기에 아주 좋은 가을용 먹이가 되어 주었기 때문이다.

의지할 곳 하나 없이 혈혈단신으로 비바람에 온몸을 드러낸 채 외롭게 자라나는 나무들은 유독 거칠고 흠이 많았다. 마지막까지 살아남은 숲의 나무들은 낭만주의 예술의 소재가 되기도 했다. 예컨대 독일 낭만주의 풍경화의 거장인 카스파르 다비드 프리드리히의 그림이 그렇다. 어두침침하고 우울한 분위기의 몇몇 그림 속에는 벌거벗은 대지 위에 홀로 솟아 있는 나무들이 등장한다. 특이한 것은 이것이 우리의 머릿속에 남아 있는 거친 원시림의 이미지라는 사실이다. 물론 그런 이미지와 실제 원시림은 전혀 다른 모습이지만 말이다.

인간에게는 몰락하는 창조물을 애도하며 미화하려는 경향이 있다. 억압과 착취를 당한 북아메리카의 원주민이나 지구상에 홀로 남은 대왕고래를 볼 때, 대부분의 사람은 깊은 아픔과 두려움을 공유한다. 사람들은 마지막까지 살아남은 나무들에게도 같은 감정을 느꼈다. 그래서 훼손되지 않은, 우리가 잃어버리고 만 원시림의 이미지 역시 미화된 상태로 우리 머릿속에 남게 된 것이다.

이것은 긍정적인 결과를 가져왔다. 낭만주의시대가 끝남과 동시에 숲이 다시 확장되기 시작한 것이다. 여기에는 이유가 있었다. 목재 자원이 부족해지면서 인간의 생존전략에도 혁신이 필요했고, 그 결과로 넓은 면적의 땅에 지역사회의 규제하에 산림경영을 시작하게 된 것이다. 18세기 초 작센주 산림청장으로 프라이베르크 인근의 숲 경영을 책임지던 한스 카를 폰 카를로비츠Hans Carl von Carlowitz는 1713년 지속 가능한 숲 경영을 공식화했다. 나무가 자라는 것보다 빠른 속도로 목재를 수확해서는 안 된다는 원칙을 주창한 것이다. 카를로비츠의 경영원칙은 19~20세기 초까지 이어졌고, 특히 프로이센왕국에서는 타협 없이 광범위하게 적용되었다.

가난한 서민들에게 이는 경작지와 목축지의 감소를 의미할 뿐이었다. 어딘가에는 반드시 나무를 심어야 하는데 그러려면 경작지와 목축지의 면적을 줄여야 했던 것이다. 심지어 직접 나무를 심고, 독일가문비나무와 참나무 종자를 뿌려야 했던 농민들은 즉각 반발했다. 일부 지역에서는 사보타주 행위로 이어지며 갈등이 격화되었다. 밤이 되기만을 기다렸다가 다음 날 숲에 뿌릴 몫의 종자를 뜨거운 철판 위에 올려 태워 버렸다. 그러나 숲의 면적은 계속 증가했다. 그 추세는 오늘날까지 이어져 현재 독일과 스위스의 경우에는 숲이 국가 면적의 31퍼센트를, 오스트리아의 경우에는 심지어 48퍼센트를 차지한다.[1] 독일에서는 최근 40년간 증가한 숲의 면적이 1만 제곱미터에 달하는데, 이는 자를란트주 면적의 네 배에 해당한다.[2]

하지만 국가 차원에서 추진한 숲 조성 사업이 숲 면적 증가의 원인은 아니었다. 진짜 원인은 산업에 있었다. 산업이 발전하려면 에너지가 필요하다. 당시만 해도 쇠를 단련하거나 강철을 생산할 때, 유리를 녹이거나 화학 시설을 가동할 때 쓰이는 에너지는 주로 목탄이었다. 다시 말해 목탄을 대체할 에너지가 등장하지 않았더라면 새로이 숲을 조성하려는 노력도 소용없었을 것이라는 뜻이다.

나무들의 구원자는 석탄이었다. 석탄에 대한 수요가 급속도로 증가하면서 숲은 부담을 덜었고 숯장이들은 일자리를 잃었다. 과밀지역에 늘어선 굴뚝들이 분주히 짙은 연기를 내뱉는 동안, 외곽 지역에서는 숲이 돌아오고 있었다. 중간 산악지대를 지배하던 황무지에서도 이내 독일가문비나무와 구주소나무, 참나무가 자라기 시작했다. 물론 두꺼운 줄기를 가진 나무들은 건축용 목재로 비싸게 팔려 나갔지만 연료용 목재 수요는 눈에 띄게 급감했고, 이 추세는 21세기에 이르러서도 계속 이어지며 숲의 남용을 막았다.

이 숲과 과거 원시림 사이에는 전혀 공통점이 없다. 이렇게 된 데에는 두 가지 원인을 꼽을 수 있다. 먼저 산림경영 전문가들은 고유종인 활엽수를 대신해 타이가 산림지대 출신 외래종인 독일가문비나무와 구주소나무를 심었다. 야생동물들이 즐겨 먹지 않고, 줄기가 직선으로 자라는 특징을 가진 수종이다. 여기에 위계질서를 좋아하는 행정기관의 취향을 고려해 대오를 갖춰, 그것도 한 면적 전체에 같은 수종의 어린나무들을 심은 것이 문제였다. 구획 또한 정확히 직사각형에 맞춰졌고 가장자리 역시 일직선을 이루었다. 원시림이 아닌 거목들로 구성된 대형 체스판의 탄생이었다.

같은 수령과 같은 수종의 나무들이 숲 전체를 뒤덮었다. 사실상 이는 목재를 수확하는 데 가장 용이한 구조였다. 이를 분명하게 보여 주는 것이 바로 독일가문비나무 사례다. 독일가문비나무는 100살이 되면 벌목 대상이 된다. 건축용 목재로 사용하기에 좋은 줄기가 완성되기 때문이다. 이를테면 숲을 크기가 같은 100개 구역으로 나눈 다음 매년 독일가문비나무를 심는다면 어떤 일이 벌어질까? 100년 후부터는 매년 한 구역씩 독일가문비나무를 수확할 수 있을 것이고, 수확한 곳에는 다시 나무를 심게 될 것이다. 만일 숲 주인이 두 구역을 동시에 사용한다면 이 속도는 더 빨라질 것이다.

해마다 똑같은 양의 자원을 얻을 수 있는 지속 가능한 목재 수확의 측면에서 보자면 이 경영 방식에는 아무 문제가 없다. 하지만 이와 같은 단일 작물 조림지에서 자연이 얻을 수 있는 건 아무것도 없다. 그래서 결국 자연의 반격이 시작되었다. 곤충들이 제곱킬로미터 단위로 침엽수들을 갉아먹기 시작한 것이다. 폭풍우도 가만 있지 않았다.

폭풍은 때마다 찾아와 인간이 애써 세운 질서를 흐트러뜨리기 일쑤였다. 하지만 인간은 여전히 숲을 성냥갑 모양으로 다듬고 있다. 항공사진만 봐도 알 수 있는 현실이다. 인터넷으로 직접 숲의 항공 이미지를 검색해 보라. 흡사 조각천들을 이어 붙인 카펫을 보는 듯할 것이다. 이것이 바로 과거로부터 내려온 산림경영의 결과물이다.

이 조각천 카펫은 목재 생산을 용이하게 한다. 매년 독일어권 지역에서 생산되는 목재 자원을 한데 모아 수송한다고 가정해 보자. 이를 위해서는 화물차를 무려 350만 대나 동원해야 한다. 그야말로 대함대가 필요한 셈이다. 이를 1인당 연간 목재수확량으로 환산해 보면 더 쉽게 와 닿을 것이다. 스위스는 연간 목재수확량이 1인당 0.7세제곱미터, 독일과 오스트리아는 각각 1세제곱미터, 2세제곱미터다. 목재 1세제곱미터는 약 60년을 산 나무줄기에 해당하는 부피다. 1세제곱미터의 목재가 연료로 사용될 경우에는 180리터의 연료유를 대신할 수 있고, 산업용 목재로 사용될 경우에는 약 300킬로그램의 종이를 생산할 수 있어 일간지 약 1,500부를 인쇄할 수 있다.[3] 만일 단독주택의 지붕틀로 사용된다면 이 집은 10명의 가족이 살 수 있을 것이다. 목재 5세제곱미터로는 발코니와 서까래를 완성할 수 있고, 나머지는 폐목재로 제재소에 남는다. 폐목재는 또 톱밥과 자투리 형태로 널빤지 생산업체에 팔려 가 압축 과정을 거쳐 저렴한 가구를 위한 나무판자로 생산된다.

고급 목재는 무늬목으로 사용된다. 날카로운 칼을 이용해 원목의 표면을 종이처럼 밀리미터의 두께로 얇게 켠 다음 합판 위에 접착하여 사용하는 자재다. 아름다운 무늬를 가진 줄기를 무늬목으로 사용하면 고급 가구 수백 개를 만들 수 있다. 1세제곱미터의 목재로 1천 세제곱미터의 무늬목을 생산하기에 가능한 일이다.

무엇으로도 대체할 수 없는 임업의 효과는 단연 공기정화일 것이다. 모든 숲은 그 안에 사는 나무의 잎과 줄기, 가지를 통해 평균적으로 1제곱킬로미터당 연간 50톤에 달하는 공기 중의 먼지 입자를 정화한다.[41] 독일의 전체 숲 면적을 기준으로 보면 1년에 550만 톤의 먼지 입자를 정화하는 셈이다. 정화 효과는 활엽수보다 독일가문비나무, 구주소나무가 뛰어나다. 촘촘하게 형성된 침엽수 잎들과 달리 활엽수 잎들은 오염물질과 닿는 면적이 적은 데다 겨울이 되면 잎이 떨어져 미세먼지를 잡을 수 없기 때문이다. 안개가 낀 날에는 나무의 정화 능력을 직접 눈으로 확인할 수 있다. 비가 내리지 않는데도 나뭇가지에서 물이 떨어진다면, 그것은 나무가 공기를 정화하고 있다는 뜻이다.

하지만 숲이 먼지를 만들어 낼 때도 있다. 봄이 되어 꽃이 피기 시작하면 노란 화분이 마치 커다란 구름처럼 우듬지 위를 떠다니며 가루를 흩뿌리는 경우를 말한다. 여기에 바람까지 불면 상황은 한층 심해지는데, 어떤 때에는 무려 몇 주 동안 화분을 흩날리다가 거센 비가 쏟아지고 나서야 공기 중에서 씻겨 작은 입자 형태로 바닥에 내려앉는다.

그렇다면 숲이 산소를 방출한다는 말을 어떻게 이해하는 것이 좋을까? 우리가 흔히 하는 말인데 말이다. 나무들은 생장할 때 이산화탄소를 흡수해 광합성을 하고, 탄소를 분리한 다음 목질과 잎을 통해 산소를 내보낸다. 여기까지는 맞다. 그러나 이는 매우 안일한 생각이다. 상업적 삼림에 사는 나무들은 모두 제재소나 제지회사에서 생을 마감한다. 상품 가치가 없는 목재는 소각된다. 심지어 연료가 되어 굴뚝이나 난로에서 생을 마감하는 목재의 비율이 전체 생산량의 절반에 달한다. 나무의 생애가 결국 재와 연기로 끝이 난다는 뜻이다. 바로 이 과정에서 나무는 산소를 마시고 이산화탄소를 배출한다. 그리고 그 양은 생장 과정에서 나무가 흡수한 이산화탄소, 배출한 산소의 양과 정확히 일치한다. 다시 말해 인공조림에서는 산소의 수입과 지출이 제로섬이라는 뜻이다. 이렇게 보자면 산소의 사용량보다 생산량이 많은 곳은 단 한 곳 원시림뿐이다. 하지만 안타깝게도 중부 유럽에 남아 있는 원시림은 한 곳도 없다.

4

야생에서 자라는 나무들

너도밤나무가 못됐다고?
결코 그렇지 않다.
자연은 결국 경쟁이 끊이지 않는 전쟁터이고,
지구상의 생명체들은 모두 저마다
생존의 자리를 얻기 위해 싸울 뿐이다.

원시림이란 무엇일까? 원시림에 대한 정의는 여러 가지다. 일부 전문가들은 죽은 나무의 비중이 높고 장기간 임업의 대상이 되지 않았으며, 고령의 나무들과 자연스러운 수종 결합 현상을 보이는 숲을 원시림이라고 정의한다.[5] 이 정의에 따르면, 과거 인간의 개입으로 변이 과정을 거쳤지만 현재 원시 상태로 돌아간 숲도 원시림이라고 볼 수 있다. 그렇다면 중부 유럽에는 아직 원시림이 남아 있는 셈이다.

나는 조금 더 엄격한 기준을 가진 정의에 손을 들어 주고 싶다. 단 한 번도 인간의 손길이 닿지 않은, 진정한 원시 상태의 숲만을 원시림으로 인정하는 경우다. 한 번이라도 경작된 적이 있는 숲은 그곳에 살았던 방목 가축들 때문에 토양이 부식되거나 침식되어 이후 다시 숲이 되더라도 원시림으로 완전히 회복되기는 어려운 법이다. 하지만 후자, 즉 좀 더 엄격한 정의에 따른 원시림은 처음부터 아무런 영향을 받지 않은 상태의 토양을 유지한다. 문제는 후자의 정의를 받아들인다면, 중부 유럽에는 보잘것없는 몇몇 잔재를 제외하고는 더 이상 원시림이 남아 있지 않다는 것을 인정해야 한다는 사실이다.

아내와 나는 스칸디나비아반도의 외진 곳으로 떠나는 여행을 좋아한다. 전혀 훼손되지 않은 원시림들을 만날 수 있는 가장 가까운 곳이기 때문이다. 침엽수가 자생하는 스웨덴의 라플란드가 그런 곳이다. 타이가 삼림지대에 속한 라플란드는 침엽수가 자라기에 알맞은 기온을 갖고 있다. 독일의 활엽수림과 다르기는 하지만, 그곳에 가면 지구상의 모든 원시림이 가진 속성을 고스란히 느낄 수 있다.

그곳의 나무들은 조화를 이루며 살아간다. 구주소나무와 독일가문비나무 사이로 보슬비가 내려 블루베리나무에 빗방울이 떨어지고, 가지에 자리 잡은 지의류가 떠다니는 안개를 조용히 빗질할 때면 다른 세상에 온 것 같은 느낌을 받는다. 나를 백일몽에서 깨울 수 있는 것은 구름이 떠다니듯 무리를 이뤄 입술 주변을 윙윙 맴도는 모기들뿐이다. 훼손되지 않은 숲이 우리에게 이런 작용을 할 수 있는 이유는 무엇일까? 평온하게 자라는 나무 그늘 아래에서 누리는 쉼의 가치는 스트레스를 받으며 자라는 나무의 그것과 분명 다르지 않을까? 나는 그렇다고 확신한다. 그리고 지금부터 그 이유를 설명하겠다.

나무들의 이동

4천 년 전만 해도 중부 유럽은 원시림으로 뒤덮여 있었다. 넓은 시야가 허용되는 곳은 강기슭과 습지, 알프스의 수목한계선

너머가 전부였다. 대지의 대부분을 지배하던 무관의 제왕은 단연 너도밤나무다. 그 사이로 떡갈나무·물푸레나무·전나무 혹은 단풍나무와 같은 수종들이 드문드문 모습을 드러냈고, 북극 지방의 타이가 삼림지대와 비슷한 기후를 가진 고지대에서는 이따금 독일가문비나무나 구주소나무를 볼 수 있었다. 그게 다였다. 수종이 다양하지 않았던 것이다. 원인은 마지막 빙하기에 있다. 빙하가 확산되면서 원래의 숲을 파괴했고, 따뜻한 지대로 피신하는 데 실패한 수종들이 절멸한 것이다. 잠깐. 나무가 '피신'을 한다? 무슨 뜻일까?

나무는 다리가 없다. 그래서 평생 한자리에서 산다. 하지만 나무들은 씨앗을 통해 이사할 수 있다. 나무의 씨앗이 저 멀리 어딘가에 떨어져 싹을 틔우면 새로운 표본이 자라나고 몇 년 안에 번식을 시작한다. 다시 말해 나무들도 세대교체와 더불어 씨앗의 이동 거리만큼 옮겨 갈 수 있는 것이다. 나무의 이동은 거기에서 잠시 멈추었다가 해당 나무가 성 성숙기에 이르면 씨앗을 통한 이동이 다시 시작된다.

예를 들어 포플러의 작은 씨앗은 솜뭉치 안에 숨겨져 있어 아주 약한 바람에도 멀리 날아간다. 솜뭉치들이 100킬로미터를 날아가 땅에 떨어져 싹을 틔운 씨앗이 10년 후 큰 나무가 되어 꽃을 피운다면, 이 수종은 10년 동안 100킬로미터를 이동했다고 할 수 있다.

너도밤나무나 떡갈나무의 경우는 이동 거리가 훨씬 짧다. 바람이 불어도 열매가 무거워 멀리 날아가지 못하고 그대로 어미나무 아래에 떨어지기 때문이다. 이는 생존의 측면에서 매우 위험한 일인데, 이유는 두 가지다. 운 좋게 생존하기에 유리한 지역으로 피신하더라도 앞에서 언급한 빙하기로의 변화 속도에 비해 번식 속도가 너무 느리다는 게 첫 번째 이유다. 두 번째 이유는 동종교배의 문제다. 자식 세대가 부모 세대와 가까운 곳에서 성장할 경우, 서로 다른 세대의 열매들이 뒤섞이게 된다. 건강한 개체군을 형성하기 위한 전제조건이 유전적 다양성이라는 점을 고려한다면 이는 크나큰 약점인 셈이다. 하지만 자신들이 가진 약점을 잘 알고 있는 나무들은 기어코 다른 방법을 찾아낸다. 동물들의 도움을 받는 것이다.

점점 다가오는 빙하의 영향권에서 벗어나려는 나무들 앞에는 거대한 장벽이 놓여 있었다. 바로 알프스산맥이다. 이미 빙하가 되어 버린 알프스는 어떤 나무에게도 생존을 허락하지 않았다. 남쪽으로 피하려던 나무들은 알프스산맥에 가로막혔다. 이로 말미암아 독일 남부에서는 안전한 기후를 가진 지대를 끝내 찾아내지 못했거나 알프스산맥 남쪽에서 자라던 나무들이 모조리 빙하의 습격을 당해, 이윽고 유럽 전역에서 사라지기에 이르렀다. 그렇게 자취를 감추게 된 것이 미송과 참나뭇과에 속하는 나무들이다.

빙하기가 끝나고 기온이 오르자, 유럽 남쪽으로 피난을 떠났던 나무들이 하나둘 북쪽으로 복귀하기 시작했다. 가장 먼저 자리를 잡은 것은 자작나무와 구주소나무 같은 '단거리 선수'들이다. 이들은 기온이 오를수록 참나무와 격차를 벌리며 번식을 이어 갔다. 그러나 5천 년 전 상황이 급변했다. 기온이 내려가면서 선선하고 습도가 높은 환경이 만들어진 것이다. 인간의 개입이 없던 시절, 이와 같은 환경에서 유럽 전역에 승전보를 울린 것이 바로 너도밤나무다. 인간들이 이들의 번식을 막지 않았더라면 너도밤나무는 현재 스칸디나비아 남부를 장악하고 있을 것이다. 이 사실을 토대로 예측하건대 너도밤나무의 번식 속도는 절대 느리지 않았던 것 같다. 그리고 그 번식의 비밀은 빙하기에도 살아남을 수 있었던 비밀과 일맥상통할 것이다. 쥐나 다람쥐, 어치 같은 동물들과 동맹을 맺은 것이다. 지방을 함유한 씨앗을 좋아하는 이 동물들은 겨울을 나기 위해 씨앗을 모아 봄이 올 때까지 저장해 둔다.

최근 어치와 관련해 놀라운 사실이 발견되었다. 까마귓과에 속한 어치가 놀라운 지능을 가지고 있음이 몇 년 전에 밝혀진 것이다. 어치는 손톱만 한 두뇌의 크기가 무색할 정도로 빠르고 효율적인 정보처리 능력을 자랑한다. 까마귀를 '깃털 달린 원숭이'라 부르게 된 것도 뛰어난 지능 덕분이다. 실제로 어치를 비롯한 까마귓과의 새들은 기억력이 대단히 좋다. 겨울을 나기 위해 먹이를 저장할 때는 어떤 먹이를, 어디에 묻어 뒀는지를 기억하는 것이 매우 중요하다. 먹잇감의 특징도 하나하나 기억한다. 상하기 쉬워 먼저 먹어야 하는 지렁이를 묻었는지, 장기간 보관이 가능해 오는 봄까지 땅속에 두어도 괜찮은 호두나 너도밤나무·참나무 열매를 묻었는지를 모두 기억하는 것이다.

여기에서 끝이 아니다. 이들은 자신들이 먹이를 숨기는 모습을 옆에서 시기 어린 눈빛으로 지켜보던 경쟁자들까지 기억한다. 그도 그럴 것이 특정 먹이를 숨길 때, 어떤 경쟁자가 관찰하고 있었는지를 기억하는 것은 무엇보다 중요하다. 이들은 먹이를 서로 훔치고 빼앗는 관계이기 때문이다. 그래서 공공연한 비밀이 되어 버린 먹이는 아예 포기하기도 한다. 배고픔을 참으며 애써 파낸 구멍이 텅 비어 있음을 확인하는 것만큼 허탈한 일이 어디 있겠는가. 그러니까 어치는 그 가능성까지 고려할 수 있는 개체라는 소리다.

어치의 탁월한 능력을 체감할 수 있는 좋은 방법이 있다. 한번 생각해 보자. 우리라면 이러한 보관 장소들을 어디까지 기억할 수 있을까? 그것도 단 한 번의 시도만으로, 심지어 눈으로 뒤덮여 있는 목표 지점을 한 치의 오차도 없이 발견하는 일이 과연 가능할까? 믿을 수 없겠지만 어치는 그러한 장소를 1만 개까지 기억할 수 있다고 한다. 하지만 이것이 너도밤나무와 참나무 열매들을 그만큼 많이 먹어 치운다는 것을 의미하지는 않는다. 겨우내 어치들이 필요로 하는 보관 장소는 평균 1천 개 정도다.

그렇다면 나머지는 어떻게 될까? 마침내 겨울이 지나고 봄이 찾아오면 어치들이 땅속에 묻어 둔 나머지 나무 열매들은 또 다른 역할을 한다. 먹지 않은 열매가 씨앗이 되어 나무로 자라 새로 태어난 새들의 식량이 되어 주는 것이다. 결국 새들이 새끼를 기르는 데 도움을 주는 셈이다. 땅속에는 이들이 배불리 먹고 남긴 것만 있는 게 아니다. 새나 다람쥐의 세계에도 유난히 깜박하기를 잘하는 개체들이 있기 마련이다. 자연은 이들에게 관용을 베풀지 않는다. 기억력이 좋지 않은 개체들이 가장 먼저 생존에 실패하게 된다. 봄이 되어 발견되는 저장물 중에는 이들이 남긴 유실물도 있다. 너도밤나무나 참나무의 새싹들이 불과 몇 센티미터 간격을 두고 마치 꽃다발처럼 옹기종기 땅에서 솟아오른 모습을 보았다면 깜박하기를 잘하는 동물들이 남긴 유산이라고 생각하면 된다.

열매가 무거운 수종들은 이 같은 '하늘 우체부'들에게 큰 도움을 받는다. 수 킬로미터를 날아가 번식하는 새들을 이용해 새로운 생존의 공간을 개척하는 것이다.

왜 하필 너도밤나무였을까?

인간의 개입이 없었다면 중부 유럽의 대부분은 너도밤나무로 뒤덮였을 것이다. 왜 하필 참나무도 독일가문비나무도 구주소나무도 아닌 너도밤나무였을까?

모든 수종은 고유의 생존공간을 가지고 있다. 생존에 있어 높은 경쟁력을 보이는 환경이 저마다 다르다는 뜻이다. 일단 나무는 영양이 풍부하고 촉촉한 땅에서 잘 자란다. 모든 나무가 필요로 하는 기본 조건이다. 이런 환경에서는 어떤 나무든 생존할 수 있다. 하지만 이상적인 환경이 사라지는 순간 나무들의 생존 능력은 극명하게 갈린다. 예컨대 오리나무는 흙이 질어 뿌리까지 산소가 닿지 않는 늪에서도 살아남을 수 있다. 독일가문비나무나 구주소나무·잎갈나무는 극한의 추위, 매우 짧은 여름, 엄청난 강수량을 견뎌 낸다. 스칸디나비아 혹은 시베리아 같은 북쪽 고지대의 기후에서 경쟁력을 보이는 수종이라는 이야기다. 참나무는 어떨까? 참나무는 추위와 더위, 건조한 여름에도 끄떡없다. 대륙성 기후에 강한 것이다.

그렇다면 너도밤나무는? 너도밤나무는 우리가 사는 중부 유럽의 환경을 좋아하는 것 같다. 너도밤나무의 생장은 비교적 온화한 겨울과 서늘한 여름, 충분한 습도를 가진 대서양 기후에서 최고조에 이른다. 하지만 이것이 너도밤나무가 중부 유럽을 지배하게 된 유일한 이유는 아니다. 너도밤나무의 생존에는 무엇보다 두 가지 특성이 기여했다. 하나는 다른 나무들이 드리운 그늘 아래에서도 자랄 수 있는 능력이다. 예를 들어 너도밤나무는 참나무 아래에 자리를 잡아도 느리지만 꾸준히 자라 마침내 참나무의 우듬지를 뚫고 올라간다. 햇빛을 받아야만 살 수 있는 참나무는 너도밤나무의 잎사귀가 드리운 그늘에 가려 햇빛을 보지 못하고 이내 죽어 버리고 만다.

너도밤나무의 공격은 여기에서 끝나지 않는다. 뿌리 공간에서도 참나무의 죽음을 부추기는 것이다. 너도밤나무는 참나무 뿌리조직의 아주 작은 틈새조차 놓치지 않고 파고들어 영양분과 수분을 빼앗아 간다. 너도밤나무가 못됐다고? 결코 그렇지 않다. 자연은 결국 경쟁이 끊이지 않는 전쟁터이고, 지구상의 생명체들은 모두 저마다 생존의 자리를 얻기 위해 싸울 뿐이다.

바로 이 생태계의 일부로서 인간은 수만 년 전부터 끊임없이 자연에 개입해 왔다. 하지만 우리 선조들이 너도밤나무의 번식에까지 영향을 끼쳤을지에 관해서는 여전히 논란이 있다. 사실 몸집이 큰 초식동물이 많은 지역에서는 너도밤나무가 생존할 수 없다. 야생말과 들소, 사슴 들이 즙이 풍부한 너도밤나무의 어린 나뭇가지를 모두 먹어치워 살을 찌우기 때문이다. 이런 공간에서는 우거진 풀숲이든 향이 좋은 덤불이든 어린나무들의 새싹이든 할 것 없이 몽땅 배고픈 동물들의 배 속으로 들어간다. 동물들과 서식지를 공유하는 식물들로서는 이러한 위험 상황에 대응책을 강구할 수밖에 없다. 그래서 풀들은 끊임없이 새싹을 틔워 손실을 만회했다. 덤불은 자칫 잘못했다가는 어딘가가 찔려 피가 날 수 있는 가시를 만들어 냈다. 이처럼 가시덤불과 나무 몇 그루로 이루어진 초원의 모습이 지금으로부터 1만 년 전에 존재한 풍경이다.

그렇다면 너도밤나무의 번식은 대체 어떻게 이루어진 것일까? 사실 너도밤나무에게는 이러한 대응책이 없었다. 오히려 맛 좋은 가지와 싹 때문에 적들에게 무방비 상태로 노출된 터였다. 새싹을 틔우기가 무섭게 야생동물들이 먹어 치운다면 다른 식물들 사이에서 너도밤나무는 과연 어떻게 살아남을 수 있었는지 궁금하지 않은가? 이론에 따르면 바로 이 지점에서 인간이 등장한다. 인간이 자신들의 생존을 위해 초식동물들을 사냥하기 시작한 것이 결정적이라고 본다.

인간이 화살과 창을 이용해 사냥 방법의 효율성을 높이면서 말과 들소의 개체수는 크게 감소했다. 일부 지역에서는 이 동물들이 사라졌을 정도다. 이는 너도밤나무에게 찾아온 기회였다. 북쪽으로 피난 간 너도밤나무가 새로운 생존공간을 정복하면서 거대한 숲을 이루는 데 성공한 것이다. 무자비한 인간의 개입으로 너도밤나무의 천적인 야생동물들은 모조리 자취를 감췄다. 사슴과 노루까지 말이다. 그리고 이는 결국 내가 가장 좋아하는 수종인 너도밤나무의 생존을 도왔다.

이론에 따르면 그렇다. 하지만 내 개인적인 생각은 조금 다르다. 빙하기를 피해 너도밤나무가 도망친 지역에도 잎을 좋아하는 동물들은 있었기 때문이다. 완전히 얼어 버린 지역들을 제외하면 초식동물은 사실상 어디에나 있었다. 그렇다면 이들에게 무방비 상태로 노출된 너도밤나무들은 대체 어떻게 살아남았을까? 이와 관련해서는 본래 야생동물들의 개체수가 적었을 것이라는 가정이 가장 합리적이라는 게 내 생각이다. 야생말이나 들소의 개체수는 10제곱킬로미터당 한 마리에 그쳤을 것이고, 그보다 많아 봐야 노루 몇 마리가 추가되는 수준이 아니었을까 추측한다. 너도밤나무가 여전히 생존하고 있는 오늘날의 원시림을 보면 알 수 있다. 초식동물의 개체수가 많지 않은 환경이라면 모든 개체의 새싹들이 야생동물의 먹이가 되지는 않았을 테고, 일부는 아무런 피해 없이 생존에 성공할 수 있었을 것이다.

새싹들이 성장해 커다란 나무가 되면 숲은 이내 어두컴컴해진다. 특히 너도밤나무는 햇빛을 잘 이용하는 수종이다. 햇빛은 너도밤나무 잎에 가려 한 줌도 땅에 떨어지지 않는다. 다른 식물들이 생존할 만한 환경이 아닌 것이다. 어둠 속에서는 야생말이나 들소가 먹이를 찾기란 불가능하다. 설령 찾는다 하더라도 너도밤나무 열매나 잎이 전부일 것이다. 누군가가 여러분에게 계속 초콜릿만 준다고 생각해 보라. 동물도 단조로운 식단에는 금방 질린다. 대부분의 동물이 풀과 허브가 자라는 강가의 목초지나 고산지대 등 숲 가장자리에 집중적으로 서식하게 된 것은 그런 이유에서일 것이다. 어쨌든 이는 다시 너도밤나무 어린나무들에게 유리한 생존환경을 만들어 냈다. 결론적으로 너도밤나무는 자신의 생존체계를 스스로 강화한 것이다.

너도밤나무의 생애

고령의 나무들을 바라보고 있노라면 늘 공룡이 떠오른다. 공룡은 꽤나 매력적인 동물이다. 특히 거대한 몸집을 가진 개체로 성장한 것들을 떠올리면 더욱 그렇다. 예를 들어 온순한 성격을 가진 것으로 알려진 초식공룡 브라키오사우루스는 키가 12미터, 몸길이가 20미터에 이르렀고, 몸무게는 50톤이 넘었다고 한다. 단 한 번만이라도 좋으니 이런 생명체가 살아 있는 모습을 두 눈으로 볼 수 있으면 좋겠다!

공룡들이 살던 과거를 돌아보느라 우리가 놓치고 있는 사실이 하나 있다. 지금껏 지구상에서 가장 큰 몸집을 자랑하던 생명체가 여전히 우리 곁에 있다는 사실이다. 동물계로 한정 짓자면 그 주인공은 바로 고래다. 하지만 놀라기엔 아직 이르다. 고래의 크기를 능가하는 생명체가 식물계에 건재하기 때문이다. 그렇다. 그 주인공은 바로 나무다. 나무들 중에서 크기로 기록을 세운 수종은 더글라스전나무다. 더글라스전나무는 북아메리카 태평양 해안에서 자라던 침엽수로, 벌목 당시 키가 138미터에 달했다고 한다. 자이언트세콰이어나 유칼립투스 역시 비슷한 크기까지 자랄 수 있다. 이 경우 무게가 1천 톤을 넘기기도 한다.

반면 장수라는 측면에서는 키 작은 나무들이 우세하다. 지난 2008년 스웨덴 중부 지방에 위치한 달라르나에서 우연히 흥미로운 독일가문비나무 한 그루가 발견되었는데, 바람에 뒤엉키고 휘어진 채 서 있는 키 작은 이 나무의 뿌리줄기를 조사한 결과, 무려 9,550년이나 살았다는 사실이 밝혀진 것이다. 이 나무는 아직까지 굳건히 살아가고 있다. 이때만 해도 독일가문비나무가 이렇게 오래 살 수 있다고 믿는 사람은 아무도 없었다.

이쯤에서 오래전 우리의 숲을 지배하던 너도밤나무 이야기로 돌아가자. 전문가들은 너도밤나무를 '숲의 모태'라고 부른다. 토양비옥도와 국지기후에 유익하게 작용하는 특징 때문이다. 나는 이 별명을 갖게 된 이유에 너도밤나무가 가진 성격과 삶의 방식을 더하고 싶다.

봄이 되면 오래된 너도밤나무숲의 잎사귀들은 여린 녹색을 띤다.

수천 개의 씨앗들은 껍질을 벗고 싹을 틔워 숲 바닥을 온통 뒤덮는다. 씨앗들이 처음 틔운 싹은 다 자란 나무의 나뭇잎과 달리 저마다 짝을 이루고 있어 작은 나비들의 무리를 연상시킨다.

모든 나무는 최대한 빨리 생장하기를 원한다. 큰 키를 갖고 싶어서다. 유전적으로 그렇다. 그래서 그만한 능력을 갖고 있다면 즉각 실행에 옮긴다. 하지만 빨리 키가 자란 나무에게는 약점이 생긴다. 목질의 세포가 커서 공기가 많아 줄기가 휘어지기보다는 부러질 위험성이 높고, 나무를 먹고사는 균사들이 자라기에 안성맞춤인 성질을 갖게 되기 때문이다. 빠르게 생장한 나무는 큰 키를 갖는 대신 목질 상태가 좋지 않아 오래 살지 못한다. 폭풍우에 쓰러진 나무가 있다면 그 나무는 성급하게 키를 키운 나무일 가능성이 매우 크다. 물론 그렇게 되면 번식도 불가능하다. 유전적으로 매우 불리한 특성인 셈이다.

빠르게 생장하는 데 필요한 것은 단연 햇빛이다. 그런데 바로 이 부분에서 어미나무들이 간섭을 한다. 나뭇잎을 촘촘하게 드리워 햇빛의 투과율을 크게 낮춤으로써 나무 밑동까지 떨어지는 빛의 양을 3퍼센트 수준으로 제한하는 것이다. 이렇게 되면 일단 나비 무리를 떠올리게 하는 너도밤나무 새싹들의 생장에 제동이 걸려, 어쩔 수 없이 천천히 생장하는 쪽을 택하게 된다. 자그마한 나무줄기의 세포는 작고 꽉 찬 상태를 유지하며 잘 휘어질 수 있는 유연성을 기른다. 균사는 이런 줄기에는 매력을 느끼지 않는다. 이렇게 성장한 나무들은 오래 살 수 있다. 줄기에 탄력이 있어 어느 쪽으로 무게가 쏠리든 꺾이지 않기 때문이다. 설사 상처가 나도 목질의 부식으로 이어지지는 않는다. 견고하지 못한 줄기 때문에 생존을 위협받는 일은 벌어지지 않는 것이다.

하지만 어미나무를 통한 양육은 꽤나 지난한 과정이다. 어떤 경우에는 어린나무가 한 해에 1센티미터도 크지 못할 정도니 말이다. 어린나무들로서는 부당한 일이 아닐 수 없다. 이렇게 되면 거의 죽기 직전까지 굶주려야 하기 때문이다. 잎이 많지 않은 어린나무들이 어둠 속에서 당을 생산할 방법은 없다. 그나마 기댈 수 있는 것은 땅속에 퍼진 나이 많은 나무들의 부드러운 뿌리뿐이다. 그것이 어린나무들의 뿌리와 뒤엉키며 생존에 필요한 영양분을 공급해 준다. 어린나무들이 오래 버틸 수 있는 이유는 바로 여기에 있다. 성장을 위해 200년 혹은 그 이상을 기다려야 하는 경우도 있으니 시간을 따져 봐야 무엇하겠는가.

어린나무는 어미나무가 세상을 떠나고 나서야 비로소 성장할 수 있게 된다. 어미나무의 죽음으로 햇빛이 깊은 곳까지 들어와 마침내 공중을 지배할 때가 되었다고 어린나무들에게 신호를 보내는 것이다. 이는 그 순간이 오기만을 인내하며 기다린 나무들에게만 주어지는 기회다. 그러기 위해서는 줄기가 곧아야 한다. 줄기가 곧은 것이 시각적으로 더 아름답다거나 판자를 생산하기에 더 용이해서가 아니라 안정성이 훨씬 높기 때문이다. 곧은줄기 안에서는 목질섬유도 수직으로 형성되므로 폭풍이 휘몰아칠 때 바람으로부터 받는 압력을 줄기 전체에 분산시킬 수 있다.

이에 반해 휘고 비뚤어진 나무줄기는 평소에도 부러지지 않기 위해 애를 써야 한다. 예를 들어 40미터에 이르는 큰 키를 가진 나무는, 바람이 불면 거대한 수관이 지렛대로 작용해 수 톤에 이르는 엄청난 무게가 실리면서 뿌리가 뽑혀 나갈 것처럼 위험한 상황에 처한다. 이를 막기 위해 나무는 서둘러 휘어진 부분에 목질을 저장하는데, 이 또한 날씨가 좋을 때만 통하는 방법이다. 매서운 폭풍이 휘몰아칠 때는 그 무게를 이기지 못하고 우지끈 소리를 내며 꺾여 바닥으로 쓰러지고 마는 것이다.

이 비극을 사전에 차단하기 위해 너도밤나무는 무리를 지어 자란다. 이때 너도밤나무는 매년 센티미터 단위로 성장하는데, 이 무리 속에서 자라는 나무는 비틀리거나 휘는 즉시 혹독한 대가를 치른다. 옆으로 자라는 것은 키가 크지 못하는 것이나 다름없기 때문이다. 무리에서 이탈한 나무는 정상적으로 자란 키 큰 나무들에게 정복당하고, 마침내 어둠 속에 파묻히고 만다. 고령의 나무들이 드리운 무성한 나뭇잎을 뚫고 내려오는 3퍼센트의 햇빛조차 허용되지 않는 것이다. 결국 나무는 몇 년을 버티지 못하고 죽어 부식토가 된다.

이러한 나무의 청소년기가 얼마나 지지부진하게 지나가는지를 몇 년 전 아주 우연한 기회에 200살이 된 너도밤나무를 통해 두 눈으로 직접 목격할 수 있었다. 이 고령의 나무 아래에서는 80살 정도 된 너도밤나무가 자라고 있었는데 키는 150센티미터, 줄기는 손가락 둘레에 불과했다. 80년을 살아도 그 정도밖에 자라지 못했다면 성년을 맞이하기까지는 모르긴 몰라도 300살 정도는 되어야 할 것이다.

혹시 이 '어린' 너도밤나무의 수령을 어떻게 추정했는지 궁금해할 독자가 있을지도 모르겠다. 내가 이 나무를 베어 버리지 않은 데에는, 어차피 이렇게 천천히 생장하는 나무의 경우 눈으로는 나이테를 가늠할 수 없다는 이유가 있었다. 이때 수령을 추정할 수 있는 방법은 가지를 통해서다. 여름이 끝날 무렵이면 너도밤나무는 새싹의 끝에 마치 매듭이 갈라진 것 같은 마디를 만든다. 그래서 가지 하나에 이 마디가 몇 개가 있는지를 세어 보면 정확한 수령을 알 수 있다. 어린 너도밤나무의 가지는 온통 이 매듭으로 뒤덮여 있어 당시 매우 어려운 시기를 지나고 있음을 알 수 있었다.

너도밤나무 유치원에서 양육되는 나무들은 옆가지를 지나치게 크게 뻗어서는 안 된다는 교훈을 얻는다. 나무는 위로 자라는 것을 목표로 해야 한다. 따라서 옆가지를 두껍게 만드는 데 주어진 시간을 낭비해서는 안 된다. 물론 옆가지가 없을 수는 없다. 잎이 자랄 곳은 있어야 하기 때문이다. 잎이 위쪽 중앙의 가지에만 몰리면 어미나무에 가려 햇빛을 받을 수 없다. 수관이 작더라도 면적이 넓은 편이 햇빛 에너지를 받기에 유리하다. 하지만 때가 되면 가지는 생장을 멈춘다. 정상에 있는 가지들이 계속 자라다 보면 줄기 아랫부분에 사는 나뭇잎들이 생존하기에는 어두운 환경이 만들어지는 탓이다. 그렇게 되면 가지가 메마르면서 버섯의 공격 대상이 된다. 죽은 가지 사이로 침투한 버섯의 균사가 목질 안으로, 그리고 나무 안으로 들어가려고 시도하는 것이다. 이제부터 시간과의 싸움이다. 너도밤나무는 죽은 가지를 차단해 다른 가지들과의 접촉을 막음으로써 적군의 침투를 물리친다. 이렇게 죽음을 맞이한 가지들은 부러져 땅에 떨어지고 그 자리에는 새로운 조직이 자라나 그루터기를 뒤덮는다.

줄기의 지름에 따라 이런 보수 공사는 몇 년간 이어지기도 하는데, 균들이 침투하기 전에 줄기를 차단하는 데 성공하려면 통계적으로는 죽은 가지의 지름이 5센티미터를 넘지 않아야 한다. 상처의 크기가 그 수준을 벗어나면 봉합에 걸리는 시간이 균사가 침투하는 데 걸리는 시간을 따라잡지 못하기 때문이다. 병든 채 몇십 년을 더 살 수는 있다. 하지만 동료 나무들만큼의 수명을 기대하기는 어렵다.

적당한 간격을 두고 밀집해 자라는 너도밤나무들이 몇 년간 햇빛을 향해 키를 키우다 보면 서로의 측면을 어둡게 만드는 일이 불가피하다. 그 결과 측면에 난 가지들은 어느 정도 성장하다 죽음에 이르는 것이다. 원시림의 굵은 나무들이 그토록 아름답고 매끈한 줄기를 자랑할 수 있었던 이유다. 위험의 요소 없이 커다랗고 가지가 풍성한 수관을 형성하려면 먼저 일정한 높이까지 자라야 한다.

다시 너도밤나무의 청소년기로 돌아가 보자. 무리에서 이탈한 나무들이 도태되면서 수천 개에 달하던 새싹 가운데 살아남는 어린 너도밤나무는 고작 몇 그루에 그친다. 어미나무의 양육을 받으며 자란 이들 앞에는 더 큰 성장이 기다리고 있다. 하지만 완전한 성장은 어미나무가 죽은 이후에나 가능하다. 이때 이들은 가장 위험한 마지막 고비를 넘어야 한다. 바로 수관을 사수하는 일이다. 고령의 너도밤나무가 죽음을 맞이하면 몇 달 안에 굵은 나뭇가지들이 우수수 떨어진다. 심지어 죽은 어미나무가 쓰러지면서 어린나무의 수관을 무너뜨리는 일도 일어난다. 수관이 꺾인 어린 너도밤나무가 할 수 있는 일이라고는, 왕위를 계승하려던 욕망을 내려놓고 남은 경쟁자들에게 기회를 넘겨주는 일 말고는 없다.

이 최후의 테스트를 무사히 통과한 나무만이 비로소 높이 올라가 생장할 기회를 얻는다. 그제야 어른이 되는 것이다. 매년 가을 너도밤나무 열매에서 땅으로 떨어진 배아가 마침내 살아남아 여기까지 성장할 수 있는 비율은 평균적으로 170만 분의 1에 불과하다. 굶주린 야생동물들의 공격이나 혹독한 양육, 불행한 사고 등의 요소들도 어린나무의 개체수 감소에 크게 영향을 미쳐 400년간 온전히 주어진 생애를 살아 내는 너도밤나무는 한 그루에 그치는 경우가 많다. 그러나 수종 보존에는 아무 문제가 없다.

생애의 가장 어려운 시기를 지나온 너도밤나무에게 남은 과제는 이제 한 가지, 성장뿐이다. 너도밤나무의 키는 최대 50미터에서 멈추지만, 수관은 계속 옆으로 부피를 키울 수 있고 줄기는 더욱더 단단해질 수 있다. 이때도 너도밤나무는 결코 혼자 성장하지 않고 네트워크를 형성한다. 동료들과 소통하며 곤충들의 공격에 대한 정보나 당액을 공유하는 것이다. 물론 다 자란 너도밤나무에게 이 같은 '영양 공급'이 반드시 필요하지는 않다. 하지만 병에 걸린 경우라면 이야기가 달라진다. 이웃 나무의 도움으로 목숨을 구할 수 있기 때문이다. 무리 가운데 하나가 병약해지면 옆에 있는 너도밤나무들은 즉각 뿌리를 통해 액체 형태의 영양분을 전달한다. 나는 이것을 우리 숲에서 학생들과 함께 직접 목격한 적이 있다.

우리는 가로 5센티미터 세로 20센티미터 크기의 돌 하나를 발견했다. 돌에는 이끼가 껴 있었는데, 자세히 들여다보니 돌이 아니라 여전히 땅속에 뿌리를 내리고 있는 너도밤나무의 목질이었다. 가장자리를 조사한 끝에 우리는 이 나무가 아직 살아 있다는 사실을 확인했다. 과거 줄기의 지름이 몇 미터에 이르던 너도밤나무의 잔재였다. 우리는 아마도 400여 년 전 어느 숯꾼이 베어 낸 나무일 것이라고 추측했다. 나무의 그루터기는 이미 대부분 부식토가 되었지만, 일부는 나뭇잎 하나 없이 작은 돌멩이처럼 남아 있었던 것이다. 주변의 나무들이 이 잔재에게까지 성실하게 영양을 공급했기에 가능한 일이다. 오늘날까지 말이다. 그렇다면 쓸모를 잃어버린 이 나무가 언제 다시 어린 가지를 치고 원시림의 거목으로 자라날지도 모를 일 아닐까?

이 관찰을 통해 배운 것이 한 가지 더 있다. 너도밤나무들은 서로를 경쟁 상대로 여기지 않는다는 깨달음이다. 자신의 자리를 위협할 수도 물을 비롯한 다른 영양분을 부족하게 만들 수도 있는 경쟁 나무를 성실히 챙겨 먹이다니, 이것은 과연 무엇을 의미할까? 자신이 가지고 있는 당의 일부를 이웃에게 내어 준 나무는 성장에 필요한 에너지를 그만큼 잃기 마련이고, 질병에 저항할 능력이 저하될 것이다. 자신을 희생하면서까지 이웃 나무에게 영양분을 나눠 주는 일이 결코 득이 되지 않는다는 뜻이다. 하지만 너도밤나무는 무리 지어 자란다. 너도밤나무가 질병이나 기후변화에 강력한 저항력을 가진 이유는 바로 여기에 있다. 다시 말해 위기를 맞은 이웃 나무를 도와 너도밤나무 무리를 유지하는 것이 장기적으로는 더 이득인 것이다.

나무는 고통을 느끼고 소통하고 볼 수 있다

나무, 그중에서도 너도밤나무는 우리가 생각하는 것보다 훨씬 뛰어난 능력을 갖고 있다. 우리 인간은 공감의 동물이라 우리가 가진 공감 능력과 비교해 설명하면 다른 생명체를 쉽게 이해하는 경향이 있다. 그럼 우리 인간이 보는 것을 중요한 능력 중 하나로 여기는 '시각적 동물'임을 감안해, 먼저 너도밤나무의 능력을 광학적 측면에서 설명해 보겠다.

너도밤나무에게는 눈이 없다. 최소한 우리와 같은 눈을 갖고 있지는 않다. 하지만 이들도 빛을 '볼' 수 있다. 게다가 수천 개의 나뭇잎을 통해 동시에 빛을 본다. 너도밤나무에게 햇빛은 '좋아하는 음식'과 같다. 우리가 호화로운 뷔페에서 식사를 즐기는 것과 비슷하다. 시각을 이용하는 능력과 광합성이 어떻게 같을 수 있냐고 이의를 제기하는 사람이 있을 것이다. 그렇다면 또 다른 현상을 들어 설명해 보겠다.

봄이 되고 따뜻한 계절이 시작되면 꽃과 풀 들은 새로운 시작을 도모한다. 연녹색을 띤 새싹들이 곳곳에서 솟아오르면 너도밤나무 또한 싹을 틔운다. 그러다 4월에 예기치 못한 꽃샘추위가 찾아와 기온이 영하 4도 아래로 내려가면 어떻게 될까? 어린 나뭇잎과 새싹은 얼어붙고 말 것이다. 바로 이런 불상사를 막기 위해 너도밤나무는 싹을 틔울 때가 되기를 묵묵히 기다린다.

궁금하지 않은가? 나무가 달력을 볼 수 있는 것도 아닌데 지금이 몇 월인지를 어떻게 안단 말인가? 분명하게 말해 너도밤나무가 인지하는 것, 혹은 '볼 수 있는 것'은 낮의 길이다. 기온이 오르면서 낮의 길이가 바뀌면 이를 알아차려 싹을 틔울 순간을 정확하게 예측하는 것이다. 그 시점이 5월 초다. 이것으로 우리가 알 수 있는 사실이 있다. 나무가 단순히 나뭇잎을 통해서만 '보는 것'이 아니라는 점이다. 나뭇잎이 만들어지기 전에도 주변을 볼 수 있었기 때문이다. 나무는 얇은 껍질, 특히 싹에 붙어 있는 껍질을 통해 충분한 양의 햇빛을 흡수함으로써 바깥소식을 접한다.

잠깐만. 시각 이야기를 하다 의도치 않게 다른 감각에 대해서까지 언급하게 된 것 같다. 바로 느낌이다. 너도밤나무는 따뜻한지, 추운지도 느끼는 것이 확실하다. 실제로 너도밤나무는 매년 이 능력을 증명한다. 그뿐만이 아니다. 너도밤나무는 고통도 느낀다. 물론 직접적으로 증명할 방법은 없지만 이를 간접적으로 암시하는 증거들은 충분히 존재하며, 그 증거들은 매우 흥미롭다. 너도밤나무가 감정을 서로 공유한다는 증거다.

지금으로부터 수십 년 전 학자들은 아프리카 사바나에 사는 가젤에게서 특이한 행동을 발견했다. 가젤이 자귀나무의 녹색 잎을 갉아먹었는데, 얼마 먹지도 않고 몇 분 후 50~100미터 떨어져 있는 다른 나무를 찾아 이동한 것이다. 연구 결과 학자들은 가젤이 먹고 있던 자귀나무 인근의 나무들이 독성이 있는 항체를 나뭇잎에 전달해 동물들에게 먹히는 것을 막았고, 가젤들이 이를 알아차렸다는 결론을 내렸다. 신기하지 않은가? 대체 다른 나무들은 야생동물들이 자신의 잎을 먹으리라는 사실을 어떻게 알 수 있었을까? 나무들에게 화학적인 경고를 보낸 것은 바람이었다. 가젤이 먹고 있던 나뭇잎이 냄새로 메시지를 전달한 것이다.

이제는 다양한 종의 나무들이 서로 소통한다는 것을 많은 사람이 알고 있다. 그리고 모든 식물은 이와 같은 소통 능력을 가지고 있을 것이다. 비록 그것이 '고작' 냄새로 전하는 메시지에 불과하더라도 의사소통의 효과는 인간이 사용하는 언어, 즉 음파로 전달되는 소리의 효과에 전혀 뒤지지 않는다. 독일의 향토 나무들 또한 냄새로 경고 메시지를 전달한다. 다만 적군이 가젤이 아닌 곤충일 뿐이다. 동료 나무로부터 경고 메시지를 전달받은 너도밤나무와 참나무 들은 날아드는 벌레떼에 대적하기 위해 불과 몇 분 사이에 껍질에 특정 물질을 저장한다. 예나에 위치한 막스플랑크 화학생태학연구소의 빌헬름 볼란트 Wilhelm Boland 박사는 동물과 마찬가지로 식물 역시 복잡한 구조의 방어 체계를 가지고 있다는 사실을 증명했다.[6]

벌레가 껍질을 파고들면 정말로 나무는 통증을 느낄까? 나는 이 전제가 다소 도발적이지 않느냐는 질문을 자주 받는다. 물론 나라고 정확하게 알 리가 없다. 어쨌거나 내가 나무는 아니니 말이다. 하지만 나무라고 해서 동물과 다를 이유가 있을까? 결국 통증이란 지속되는 피해, 나아가서는 죽음을 피하기 위해 즉각적으로 몸에 반응을 일으키는 긴급 신호이기 때문이다. 이 같은 메커니즘에서 제외되는 생명체는 지구상에 없다.

문제는 오늘날의 과학은 다른 종을 이해함에 있어 연구로 밝혀진 최소한의 사실만 인정한다는 데 있다. 예를 들어 우리는 오랫동안 네안데르탈인이 현생인류의 아종이라고 여겨 왔다. 하지만 네안데르탈인이 조야한 외모를 가지고 있었다는 것이 과연 사실일까? 정말로 발음이 부정확했을까? 그러던 중 이스라엘의 어느 동굴에서 네안데르탈인의 설골 화석이 발견되었다. 설골은 말을 할 때 절대적인 역할을 하는 뼈로, 이 뼈의 발견으로 네안데르탈인이 우리처럼 말을 할 수 있었을 것이라는 사실이 증명되었다. 그러나 학자들은 네안데르탈인이 언어를 가졌으리라는 가능성을 절대 쉽게 인정하지 않는다. 설골을 가지고 있었던 것은 사실이지만, 그렇다고 반드시 제대로 된 언어를 구사했다고 볼 수는 없다는 것이다. 결정적인 증거가 없기 때문이다. 결국 네안데르탈인은 여전히 현생인류보다 진화가 덜 된 것으로 여겨지고 있다.

같은 논리로 네안데르탈인이 앞을 보지 못했다고 주장할 수도 있다. 두개골에서 눈구멍의 흔적, 즉 눈이 발견되기는 했으나 그 사실 하나만으로 그들이 볼 수 있었으리라고 확신할 수는 없기 때문이다. 이에 대해서도 증거가 하나 있기는 하지만, 시력까지 가지고 있었으리라고 믿는 과학자는 전혀 없다. 일부 가설에 대해 왜 그렇게까지 소극적인 태도를 취하는 것일까? 다른 종들이 가지고 있는 특정 능력이 인간으로서의 자부심에 상처를 내기 때문은 아닐까?

단순히 유용동물로 취급되던 생명들이 서로 소통을 할 수 있고, 고통과 기쁨을 느끼고, 애정으로 자식을 돌보고, 분명하게 의견을 말할 수 있고, 눈으로 주변 환경을 인지할 수 있다는 사실을 인정하는 순간 이들은 우리에게 불편한 존재가 되어 버릴 것이다. 나무가 고통을 느낄 수 있다는 사실을 인정하고 나면 나무를 다루는 방식을 고민해야 한다. 나무의 번식, 분재, 이식, 과실나무의 개량, 이 모든 것이 사실은 나무에게 고통을 주는 행위임을 받아들여야 하는 것이다.

그런 맥락에서 우리는 식물 중에서도 큰 몸집을 자랑하는 나무들을 거대하지만 감정을 갖고 있지 않은 '바이오로봇'으로 여긴다. 그 편이 마음이 편하기 때문이다. 만일 나무에게 주변을 살피는 동그란 눈과 들창코가 있다면 어떨까? 현재 숲의 상태를 보며 많은 사람이 분노하지 않았을까? 하지만 너도밤나무와 참나무, 독일가문비나무는 우리가 자연이라고 부르는 무대 위에 서서 아무런 말 없이 모든 고통을 견딜 뿐이다.

5

심어진 나무들

원시림은 자연이다.
반면 인간의 손이 닿은 숲은 자연이 아니다.
이렇게 본다면 중부 유럽에는
자연이라고 할 만한 곳이 단 하나도 남아 있지 않다.

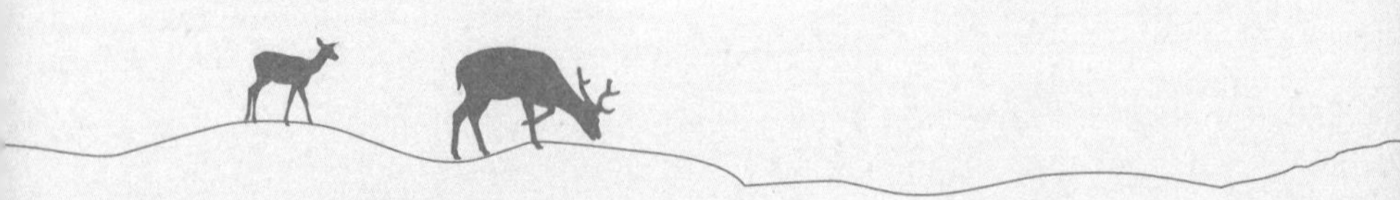

이 장을 시작하기에 앞서 여러분에게 설명하고 싶은 개념이 하나 있다. 바로 자연이라는 개념이다. 자연은 분명 자주 사용되는 단어지만, 안타깝게도 서로 다른 의미로 사용될 때가 많다. 내가 이해하는 자연이란 인간의 손에 의해 창조되지 않은 것으로, 정확히 문화와 반대되는 개념이다. 숲과 관련해서 보자면 자연이란 결국 인간의 행위에 영향을 받지 않은 생태계를 의미한다.

이렇게 보면 지난 몇십 년 혹은 몇백 년에 걸쳐 단 한 번이라도 나무가 베어진 적이 있는 숲은 자연이라는 범주 안에 포함시킬 수 없다. 지나치게 엄격한 것처럼 보일 수 있지만, 여기에는 그만한 이유가 있다. 인간의 개입이 있었던 숲에서는 앞에서 설명한 것과 같은 나무의 느린 생장 과정, 어미나무 아래에서 오랫동안 청소년기를 보내는 과정이 절대 진행될 수 없기 때문이다. 나무줄기 하나를 베어 내고 나면 어미나무의 수관이 만들어 놓은 숲의 지붕에 틈이 생긴다.

바로 이 틈으로 햇빛은 곧장 숲의 바닥까지 침투할 수 있고, 모든 생장을 촉진한다.

원시림은 자연이다. 반면 인간의 손이 닿은 숲은 자연이 아니다. 이렇게 본다면 중부 유럽에는 안타깝게도 자연이라고 할 만한 곳이 단 하나도 남아 있지 않다. 오로지 한 곳 예외적으로 남은 곳이 있다면 오스트리아 뒤른슈타인의 작은 원시림 정도일 것이다. 인간은 작은 땅 하나까지 모조리 갈아엎었다. 그리고 과거의 숲들은 종당에는 대규모 조림지가 되었다. 이에 대한 역사적 배경은 앞에서 이미 설명했지만, 그 결과에 대해서는 아직 말하지 않았다. 이제 그 결과를 말하기 위해 숲의 지하로 내려가 보려고 한다. 숲의 땅속으로 말이다.

파괴된 숲의 토양

본래 가파른 절벽이나 알프스의 고원지대를 제외하면 사실 중부 유럽의 불모지는 모두 원시림이었다. 어디를 보아도 거목들이 줄지어 서 있었고, 이들이 뿌리를 내린 땅은 마치 푹신푹신한 스펀지 같았다. 땅속 깊은 곳에 사는 생명들은 이 스펀지 같은 땅이 만들어 낸 통풍로를 통해 산소를 공급받았고, 많은 미생물 역시 나뭇잎과 목질·껍질을 통해 영양분을 섭취하고 부식토를 남겼다. 이처럼 흙과 부식토가 혼합된 토양은 많은 양의 물을 저장할 수 있다. 1제곱미터당 최대 200리터의 물을 저장하고 있다가 날이 건조해지면 필요한 양의 물을 방출하는 것이다. 이는 원시림에서 매우 중요했었다. 숲은 여름이 되면 비가 공급해 주는 것보다 더 많은 양의 물을 소비해야 하기 때문이다.

식물의 물 저장은 겨울에 이루어진다. 겨울은 식물들이 물을 전혀 소비하지 않는 기간이다. 이 계절이 되면 숲은 땅속 가득 물을 저장하고, 저장 능력을 넘어서는 양의 물은 지하수로 흘려 보낸다. 너도밤나무와 참나무가 갈증에 시달리지 않을 수 있었던 이유가 바로 여기에 있다. 숲 자체가 물의 원천이 되어 활기차게 물을 끌어올리고 있었던 것이다.

숲 토양 생태계에 얼마나 다양한 생물이 살고 있는지를 증명해 줄 동물군이 있다. 바로 진드기들이다. 진드기는 썩은 나무 등의 빈 공간에 살면서 균들의 양분을 빨아먹거나 식물들로부터 영양분을 섭취한다. 진드기는 생태학적 순환에 매우 중요한 동물이자 먹이사슬의 시작점이며, 죽은 유기물질을 분해하는 역할을 한다. 우리가 진드기에 대해 아는 것은 이 정도지만, 한 가지 분명한 것은 중부 유럽의 경우 진드기류가 조류의 종보다 많다는 사실이다! 진드기의 종은 여전히 발견되지 않은 것들이 많아서 아마 돋보기를 들고 숲에 들어간다면 여러분도 진드기의 새로운 종을 발견할 수 있을 것이다. 다만 매우 자세히 관찰해야 한다는 전제가 깔려 있다. 숲을 이루는 흙 한 줌 속에는 전 세계 인구를 몽땅 합친 것보다 많은 생물이 우글거리고 있기 때문이다.

아마존에만 있다고 생각한 소위 생명 다양성의 핫스폿이 바로 문 앞에 펼쳐져 있는 셈이다. 아니, 있었다고 표현해야 할까? 농업과 임업으로 이 파라다이스의 대부분은 이미 훼손되어 버렸으니 말이다.

우리가 일조한 일이다.

원시림이 사라지면 좋은 성질의 토양도 자연히 사라진다. 예컨대 고령의 너도밤나무를 베어 버리면 햇빛으로부터 진드기를 지켜 주던 양산이 사라진다. 국지성 기후에도 변화가 생기면서 진드기가 견디지 못하는 환경이 조성된다. 소나기는 부식토 위에 직접적으로 쏟아져 내리고 추위는 땅을 얼어붙게 만들며 뜨거운 여름날은 땅을 뜨겁게 데운다. 무엇보다 심각한 것은 식량문제다. 친숙한 나뭇잎과 뿌리, 버섯이 사라지면서 진드기들이 먹을 수 있는 것이 전부 사라지기 때문이다. 진드기는 이내 자취를 감춘다. 바로 이것이 우리가 사는 대부분의 땅 위에서 일어난 일이다.

경작지, 목축지, 독일가문비나무 보호림, 건축 부지, 이 모든 곳이 사실은 과거 원시림의 땅이었다. 아득한 선사시대든 20세기에 이르러서든 이 땅들은 모두 개간의 대상이 되었고, 대부분의 진드기도 이 땅들과 함께 사라지고 말았다. 이런 비극은 결코 진드기에만 국한된 것이 아니다. 진드기는 나뭇잎이 드리운 그늘 아래, 어두운 땅속에서 살던 수천 종의 생물들을 대표하는 사례일 뿐이다.

땅의 비극은 땅을 새로운 목적으로 사용하기 위해 나무를 베면서 본격적으로 시작되었다. 원시림 대부분은 즉각 농업의 용도로 변경되어 농장이나 축산업 운영에 사용되었다. 이것이 과연 땅에는 어떤 영향을 미쳤을까? 양들은 무게가 많이 나가는 동물이 아니다. 그렇지만 양들이 발을 구를 때마다 땅은 지속적으로 압력을 받아 판판해진다. 나는 학생 시절 현장 연수를 하면서 이 같은 상태에 이른 땅을 직접 목격한 적이 있다. 그때 우리는 교육을 위해 미리 파놓은 땅을 층

별로 자세히 관찰했는데, 일부 구역의 경우 산소가 전혀 통과할 수 없을 정도로 단단하게 압축되어 있음을 발견했다. 결코 믿을 수 없었던 교수님의 설명도 생생하게 기억난다. 이 땅에서 목축지가 운영된 것이 무려 300년 전의 일이라는 설명이었다.

그후 내가 관리하는 구역에서도 땅이 농업에 이용된 흔적을 발견할 수 있었다. 제곱킬로미터 단위로 약 20센티미터 깊이의 땅속에 일종의 방수층이 형성되어 있었던 것이다. 이는 쟁기질이 남긴 흔적이었다. 하지만 땅을 그렇게 만들어 놓은 과거의 누군가는 오늘날처럼 무게가 몇 톤에 달하는 트랙터를 사용하지 않았을 것이다. 말을 사용한 것도 아니었다. 당시만 해도 말을 이용해 농사를 지을 만큼 경제적으로 풍요로운 사람은 없었기 때문이다. 이들이 이용한 것은 왜소한 젖소였다. 젖소들은 먹이가 부족해 스스로 걸을 힘이 없어 겨울이 지나면 수레에 실어 목초지까지 운반해야 할 정도로 빈약한 상태였다. 그러니 이 젖소를 이용해 땅을 갈아 봐야 조금 긁는 정도에 불과했으리라. 그러나 쟁기가 할퀴고 간 하층토에는 콘크리트와 시멘트가 채워지면서 도자기를 만들 때와 마찬가지로 물과 공기가 통하지 않는 매끈한 표면이 형성되었다.

양이든 소가 끄는 쟁기든 이들이 남긴 흔적은 오늘날에도 눈으로 관찰할 수 있다. 인간의 기준으로 보자면 손상된 땅은 영원히 재생되지 않기 때문이다. 표면에서 20센티미터 깊이까지의 토양 상층부는 추위나 동물들의 영향으로 부서져 다시 부드러운 상태를 회복할 가능성이 있지만, 그 아래에는 사실상 가능성이 없다. 방수층은 땅을 욕조와 같은 상태로 만들어 버린다. 아무리 거센 비가 들이친들 물이 빠져나가지 못하는 것이다. 그 결과 땅은 물로 뒤덮이고 순식간에 늪 같은 형태로 바뀌어 버린다. 이로써 방수층 아래에 사는 생물들은 말라 죽고, 그 위에 사는 생물들은 익사해 죽는다. 땅의 성질이 바뀌면 늪지대에 사는 식물들이 자리를 잡으면서 자연스럽게 습지가 형성되는 것 아니냐고 질문하는 사람이 있을지 모르겠다. 안타깝지만 이 또한 불가능하다. 깊이가 얕아 며칠 연속 햇빛이 내리쬐는 것만으로도 땅이 말라 버리기 때문이다.

이 같은 땅의 파괴는 지금도 현재진행형이다. 과거와 다른 점이 있다면 쟁기의 크기가 커져 두 배 이상 깊이 땅속을 파고들어 갈 수 있게 되었다는 것뿐이다. 물론 이렇게 되면 문제는 더 커진다. 원래 뿌리가 얕은 농작물이나 목초식물이 겪는 변화는 상대적으로 볼 때 그리 크지 않다. 하지만 모든 땅이 과거 어느 시점에는 원시림이었고, 지금과 전혀 다른 성질의 토양을 가지고 있었다는 사실은 이따금 나를 슬프게 만든다.

오래전에 숲을 개간하고 일구었던 땅 위에 오늘날 다시 숲이 조성되었다. 그리고 다시 만들어 놓은 숲의 나무들은 손상된 토양에서 힘겨운 시기를 보내고 있다. 손상된 토양은 당연히 나무의 뿌리에 독이 되는 탓이다. 뿌리가 방수층에 도달하면 어떻게 될까? 부드러웠던 가지들이 산소 결핍에 시달리면서 수종에 관계없이 대개는 죽음에 이르고 만다.

이것은 천근성 뿌리를 가진 독일가문비나무가 좋은 이유다. 독일가문비나무의 뿌리는 산소가 통하는 상층의 20센티미터 구간에서만 뻗어 나가기 때문이다. 하지만 얕은 뿌리는 강력한 폭풍 앞에 취약할 수밖에 없다. 만일 100톤에 이르는 장력이 줄기에 가해진다면 제아무리 거대한 독일가문비나무라도 끝내 쓰러지고 말 것이다.

독일가문비나무는 농경지로 사용되던 땅에 심어지는 경우가 많아 이와 같은 사고를 당할 확률이 평균을 뛰어넘는다. 하지만 사람들은 진짜 원인이 무엇인지도 모른 채 독일가문비나무에게 꼬리표를 붙여버린다. 독일가문비나무가 원래 폭풍에 약한 편이라는 꼬리표다. 산림경영 전문가인 동료들 중에도 비슷한 견해를 내비치며 이를 자연의 책임으로 떠넘기는 경우가 많다. 안타까운 일이다. 전문가들이 이런 의견을 갖는 순간 일반인들이 제대로 된 인식을 가질 수 있는 기회는 날아간다. 실제로 이런 현상은 독일가문비나무에만 해당하는 것이 아니다. 다른 수종들도 이와 같은 사고에서 결코 자유롭지 못하다. 너도밤나무가 한 예가 될 수 있다.

산림경영 전문가들의 안일한 태도에는 또 하나의 비밀스러운 이유가 있다. 말하자면 이는 자신들의 불찰을 감추기 위한 일종의 우회 작전인 것이다. 산림경영 전문가들은 거의 남자이고, 대부분의 남자들은 기계에 대한 호기심이 있다. 내 주변에도 거대한 장비에 매료된 동료들이 매우 많다. 기계의 힘이 강력할수록 그들에게 남기는 인상은 강력하다. 실제로 지난 20년간 기계산업의 발전은 무적함대와도 같은 장비들을 만들어 냈다. 나무토막을 임도*까지 운반할 수 있는 차량이 있는가 하면, 발전소로 가져가 소각할 마른 가지들을 모아 두루마리 형태로 압축하는 기계도 있다. 그중에서 가장 일반적인 것은

* 목재 운반, 산림 생산 관리 및 산불 진화를 위해 조성한 도로.

거대한 몸집을 자랑하는 나무수확기, 바로 하베스터다. 하베스터는 집게를 이용해 줄기를 감싼 뒤 장착된 기계톱으로 나무를 베어 넘긴다. 이어 칼날이 장착된 헤드로 줄기를 훑어 가지를 제거한 다음 원하는 길이로 토막을 낸다. 이로써 거대한 독일가문비나무는 불과 몇 분 만에 조재작업을 마친 목재가 되어 한곳에 모인다. 모든 구역에서 마치 바람이 휩쓸고 지나간 듯 빠른 속도로 벌채가 이루어진다. 하베스터 한 대가 산림노동자 12명이 일하는 만큼의 속도를 소화한 덕분이다.

그뿐인가. 하베스터는 임금 인상을 놓고 교섭을 요구하지 않는다. 하베스터 운전기능사는 대개 프리랜서이기 때문이다. 이들은 시간에 구애받지 않고 교대로 작업을 처리하며 궂은 날씨도 절대 마다하지 않는다. 솔직히 고백하건대 나도 처음에는 '이제 비로소 임업도 현대화가 되었구나'라고 생각하며 이러한 기계들을 사용했다.

그러나 간벌이 끝나고 기계차가 남기고 간 흔적을 볼 때면 생각이 달라졌다. 바퀴가 지나간 땅은 최대 50센티미터까지 패여 있었다. 물론 땅 전체가 손상된 것은 아니었다. 기계차는 비포장 목재운반로에서만 운행이 가능하기 때문이다. 대부분의 숲은 인근의 포장된 임도까지 목재를 운반할 때 이용하는 기계차가 드나들 수 있는 목재운반로를 가지고 있다. 목재운반로는 보통 약 20미터 간격을 두고 숲 전체를 가로지르는데, 문제는 이 20미터라는 간격이 생태학적 기준에 따른 것이 아니라 하베스터의 집게가 움직일 수 있는 범위를 고려해 정해졌다는 사실이다. 각 목재운반로가 20미터 간격을 유지하고 있어야 좌우로 10미터의 가동 범위를 확보한 하베스터가 목재운반로 위에서 숲의 모든 나무에 접근할 수 있는 것이다.

기술적인 측면에서만 본다면 아무런 문제가 없는 작업 방식이다. 하지만 과연 토양생태계도 그렇게 생각할까? 특히 요즘에는 무게가 50톤에 이르는 기계도 많다. 이 기계들이 땅을 짓눌러 으깨며 일으키는 피해는 결코 작지 않다. 토양이 짓눌리는 범위는 기계의 바퀴가 밟고 지나간 궤적의 양옆으로 각각 1.5미터씩 확장되어 총 8미터 너비의 땅을 손상시킨다. 가축을 이용해 쟁기질할 때와는 비교할 수 없을 정도로 상황은 악화되는 것이다. 여기에 차량의 무게를 등에 업은 엔진이 가동되며 진동 롤러가 굴러가는 것 같은 위력을 발휘하며 땅을 2미터 깊이까지 파고 지나간다.

이 모든 피해를 고려하면 단순 계산만으로도 장기적으로 파괴되는 토양의 면적이 50퍼센트에 이른다는 결론이 나온다. 기계를 한 번 투입할 때마다 말이다! 손상 면적의 계산은 어렵지 않다. 목재운반로가 평균 20미터 간격을 두고 숲을 가로지른다고 볼 때, 기계차가 직접 밟고 지나가며 손상을 입히는 토양의 너비는 3~5미터 정도다. 하지만 앞에서 말했듯 토양이 짓눌리는 범위는 기계차 궤적의 양옆으로 최소 1.5미터씩 더 확장되므로 최종적으로 피해를 입는 토양은 8미터, 즉 목재운반로의 40퍼센트에 이르는 수치다. 50퍼센트 가운데 나머지 10퍼센트는 교차 현상으로 발생하는 토양 손상을 고려한 것이다. 목재운반로 대부분이 일직선으로 반듯하게 나 있지 않으므로 20미터의 간격을 정확하게 지키지 못해서 손상되는 추가 면적이다. 실제 현장에서 목재운반로의 평균간격을 20미터가 아닌 15미터로 계산하는 것은 이 때문이다. 이것까지 고려할 때 토양의 절반,

즉 50퍼센트가 손상된다는 계산이 나온다. 숲을 이토록 거칠게 다루는 사람에게 숲을 보살필 의무를 가진 나무지킴이라는 명칭을 붙이는 것이 과연 타당한 일일까? 하지만 동료들은 최신 장비들은 바퀴의 면적이 넓어 땅에 피해를 입힐 일이 없다고 변명한다. 물론 그럴 수도 있다. 하지만 기계의 진동이 땅속 깊은 곳에 일으키는 피해는 최신식 기계를 도입한 후에도 이어지고 있다.

몇 년만 지나면 땅은 다시 회복된다고 주장하는 사람들이 있다. 그러나 전혀 그렇지 않다. 이는 직접적인 경험으로 확인한 사실이다. 나는 내가 관리하고 있는 구역의 나이 든 나무들 사이에서 로마시대 마차의 흔적을 발견한 적이 있다. 땅은 일단 손상을 입으면 2천 년이 지나도 회복되지 못한다는 뜻이다. 내가 목격한 마차가 지나간 땅은 마치 시멘트처럼 딱딱해져 있었다. 별것 아닌 것 같은 짐마차조차 이 같은 문제를 일으키는데, 하베스터가 남긴 흔적과 그로 인한 피해는 오죽하겠는가.

나는 기계 투입과 관련해 입장을 정리하여 휨멜 지역에서는 기계를 이용한 목재 수확을 금지하자는 내용의 제안서를 지역 의회에 전달했다. 기계가 투입되었던 현장을 두 눈으로 살펴본 의원들은 금세 나의 의견에 동의했고, 이렇게 우리의 숲에서는 거대한 괴물이 사라지게 되었다. 그 뒤 우리 숲에서는 산림노동자들이 직접 줄기를 절단하고, 작업이 끝난 목재는 말을 이용해 임도까지 운반하고 있다. 산림노동자들이 전통적인 방식으로 작업을 시작하면서 목재운반로의 간격은 두 배로 넓어졌고, 땅의 손상은 절반으로 줄었다. 기계는 목재를 모아 인근 숲길까지 운반하는 데에만 쓰인다.

여기까지 말하면 견고한 숲길까지 목재를 운반하는 일도 아예 말을 이용하면 되지 않느냐고 반박하는 사람이 있을 수 있다. 땅 하나만을 생각한다면 훨씬 나은 방법이긴 하다. 하지만 사실 여기까지 타협하는 것도 상당히 이례적인 일이었다. 변화가 이루어진 시점에도 나는 라인란트팔츠주의 공무원이었고, 내 전임자는 휨멜 지역의 이런 결정이 비정상적이라며 비난했다. 기계는 우리의 신임만 잃었을 뿐, 다른 동료들은 여전히 기계를 선호하며 갈수록 작업 현장에 더 많이 투입하는 상황이었다. 이러한 현실에서 기계 사용을 제한하는 우리의 목소리가 왜 성가시지 않았겠는가.

하베스터 사용에 찬성하는 이들의 주된 이유는 경제적 측면의 비용 절감 효과다. 산림노동자 대신 하베스터를 투입하면 1세제곱미터의 목재를 생산하는 비용이 반으로 줄어들기 때문이다. 이와 같은 방식으로 산림을 운영하면 숲 주인들은 최소한 단기적으로는 수익성을 높일 수 있다.

하지만 장기적인 측면에서 몇십 년을 두고 바라보면 결과는 달라진다. 목재로 사용할 수 있는 나무, 그러니까 수익을 올릴 수 있는 나무의 성장은 물의 영향을 크게 받는다. 성글고 촉촉한 땅과 달리, 압축되고 건조한 땅에서는 나무가 죽을 수밖에 없다. 뮌헨공대의 연구 결과를 바탕으로 제작된 텔레비전 다큐멘터리 〈숲의 무분별한 개발 Raubbau am Wald〉에 따르면 기계의 투입 이후 숲의 땅은 최대 95퍼센트까지 물 저장 능력을 상실한다고 한다.[7] 숲의 생장 속도는 자연스럽게 더뎌져 결국 수익 감소로 이어진다. 물론 이는 먼 미래의 일이라 당장 눈에 보이지 않는다는 문제가 있다. 휨멜 지역에서만큼은 이러한 위험을 감수하며 숲을 운영하고 싶지 않았다. 그리고 휨멜에는 이렇게 근시안적인 시각으로 숲이 운영되기를 바라는 사람이 한 사람도 없었다.

그러나 우리의 경영 방식을 탐탁지 않게 여기던 산림청은 주정부의 지원금을 삭감하겠다는 내용으로 우리를 협박했다. 당시 우리는 침엽수림을 활엽수림으로 바꾸고자 이 보조금을 활용해 독일가문비나무숲에 너도밤나무를 심고 있었다. 나에게 이것은 하베스터로 땅을 짓이겨 놓지 않으면 보조금을 주지 않겠다는 말로밖에 들리지 않았다. 결국 산림청 본부는 이 협박을 철회했고, 휨멜 지역에서는 수확기계 투입이 지금까지도 금지되어 있다.

어린나무의 힘겨운 싸움

독일의 숲 대부분은 조림지다. 묘목을 심는 것은 희망을 상징하는 행위다. 그래서 수많은 격언이 이를 이용한다. 독일연방은행도 제2차 세계대전 이후 묘목을 심는 한 여자의 모습을 50페니히 동전의 도안으로 삼았다.

하지만 정작 독일가문비나무와 참나무 그리고 다른 나무의 묘목들에게는 오래전에 희망이 사라졌다. 씨앗에서 싹이 되어 모습을 드러내는 순간부터 어린나무는 익숙한 환경에서 어미나무의 보호 아래 자라야 한다. 그러나 현실은 그렇지 못하다. 어린나무들은 나무들이 대오를 갖추고 서 있는 종묘재배원의 거대한 화단에서 자라난다.

이곳에서 어린나무들은 온갖 날씨에 무방비로 노출되어 쇠약해지고 만다. 생각해 보라. 자신이 관리하는 숲을 조림하기 위해 묘목을 사러 온 산림경영 전문가가 그런 나무를 고르겠는가. 결국 나무는 거름의 도움을 받아 최소한 겉으로 보기에는 건강한 모습을 갖춘다. 묘목들은 경쟁하듯 빠른 속도로 자라 이내 시각적인 기대에 부응하는 나무가 된다.

문제는 여기에서 또 발생한다. 나무가 빠르게 생장하면 뿌리가 억세지면서 사방으로 뻗어 나가기 때문이다. 3년이 지난 뒤 나무를 팔기 위해 땅을 파고들어 가면 뿌리 대부분이 찢어지며 땅속에 그대로 남는다. 뿌리가 없는 나무는 더 이상 자라지 못하고 상품성도 잃는다는 것은 말할 나위 없다. 이를 해결하기 위해 사용하는 방법이 바로 1년에 한 번씩 뿌리 아래쪽을 베어 내는 것이다. 쟁기 같은 특수장치를 단 트랙터가 일렬종대로 서 있는 나무들을 지나가며 땅속 깊이 파고든 뿌리를 잘라 낸다. 나무들은 즉각 반응한다. 퍼져 있는 뿌리줄기 조직을 아래로 한데 모으는 것이다. 이렇게 되면 뿌리가 촘촘하게 얽히며 둥근 다발을 형성하는데, 이는 뿌리를 파내는 과정을 보다 용이하게 만든다. 뿌리가 짧으면 묘목을 심을 때 구멍을 깊이 파지 않아도 되어서 한결 편하다.

나무를 심는 데에는 특수장비가 필요하다. 그중 하나가 한쪽에는 곡괭이, 다른 한쪽에는 도끼가 달린 괭이 도끼다. 독일어로는 '후투티 곡괭이'라고 하는데, 도끼가 붙어 있어 그런지 이름처럼 후투티의 부리를 연상시키지는 않는다. 어쨌거나 나무를 심을 때는 먼저 한쪽에 달린 괭이를 이용해 잔디밭을 주머니처럼 파서 연 다음 묘목의 뿌리를 넣고 밟아 다진다.

학생 시절 동기들과 함께 배운 이와 같은 식묘 과정을 잊지 않고 또렷하게 기억하고 있다. 우리는 1984년 라인란트팔츠주 트립슈타트 인근의 공유림에서 독일가문비나무 묘목을 심기로 되어 있었고, 묘목은 각각 스물다섯 개씩 묶여 있었다. 묘목 아래에 늘어진 긴 뿌리를 보는 순간 우리는 우리가 파낸 작은 땅속 구멍에 들어맞지 않으리라고 확신했다. 하지만 담당교수에게는 방법이 있었다. 한쪽에 달린 도끼와 장작 받침대를 가리키며 긴 뿌리를 짧게 정리하라고 지시한 것이다. 우리는 지시에 따라 열심히 뿌리를 잘라 냈다. 작업을 하면서 뿌리를 덜 자르는 것보다는 더 자르는 편이 나무를 심기에 훨씬 편하다는 것도 깨달았다. 하지만 '주어진 장비와 환경에 맞추어 나무의 뿌리를 자르는 대신 그 반대로 하는 편이 낫지 않을까'라는 생각은 전혀 하지 못했다. 나는 그저 그 방법이 논리적이고 합리적이라고만 여길 따름이었다.

그런데 그렇게 하면 나무는 과연 어떻게 될까? 뿌리를 자르는 행위는 나무를 평생 불구로 살게 하는 매우 나쁜 개입이다. 실제로 나무는 이처럼 극단적인 인간의 행동이 낳은 결과로부터 평생 회복하지 못한다. 나무의 뿌리를 자르는 것은 인간의 다리를 절단하는 것과 비슷하다. 본래 땅속 깊이 뿌리를 내리고 살아야 하는 참나무의 경우, 그렇게 하면 뿌리가 얕아져서 견고하게 서지 못하고 제아무리 튼실한 몸집을 자랑한다 해도 태풍 앞에 무기력해지고 만다. 그뿐 아니라 땅속 깊은 층에 있는 물을 흡수할 수 없어 물 부족까지 겪는다. 더 나아가 이전에 손상된 적이 있는 땅에 뿌리를 내린 경우라면 이 나무는 평생 병을 달고 살 수밖에 없다.

이는 비슷한 환경의 대규모 농장에서 자란 모든 나무에 해당하는 일이다. 잠깐, 내가 방금 '농장'이라고 했는가? 그렇다면 아마 나는 동료 산림경영 전문가들의 거센 항의를 받을 것이다. 내 경험상 그렇다. 이 표현을 불편하게 여기기 때문이다. 많은 동료에게 '대규모 농장'이란 브라질이나 인도네시아 등 개발도상국에 있는 인공조림지를 의미한다. 오랑우탄의 잃어버린 고향을 되찾아 주기 위해 과거 열대우림이었던 곳에 유칼립투스나 기름야자를 심어 조성해 놓은 인공조림지 말이다. 이와 같은 인공조림지를 감히 어떻게 자신들의 숲과 비교할 수 있느냐고 생각하는 모양이다.

묘목을 심어야 하는 숲의 땅은 대개 목재 수확 과정에서 한 번 그리고 수확 이후에 또 한 번 손상을 입는다. 오래전부터 변함없이 이어져 내려오는 식묘 준비 과정인 밭갈이 때문이다. 이미 대외적으로도 구식인 데다 폭력적이기까지 한 것으로 알려진 방법이다. 벌목이 이루어지면 각종 가지와 수관, 밑동이 여기저기 흩어져 있기 마련이다. 물론 이들을 피해 빈 공간에 묘목을 심을 수도 있다. 하지만 그런 때는 질서정연한 대오를 갖추기가 어렵다. 그래서 불도저가 등장한다. 이 혼잡함을 단숨에 갈아엎어 한곳으로 몰아넣는 것이다. 이 밭갈이 과정에서 부식토가 사라질 수 있다는 것쯤은 쉽게 무시해 버린다. 밭갈이를 마치고 나면 마치 모판처럼 평평하고 아무런 장애물이 없는 토양을 가질 수 있으니까.

불도저는 예민해진 땅을 이렇게 또 한 번 갈아엎는다. 여기가 끝이 아닌 숲도 있다. 비용을 절감한답시고 싹을 심는 작업마저 육중한 기계를 투입해 처리하는 경우다. 이렇게 총 세 번에 걸쳐 짓이겨진 토양은 영구히 손상되고 만다. 나무들은 자라긴 하지만 평생 병에 시달린다. 그리고 원시림의 토양에서 살던 다양한 생물은 영원히 자취를 감춘다.

너도밤나무와 참나무, 독일가문비나무 묘목들이 갖는 자체적인 문제도 더해진다. 종묘재배원에서 온 묘목들이 숲의 유전자 풀에 변화를 가져오기 때문이다. 모든 수종은 사는 지역에 따라 수천 년의 세월을 지나며 서로 다른 유전자를 갖게 된다. 예를 들어 알프스 지대에 사는 너도밤나무의 유전자는 발트해에 사는 너도밤나무와 다른 성향을 가진다. 이는 생존을 위한 전략이다. 유전자가 다양해야 어떤 일이 발생하든 변화된 환경에서 살아남는 개체가 늘 존재할 수 있다는 이유에서다.

상업적인 목적으로 번식시킨 묘목들의 상황은 조금 다르다. 공식 인증을 받은 소수의 종자로만 이루어진 탓이다. 임업에서 요구되는, 특정한 수준 이상의 품질을 가진 고령의 나무들로만 구성된 소규모 분양지가 바로 그 예다. 곧고 두꺼운 줄기, 빠른 생장 등 잘 팔리는 나무의 조건을 모두 갖추고 있는 이 나무들의 종자는 종묘재배원에 팔린다. 가능한 한 많은 산림업체들이 수익을 올릴 수 있게 하기 위한 목적에서다. 하지만 공식 인증을 받은 묘목이 많으므로 이는 유전자의 단일화, 나아가 숲의 획일화를 가져온다. 숲에 심어진 묘목들은 성적 성숙기를 거쳐 향토 나무와 혼재되어 있다가 이내 장기적으로 향토 나무들을 몰아내기에 이른다.

이제 어린나무들이 대오를 갖춰 섰으니 어미나무의 혹독한 양육

속에 자랄 일만 남았다. 자연적인 생장 과정에 따른다면 100년, 혹은 그 이상의 궁핍한 시간을 견뎌 강인하고 굵은 줄기를 만들고, 물을 최대한 아끼면서 흡수하는 방법을 배우며 천천히 자라야 한다. 그러나 과잉이 지배하는 조림지에서는 그와 같은 생장이 불가능하다. 어떤 방해 요소 없이 어린나무 위로 쨍쨍 내리쬐는 햇빛은 광합성의 기회를 제공하고 에너지가 풍부한 당을 만들 수 있게 한다. 땅에서 공급되는 영양분은 차고 넘친다. 오래전의 숲이 남긴 부식토층이 눈부신 낮의 햇빛을 받아 빠르게 해체되면서 묘목이 흡수할 수 있는 것보다 많은 양의 무기질을 방출하기 때문이다. 일종의 도핑 반응을 일으키는 환경에서 나무들이 빠른 속도로 생장하는 것은 당연하다. 이는 인간의 의도에 정확히 들어맞는 결과물이다. 임업에서 이야기하는 식묘란 결국 수익을 얻기 위한 투자이기 때문이다. 목재를 수확하기까지의 기간이 길어질수록 투자 가치는 떨어질 수밖에 없다. 다시 말해 '터보 숲'을 목표로 달려가는 게임에서 승리를 안겨 줄 최고의 카드는 '속도'인 것이다.

어미나무의 보호를 받지 못하는 어린나무들은 평생 위험에 노출된 채 살아간다. 예컨대 볕이 좋아 잔디가 잘 자라는 환경이 만들어지면 그런 곳을 선호하는 쥐들이 크게 증가한다. 햇빛이 들지 않아 잔디가 자라지 못하고, 자연히 쥐가 살 수 없던 과거의 숲과는 전혀 다르다. 쥐는 노지에 잔디가 많을수록 안락함을 느낀다. 천적인 여우나 올빼미에게 들키지 않고 잔디 속에 숨어 안전하게 먹이를 즐길 수 있기 때문이다. 잔디와 관목이 마르는 가을이 되면 쥐는 어린나무를 공격하기 시작한다. 이듬해 봄 새로 돋아나는 잎을 하나도 볼 수 없을 정도로 그 피해는 상당하다.

벌목이 절대 유익하지 않다고 주장하는 이유가 여기에 있다. 토양에 그늘을 제공하는 고령의 나무들을 그대로 두는 편이 더 나은 이유 말이다. 그럼에도 여전히 산림경영 전문가들 중에는 벌목이라는 극단적인 방법을 고집하는 이들이 많다. 한편으로는 그렇게 해야 한다고 배웠기 때문이고, 다른 한편으로는 그렇게 해야 목재 수확량을 늘릴 수 있기 때문이다. 게다가 해야 할 일이 적다는 장점마저 있다. 하지만 잔디가 문제를 일으킨다는 것은 이미 모두가 알고 있는 자명한 사실이다.

식묘와 관련해서 "빛과 잔디 그리고 쥐가 모이면 끝"이라는 격언도 있지 않은가. 숲에서는 수십 년간 제초제를 살포해 잔디 문제를 해결해 왔으나, 이 또한 대중적인 인식에서 벗어나는 일이라 최근 들어 중단되었다. 그 대신 이제는 독성이 있는 미끼를 이용해 쥐를 직접 노린다. 해바라기씨나 렌즈콩을 가공할 때 쓰이는 인화아연제를 이용하는 것인데, 이를 맛있는 음식인 줄 알고 먹은 쥐들은 이내 내장출혈로 죽게 된다.

나무의 대량사육

어느 정도 자란 나무들은 유년기의 스트레스에서 점차 벗어나기 시작한다. 하지만 여전히 이들에게는 보호망이 되어 줄 어미나무도, 영양분을 나눠 줄 나이 든 나무의 뿌리도 없다.

나는 이를 보며 가축의 대량사육을 떠올렸다. 대량으로 생명을 생산하는 행태는 축산농가에서도 예외가 아니다. 커틀릿이나 살라미를 최대한 신속하게 생산할 목적으로 커다란 축사 안에 가축 떼를 밀어 넣고 살찌우는 대량사육 방식에 따르면, 엄마 돼지가 새끼 돼지를 양육하는 것은 있을 수 없는 일이다. 짝을 찾는다거나 제 새끼를 갖는 일 또한 마찬가지다. 지능을 가진 이 생명체들이 누려야 할 여러 감정 중 이들에게 허락되는 것은 극히 일부다. 태어난 지 겨우 반 년 만에 공포로 가득 찬 소리를 내지르며 도살장으로 끌려가는 돼지들에게는 결코 그 이상의 것을 누릴 시간이 주어지지 않는다.

어린 독일가문비나무나 참나무도 비슷한 환경에서 살아간다. 어미나무가 직접 개입해 생장에 제동을 걸던 원시림에서와 달리, 조림지의 어린나무들은 아무런 제재 없이 위로 자라난다. 이렇게 자란 나무는 결코 건강할 수 없을뿐더러 오래 살지 못한다. 나무의 자연적인 기대수명에 한참 못 미치는 나이에 생을 마감하게 되니 돼지들과 별반 다르지 않은 운명인 셈이다. 내가 교육을 받던 당시만 해도 100~120년을 살던 독일가문비나무들은 이제 80년의 나이에 생을 마감하고 있다. 심지어 60년이면 충분히 살았다고 이야기하는 산림경영 전문가들도 있다.

부모가 없는 나무는 양육을 받을 수 없다. 어린나무들은 빠르게 성장하지만, 동시에 휘고 비뚤어진다. 심지어 수관을 두 개 또는 그 이상 만드는 나무도 있다. 이는 해가 지나면 줄기의 정상적인 성장을 방해한다. 언젠가 이 나무들이 수확되어 제재소로 팔려 간다면 양육의 부재가 숲 주인의 금고에까지 영향을 미치게 될 터이다. 휘어진 건축용 각목이나 기울어진 원목 가구를 사려는 사람이 있을 리 없으니 그럴 수밖에 없지 않겠는가. 그래서 산림경영 전문가와 산림노동자들은 이 반항적인 나무들을 길들이기 위해 애쓴다.

1헥타르의 면적에서 자라나는 어린나무의 수는 대략 3천~5천 그루다. 그중 80퍼센트가 비정상적으로 자라긴 하지만, 곧은줄기에 수관 하나를 가지고 있으며 측면 가지가 두껍지 않은 정상적인 나무가 아예 없는 것은 아니다. 말하자면 나무의 원래 모습 그대로 자라는 데 성공한 나무들이다. 이 나무들은 즉각 산림경영 전문가들의 눈에 들어오고 미래목이라는 이름으로 선정되어 집중 관리를 받는다. 향후 몇십 년간 경제적인 가치를 가져다줄 수 있는 유일한 개체이기 때문이다. 물론 이 성공한 나무들을 제외한 나무들은 시간이 지나면서 하나하나 베어져 나갈 것이다. 그러면 미래목들은 아무런 방해 요소 없이 자리를 차지한 채 햇빛과 공기를 독점하며 화려하게 성장하리라. 미래목의 줄기는 톱장이들의 마음을 사로잡을 것이고 좋은 가격에 판매될 것이다.

여기에서 결정적인 질문 하나를 던져 보겠다. 개벌 없이 미래목을 수확할 방법이 있을까? 최근 대부분의 지역에서는 개벌이 금지되었다. 연방정부와 지방정부 역시 지속 가능한 숲을 유지해야 한다는 데 뜻을 같이하고 어린나무와 나이 많은 나무가 함께 자라는 원시림과 유사한 형태의 숲을 조성하기 위해 노력을 기울이고 있는 추세다. 이에 반해 모든 미래목을 동시에 베어 버린다면 숲은 다시 처음으로 돌아갈 것이다. 노지가 생기고 그 위에 다시 숲을 조성해야 하는 것이다.

그렇다면 방법은 하나다. 미래목을 집단이 아닌 개체별로 수확하는 것이다. 개체목을 베어 내고 생긴 공간에서는 자연적으로 뿌려진 씨가 자라날 테고, 언젠가 마지막 남은 미래목을 수확할 때가 오면 이들은 어느새 견고한 나무로 성장해 있을 것이다. 이것이 바로 진정한 목가적 정경이자 지속 가능성의 표상이 아니겠는가. 그럴 수만 있다면 말이다. 이론상으로는 그럴듯하지만 현실에서는 불가능한 일이다.

미래목의 수확 시기는 산림청에서 규정한 줄기의 최소 지름을 기준으로 정해진다. 바닥으로부터 1.3미터 높이에서 측정한 줄기의 지름이 약 60센티미터라면 수확할 시기가 된 것이다. 하지만 문제는 미래목 대부분이 동일한 시점에 이 기준을 충족시킨다는 것이다. 그간 줄기가 가는 나무들을 모두 베어 낸 탓에 충분한 공간을 갖게 된 미래목이 햇빛을 받으며 빠른 속도로 자라난 것이 원인이다. 나이가 같은 나무들이 같은 토양과 같은 환경을 공유하며 자라면 같은 시기에 동일한 굵기를 갖게 된다. 결국 몇 년 사이에 전부 수확 대상이 되는 것이다.

이렇게 해서는 합리적인 관계망을 가진 자연적인 숲의 형성을 기대할 수 없다. 국가기관이 자연친화적인 숲 경영이 필요하다고 인식해도 마찬가지다. 이 문제를 해결하는 데 도움이 될 가장 쉬운 방법을 제안하자면 수확할 나무의 최소 지름을 60센티미터에서 80센티미터로, 가능하다면 아예 100센티미터로 수정하는 것이다. 그러나 이는 수익을 얻기까지 10년을 더 기다려야 한다는 의미가 된다. 모든 연방정부의 긴축재정 상황을 고려할 때 경제적 손실이 커지는 것을 감당하면서까지 이를 추진할 책임자는 당연히 없을 것이다. 불행하게도 문제는 이것만이 아니다.

유전적 다양성의 상실

미래목을 수확하기 위해 우수한 나무를 선별하고, 그렇지 못한 나무들은 간벌로 솎아 낸다. 여러분도 앞에서 설명한 내용으로 여기까지는 이해했으리라 생각한다. 경제적인 목표가 무엇인지 그리고 그것이 낳은 결과가 무엇인지도 알고 있을 것이다. 여기에 한 가지 더 추가해야 할 것이 바로 유전적 문제다. 이것은 나무 한 그루의 생애에 미치는 결과 이상의 영향력을 가지고 있다.

간벌은 숲에 공간을 만들고 우수한 품질을 가진 나무들을 남기는 작업이다. 하지만 이렇게 묻고 싶다. 우수한 품질을 가진 나무란 대체 어떤 나무일까? 아무래도 이 부분에 대해 자연과 산림경영 전문가들은 전혀 다른 생각을 가지고 있는 것 같다. 나무의 나선형 성장을 예로 들어 설명하면 문제가 분명하게 드러날 것이다.

다음에 숲을 방문할 기회가 생긴다면 고령의 나무의 줄기를 자세히 관찰해 보기 바란다. 줄기 전체가 나선형의 홈으로 휘감긴 나무가 더러 있을 것이다. 이는 특히 너도밤나무처럼 표면이 매끈한 수종에 더 또렷하게 나타나는 현상이다. 그와 같은 목질섬유의 형태는 마치 금속 스프링을 연상시키는데, 바로 여기에 답이 있다. 이러한 특징을 가진 나무는 줄기가 유연해 거센 태풍에도 쉽게 부러지지 않는다. 직선의 목질을 형성하며 위로 자라난 수종에 비해 생존 경쟁력이 훨씬 뛰어난 셈이다.

그러나 이처럼 탄성이 좋은 줄기는 제재소의 환영을 받지 못한다. 나무판자를 생산하기 위해 목재를 절단해 건조하는 과정에서 푸실리처럼 뒤틀리기 때문이다. 가구나 나무판자를 생산하기에 부적합한 나무다. 그래서 나선형 줄기는 연료용 목재로 사용되는데, 연료용 목재는 가구용 목재보다 경제적인 가치가 낮다. 더 많은 수익을 올리고 싶은 숲 주인으로서는 달갑지 않은 일이다. 그래서 산림경영 전문가들은 이런 나무들을 일찍 베어 내 곧게 자라나는 나무들을 위한 공간을 만든다. 원칙적으로는 가축을 사육하는 방식과 다르지 않다. 동물들 역시 인간의 기준에 부합한 종들만 번식시키지 않는가.

문제는 나선형 생장이 나무를 솎아 내기 위한 여러 기준 중 하나에 불과하다는 것이다. 완벽한 원통형의 곧은줄기가 아닌 것들은 모두 벌목의 대상이 된다. 줄기 아랫부분에 곁가지가 났거나 줄기가 갈라져 수관이 두 개인 나무들은 고민할 것도 없이 모두 탈락이다. 너도밤나무건 참나무건 독일가문비나무건 간에 성 성숙기에 이르고 개체수가 늘어나면, 선별 과정을 거쳐 소수의 엘리트 후보만 남긴 채 몽땅 베어져 나가는 것이다. 살아남은 우수한 나무들은 유전적으로 아무런 흠이 없는 씨앗을 만들어 내고 그 씨앗은 숲에 뿌려진다. 이런 과정을 거치면서 철저하게 인간의 구미에 맞는 우수한 다음 세대 나무들이 다시 번식을 시작하는 것이다.

나무들은 선천적으로 유전자의 스펙트럼이 매우 넓다. 예를 들어 서로 다른 환경에서 자란 너도밤나무들의 유전자가 일치할 확률은 셰퍼드와 닥스훈트의 유전자가 일치할 확률보다 낮다. 이는 중요한 생존전략이다. 수명이 300~400년 정도로 긴 나무는 오랜 세월을 사는 동안 커다란 환경의 변화를 겪는다. 지난 세기만 하더라도 기후는 중세의 간빙기를 지나 짧은 빙하기, 그리고 오늘날의 온난화까지 마치 롤러코스터를 타는 듯한 변화를 보이지 않았는가.

기후변화에 대한 유전적 적응은 번식을 통해서만 가능하다. 번식의 과정에서 서로 다른 씨앗들이 뒤섞이는 것이다. 그리고 부모의 혹독한 양육 아래에서 잘 자란 나무는 그렇지 못한 나무보다 번식 능력이 뛰어나다. 커다란 수관 덕에 저장 물질이 많아 씨앗을 더 자주, 더 많이 만들어 내기에 그렇다. 3주에 한 번씩 번식을 하는 쥐의 경우라면 변화된 환경에 대한 적응 여부가 그리 중요하지 않았을 것이다. 갓 태어난 새끼 쥐도 한 달 후면 번식을 할 수 있기에 그렇다. 하지만 숲에 사는 나무들의 상황은 다르다. 50살 전에는 성 성숙기가 찾아오지 않으므로 어느 정도 세월이 흐르고 나서야 번식이 가능하다. 쥐처럼 빠르게 적응할 능력이 없는 나무들이 자신들의 약점을 보완하기 위해 찾은 해결책이 바로 유전적 다양성이다. 한 개체군 안에서 유전적 다양성을 유지함으로써 서식환경에 어떠한 변화가 찾아오더라도 일부는 살아남을 수 있게 하는 일종의 안전장치인 셈이다.

하지만 간벌, 종묘재배원에서 가져온 묘목의 식재로는 이 같은 유전적 다양성을 기대할 수 없다. 물론 지금으로서는 과연 어떤 결과를 가져올지 속단할 수 없다. 이러한 방식의 산림경영이 시작된 것은 지금으로부터 100년 전이고, 100년은 인간의 기준에서는 긴 세월이지만 나무의 기준에서는 매우 짧은 시간이기 때문이다.

그래도 희망적인 것은 우수한 나무 선발식이 없던 시절에 태어나 꽃을 피우고, 그 과정에서 화분을 통해 같은 수종의 유전자 스펙트럼에 자신의 씨앗을 '교묘히 심고 있는' 노병들이 아직 남아 있다는 사실이다. 무엇보다 중요한 것은 각각의 입지에서 모든 수종이 저마다 유전적 다양성을 유지할 수 있게 해주는 일이다. 이에 대해서는 국립공원도 한계가 있다. 면적이 넓어 나무 간의 거리가 너무 먼 탓이다. 이보다는 나무들이 마치 진주목걸이의 진주알처럼 모여 있는 작은 규모의 보호림이 낫다. 이곳에서는 화분이 조림지 나무들의 수관 위로 흩날리면서 바람직하지 않은 인간의 개입으로부터 스스로를 방어할 수 있기 때문이다.

굶주림과 영양 결핍

나는 새우를 좋아하지 않는다. 특히 고기잡이배에서 막 요리되어 나온 작은 유럽갈색새우를 보면 구토가 밀려온다. 아마도 여섯 살 때의 기억 때문일 것이다. 당시 우리 가족은 북해로 휴가를 떠났는데, 그곳에서 누군가가 내 작은 손에 유럽갈색새우가 든 봉지를 쥐어 주었던 모양이다. 그것이 신기했는지 어린 나는 새우를 집어 꿀떡꿀떡 삼켰다고 한다. 어머니는 내가 얼마나 맛있게 먹었는지 모른다며 이 이야기를 할 때마다 즐거워하신다. 하지만 이내 나는 속이 메슥거려 좁은 판자 다리 위에서 먹은 것을 그대로 게워 내고 말았다. 하지만 나와 달리 물고기나 수염고래는 갈색새우를 불쾌해하지 않는다. 그들은 생존을 위해 작은 새우를 닮은, 일명 '크릴'이라는 이 동물플랑크톤을 필요로 하기 때문이다. 동물플랑크톤은 먹이사슬의 가장 밑바닥인 바다에 사는 생명체들에게 에너지를 제공한다.

플랑크톤과 같은 동물은 산림 토양에도 존재한다. 진드기류, 톡토기, 쥐며느리, 다모류 등이 여기에 해당한다. 이들은 생태학적 중요도가 동물플랑크톤과 흡사하여 '토양플랑크톤'이라고도 불린다. 특히 이들은 너도밤나무나 참나무 아래에서 먹이사슬의 밑바닥을 이루고 있어 포유동물과 새, 곤충의 종을 다양하게 유지하는 전제조건이기도 하다.

지난 수백만 년 동안 이 작은 생명체들이 선호해 온 음식은 죽은 나뭇잎, 하나다. 딱히 영양이 풍부해서는 아니다. 나무는 잎을 떨어뜨리기 전에 잎에 있는 당과 무기질 등을 회수하기 때문이다. 그러나 숲에 사는 가장 작은 동물들에게는 죽은 나뭇잎에 남은 영양분만으로도 충분했다. 문제는 인간이 등장하면서 발생했다. 인간의 등장과 함께 숲의 조림이 이루어지면서 상황이 돌변한 것이다.

내 관리구역에서는 아헨대학교 학생들이 참여하는 연구가 정기적으로 이루어지고 있다. 어느 날 다양한 연령대의 너도밤나무 낙엽, 즉 썩은 나뭇잎의 탄질률을 중점적으로 연구하던 롤프 침머만이라는 학생이 무척 놀라운 사실 하나를 발견해 냈다. 탄질률이란 유기물 중의 탄소와 질소의 질량비를 나타내는 것으로, 토양미생물들에게는 이 탄질률이 우리가 식품을 고를 때 지방과 당의 함량을 살피는 것만큼이나 중요한 식품 정보다. 탄질률에서 25라는 숫자는 질소가 1퍼센트일 때 탄소 함량비가 25퍼센트라는 것을 의미하며, 숫자가 작을수록 탄소 함량이 낮아지고 질소 함량은 높아진다는 것을 뜻한다. 진드기를 비롯한 유기미생물들은 탄질률이 20~30퍼센트인 나뭇잎을 필요로 한다. 물론 가장 이상적인 탄소 함량은 25퍼센트인데, 이는 인간이 개입하지 않은 너도밤나무숲의 나뭇잎이 가지고 있는 탄질률이다.

나무를 베어 내도 탄소 함량은 변하지 않는다. 남아 있는 너도밤나무들이 계속해서 나뭇잎을 만들어 내고, 가을이면 낙엽이 떨어져 땅에 사는 동물들의 먹이가 되어 주기 때문이다. 이렇게 모두가 자신에게 유익한 방식으로 숲을 이용하여 인간은 목재를, 진드기는 나뭇잎을 얻는 것이다. 하지만 롤프 침머만이 발견한 것은 나조차 생각하지 못한 것이었다. 그 학생의 계산에 따르면, 조림이 이루어진 숲의 너도밤나무 나뭇잎은 탄질률에서 큰 변화를 보였다. 수치가 30퍼센트까지 치솟은 것이다.[8] 토양미생물들에게는 굶주림을 의미하는 수치였다. 그러한 성분의 낙엽이라면 더 이상 먹을 수 없기 때문이다. 정신이 번쩍 들 만한 결과였다.

숲의 조림과 관련해서라면 나는 누구보다도 신중하게 행동했다. 말을 이용해 숲을 보호했고, 이따금씩 개체목을 수확할 뿐 개벌을 하지는 않았다. 화학비료도 사용하지 않았다. 하지만 이 모든 노력에도 숲의 생태계가 입는 피해를 막을 수는 없었다. 자연과 인간의 평화로운 공존을 꿈꾼 것이 허상처럼 느껴졌다. 이 결과로 임업은 결코 자연보호가 될 수 없다는 현실을 직시하게 된 것이다.

나무를 베어 내는 사람이 나무를 보호할 수 있는 방법은 없다. 베어 내는 순간, 나무는 죽는다. 이 나무에 의존하는 먹이사슬에도 문제가 발생한다. 사실 이것은 당연한 논리다. 다만 산림경영 전문가로서 숲 경영이 자연에 해가 되지 않으며, 오히려 자연을 보호하는 일이라고 배웠을 뿐이다. 이 연구 결과는 나로 하여금 다시 한번 확신을 갖게 하는 계기가 되었다. 인간이 개입하지 않는 자연보호림이 조성되어야 한다는 강력한 확신 말이다.

자, 다시 낙엽 이야기로 돌아가 보자. 개체목 몇 그루만 베어 냈을 뿐인데 낙엽의 성분이 바뀌었다니 그 이유가 궁금하지 않은가? 이를 설명해 줄 수 있는 것은 햇빛이다. 나무를 베어 내고 남은 자리의 토양은 햇빛을 받아 금세 데워져 토양미생물들의 활동성을 증가시키고, 그 영향으로 부식토는 더 빠른 속도로 분해된다. 이 과정에서 질소가 빠르게 방출되는데, 이는 나무가 저장할 수 있는 양을 넘어선다. 남은 질소는 결국 지하수로 스며들어 결과적으로 지하수의 질을 떨어뜨린다.

낙엽이 떨어지면 이 과정도 중단된다. 물을 저장하는 데 반드시 필요한 부식토는 품질이 좋지 않은 찌꺼기가 되어 녹아 버리고 나무는 질소 부족 현상을 겪는다. 중요한 영양소를 섭취하지 못하는 나무들은 굶주림을 호소하고, 결과적으로 나뭇잎은 영양 결핍에 시달린다. 이는 낙엽의 탄질률을 통해 쉽게 확인할 수 있다. 질소가 부족해지면서 탄질률이 25퍼센트에서 35퍼센트로 높아진 것이다. 토양미생물들은 이러한 낙엽을 소화하는 데 어려움을 겪기 때문에 낙엽이 증가한다.

문제는 토양미생물들이 낙엽을 먹어 치우는 속도가 매우 느리므로 질소가 순환을 회복하지 못하고 낙엽에 그대로 남는다는 것이다.

그리고 낙엽들의 탄질률은 더 나빠진다. 이 악순환의 고리를 끊을 수 있는 방법은 하나뿐이다. 장기적으로 숲에 개입하지 않는 것. 하지만 인간은 단기적인 관점에서 구제책을 마련해 다시 한번 개벌을 시도한다. 안타깝지만 현재진행형인 일이다. 그 결과 토양미생물들의 활동성이 증가하고, 이는 앞에서 설명한 과정으로 또다시 이어진다. 하지만 이 과정에서 수십 년에 걸쳐 형성된 얼마 되지 않은 부식토는 완전히 해체되어 버리고, 끝내 회복할 수 없는 손상을 입고 만다.

물론 이제는 개벌이 금지되어 있기 때문에 장기적으로는 상황이 개선될 것이다. 그럼 개벌이 대체 무엇인지부터 정리해 보자. 내가 이해하고 있는 개벌이란, 고령의 나무들을 모두 베어 내 앞에서 설명한 것과 같은 결과를 초래하는 일이다. 문제는 무릎 높이의 어린나무들로 구성된 구역까지 숲의 표준으로 인정하는 법에 있다. 고령의 나무를 동시에 베어 내지 않고 개체군별로 몇 년에 걸쳐 벌목하면 그 자리에는 금방 어린나무가 들어설 것이고, 그다음에 마지막 남은 고령의 나무를 베어 내면 그사이에 심어 놓은 나무들 덕에 해당 구역은 개벌이 이루어지지 않은 숲으로 인정을 받는 것이다. 글쎄……. 딱따구리와 토양미생물들이 과연 여기에 동의할까?

인위적인 타이가 삼림

그렇다고 진드기와 톡토기에게 최악의 상황이 닥친 것은 아니다. 성분이 변하기는 했어도 낙엽은 여전히 낙엽이기 때문이다. 토양미생물들이 정말로 생존을 위협받는 상황은 수종이 갑자기 바뀌어 버리는 경우다. 그것은 우리가 사는 곳에서 관습적으로 일어나고 있는 일이다. 지난 2012년 봄 바이에른주 산림청은 고령의 너도밤나무들 사이에 미송을 심었다. 이미 몇 달 전부터 160년 이상 된 활엽수림이 사라지는 문제에 목소리를 높이던 국제적 환경단체 그린피스는 바이에른주의 이 결정을 강력하게 비판했다. 그린피스와 바이에른주의 갈등은 한 환경단체가 미송 묘목 2천 그루를 파내어 화분에 심은 다음 이를 주 산림청 앞에 세워 두면서 절정에 달했다.[9] 찬반 토론이 격화되었고, 고소·고발을 할 것이라는 협박이 난무했다. 마침내 주정부는 너도밤나무와 참나무의 벌목을 일시적으로 중단할 것을 산림청에 지시했다.

내 관리구역 역시 50년 전에는 개벌의 대상이었다. 숲을 이루고 있는 너도밤나무를 베어 내고 독일가문비나무나 구주소나무로 재조림한 것이다. 얼핏 들으면 별일 아닌 것 같지만 전혀 그렇지 않다. 이는 숲의 생태계를 아예 파괴하는 것과 같은 행위이기 때문이다. 그도 그럴 것이 침엽수와 활엽수는 군집을 이루는 생물 개체군이 완전히 상이하다. 침엽수의 잎은 시큼한 데다 에테르오일을 함유하고 있어 활엽수림에 살던 미생물들이 먹을 수 없다.

지난 몇십 년간 많은 토양은 이와 같이 극단적인 변화에 노출되었다. 활엽수의 목질이 잡초와 같은 취급을 받던 때도 그랬다. 산림경영 전문가들은 이 활엽수를 제거할 목적으로 화학물질을 이용했는데, 여기에 활용된 것이 바로 베트남전쟁 당시 살포되어 원시림 전체를 파괴했던 제초제 성분의 '2, 4, 5-트리클로로페녹시아세트산'이었다. 베트남전에서 '에이전트 오렌지'라는 암호명으로 불린 고엽제의 한 종류다. 유럽에서 이 물질에 가장 먼저 손을 대 너도밤나무와 참나무의 껍질에 바른 주인공이 다름 아닌 산림노동자들이다. 얼마 지나지 않아 나무들은 죽임을 당했다. 놀랍게도 이 물질을 바르지 않은 인근 나무들까지 죽었다. 산림경영 전문가들에게 이는 나무 개체들 간 뿌리의 관계를 파악하는 계기가 되었다. 나무들은 뿌리를 통해 당뿐만 아니라 독성물질까지 공유한다는 사실 말이다.

얼마 지나지 않아 2, 4, 5-트리클로로페녹시아세트산이 건강에 해롭다는 사실이 알려지면서 나무껍질에 이를 직접 도포하던 방식에 변화가 생겼다. 산림노동자들을 대신해 헬리콥터가 등장해 활엽수림 전체에 광범위하게 살포하게 된 것이다. 중간 산악지대 상공에 등장한 헬리콥터는 숲 위를 비행하며 이 제초제를 살포했다. 디젤엔진오일의 살포는 덤이었다. 이 독성 안개가 내린 곳에서는 모든 숲이 죽임을 당했다. 1970년대 아이펠 고원지대와 훈스뤼크산맥에서 사라진 숲의 면적만 수천 제곱킬로미터였다. 숲은 이렇게 아무도 모르는 사이 자신들만의 베트남전쟁을 치르고 있었다.[10]

내가 실습 교육을 받던 1984년에만 해도 2, 4, 5-트리클로로페녹시아세트산을 사용할 수 있는 소극적인 방법이 교과과정에 포함되어 있었다. 특수 망치에 유리로 된 앰플용기를 씌워 나무줄기를 내리치면 앰플용기가 깨지며 나무에 박히면서 이 독성물질을 주입하는 방식이었다. 오늘날 숲의 토양이 얼마나 많은 양의 독성 분해 산물을 머금고 있을지 아는 사람은 아무도 없다. 이 불명예스러운 사실을 기억하고 싶은 산림경영 전문가도 없을 것이고, 이 물질을 사용해 또다시 문제를 일으키고 싶은 사람도 없을 것이다. 2, 4, 5-트리클로로페녹시아센트산은 더 이상 사용되지 않는다. 하지만 살충제 살포는 여전히 현재진행형이다.

개벌이든 2, 4, 5-트리클로로페녹시아센트산이든, 수단은 달라도 이것들로 달성하려는 목표는 하나다. 활엽수림을 침엽수림으로 바꾸는 것이다. 산림경영을 통해 수익을 올리려는 행정기관이 독일가문비나무와 구주소나무를 선호하기 때문이다. 이렇게 빈터마다 식재되기 시작한 침엽수들은 이제 타이가 삼림지대에까지 진출하기에 이르렀다.

만일 내가 산림경영 전문가의 권한으로 내 관리구역에 코코스야자를 식재한다면 어떻게 될까? 나는 곧바로 내 직책을 잃고 말 것이다. 아무리 나무에 대해 아는 게 없는 사람이라도 이곳에서 열대성 나무가 살 수 없다는 것쯤은 상식으로 알고 있을 것이다. 설령 온화한 겨울 날씨가 이어진다 하더라도 코코스야자는 끝내 얼어 죽고 말 것이다. 만에 하나 코코스야자가 이곳을 견뎌 낸다면? 이번에는 숲에 사는 생명들이 반란을 일으키지 않을까? 이곳에서 지저귀는 새는 단 한 마리도 없을 것이고, 나뭇잎을 파고들어 가는 지렁이 역시 단 한 마리도 보이지 않을 것이다. 유럽의 숲에 사는 개체군은 코코스야자 전문가가 아니기 때문이다.

이는 독일가문비나무와 구주소나무, 미송에게도 해당하는 이야기다. 이들도 코코스야자만큼이나 낯선 외래종이라는 뜻이다. 이들은 대부분 지역의 기후나 자연보호림에 어울리지 않는 경우가 많다. 하지만 결정적으로 이들은 겨울에도 얼어 죽지 않는다. 오히려 그 반대다. 코코스야자와 달리 추위에 관한 한 전문가이기 때문이다. 그 나무들 가운데 대부분은 코코스야자만큼이나 먼 곳에서 유입되었지만, 방향이 정반대다. 일부를 제외하면 그들의 고향은 원래 추운 북쪽의 고원지대다. 마지막 빙하기가 끝나고 다시 기온이 오르고 타이가 삼림지대가 서서히 북쪽으로 이동하던 시기, 끝까지 살아남은 일부 침엽수림이 있었다. 갈수록 상승하는 기온을 피해 찾아간 중간 산악지대의 고원이나 알프스가 이 침엽수림에게는 일종의 대피소가 된 것이다. 이곳에서는 현재도 스칸디나비아나 시베리아를 연상시키는 숲들을 만날 수 있다. 그러나 이런 숲들이 남아 있다고 해서 유럽 전역이 침엽수의 고향일 것이라고 보는 시각은 바다표범의 고향이 바이에른주의 쾨니히호수라고 주장하는 것만큼이나 황당무계한 것이다.

물론 예외는 있다. 바로 전나무다. 소나뭇과에 속한 전나무는 원래부터 활엽수림과 자연스럽게 어울리던 수종으로, 중간 산악지대와 알프스 인근 지대에 개체별로 혹은 집단별로 뿌리를 내리고 살아왔다. 전나무의 번식지는 대부분 너도밤나무의 번식지와 겹친다. 전나무는 뿌리가 깊어 상대적으로 태풍에 강하고, 잎이 부드러워 토양미생물들에게도 유익하다. 이 같은 긍정적인 성향 덕분에 전나무를 두고 '소나뭇과의 활엽수'라고 표현하는 전문가들이 있다. 그래서였을까? 전나무 역시 너도밤나무와 참나무가 당한 일을 똑같이 겪어야만 했다. 지난 몇십 년간 계속해서 밀려나다가 결국 거의 모든 숲에서 완전히 자취를 감추게 되었다. 앞으로 내가 침엽수에 대한 이야기를 꺼내면, 여러분도 나처럼 전나무를 활엽수라고 생각하며 책을 읽어 내려가는 편이 좋을 것이다.

시베리아와 스칸디나비아 북부 지방은 식생 생장기간*이 짧다. 식물이 생장할 수 있는 시기가 한 달 혹은 두 달이 미처 되지 않는 것이다. 활엽수로서는 생존하기 어려운 조건이다. 봄이 되면 당과 목질을 생산하기 위해 잎을 만들어야 하고, 겨울의 태풍이 몰아치기 전 늦지 않게 화려한 꽃들을 가지에서 떨어뜨려야 이듬해 다시 처음부터 시작할 수 있다. 겨우 몇 주를 위해 이 모든 과정을 밟는 것은 말 그대로 낭비다.

게다가 이처럼 극단적인 조건에서 자라는 나무들에게는 빠른 반응 속도가 필수다. 기온이 오르면 즉각 광합성을 시작해야 하는 것이다. 이때 잎을 먼저 만들어야 한다며 늑장을 부렸다가는 곧 경쟁에서 밀리게 된다. 독일가문비나무와 구주소나무가 녹색 잎을 떨어뜨리지 않고 가지에 남겨 두는 이유가 바로 여기에 있다. 이 나무들은 추운 겨울을 나기 위해 잎에 서리 방지 물질을 저장한다. 이 잎들에 촛불을 가져다 대면 퍽 하고 불꽃이 튀는 아름다운 모습을 볼 수 있을 것이다. 동상 피해 없이 추위와 눈을 견디는 침엽수의 생존 방식이다. 그러다 온화한 햇살이 비추기 시작하면 침엽수들도 자라기 시작해 기온이 따뜻한 초가을의 마지막 날까지 생장을 이어 간다. 하지만 생장의 조건은 매우 엄격해서 100년이 지나도 전체 길이가 5미터 이상을 넘지 못하는 경우가 많다.

금욕의 대명사인 침엽수를 중부 유럽으로 옮겨 오면 어떤 일이 일

* 평균기온이 5도 이상 계속되는 일수. 이 기간은 식물의 생장과 밀접한 관련이 있다.

어날까? 침엽수는 정작 자신에게 무슨 일이 일어났는지를 알지 못한다. 이곳의 식물기간은 4월부터 9월, 즉 꽉 채운 6개월이다. 더군다나 태양의 위치가 훨씬 높아 잎이 더 많은 양의 햇빛에 노출된다. 그러면 침엽수의 줄기와 가지는 마치 약물을 복용한 운동선수의 근육처럼 부풀어 오른다. 키는 1년에 0.5미터까지 자랄 수 있는데, 이는 고향의 숲에 비하면 열 배나 빠른 속도다. 그런데도 괜찮다고? 나는 절대 그렇지 않다고 생각한다. 이곳에 온 독일가문비나무와 구주소나무는 극심한 갈증에 시달린다. 이들이 살던 북쪽의 고지대는 비가 많이 오고 기온이 더 낮다. 그만큼 수분이 날아가는 양이 적어 오랫동안 촉촉한 상태를 유지할 수 있다. 반면 중부 유럽의 경우에는 여름이 되면 주기적으로 건기가 찾아온다. 상록수들이 경험해 보지 못한 조건이다. 그들은 뜨겁고 건조한 낮 시간대를 견딜 준비가 되어 있지 않다.

이로 인한 복수의 쓴맛은 이제부터 시작된다. 외래종 나무가 유입될 때는 나무만 오는 것이 아니다. 가문비큰나무좀, 세쌍니나무좀 같은 나무좀들을 동반하기 때문이다. 독일어로는 이들을 '인쇄공', '동판조각사'라는 꽤 귀여운 이름으로 부른다. 이름 자체는 이 나무좀들이 나무껍질 아래에 조각해 놓은 벌레구멍에서 유래한 것이지만, 사실 이들은 숲 주인들을 벌벌 떨게 하는 존재다. 본래 나무좀은 이미 병들었거나 약한 나무들을 공격하는 2차 기생체다. 향토 너도밤나무를 비롯한 모든 종의 나무가 잘 알고 있는 벌레이기도 하다. 건강한 나무는 나무좀의 공격을 방어한다. 나무껍질에 항체를 저장하거나 침엽수의 경우에는 송진을 이용해 나무좀을 익사시키는 식으로 말이다. 하지만 이는 건강한 줄기를 가지고 있을 때의 일이다.

중부 유럽에 사는 독일가문비나무와 구주소나무들은 어떨까? 끊임없는 갈증으로 마침내 이들은 진액을 완전히 잃게 된다. 뜨거운 여름 나무좀이 껍질을 파먹을 때 단 한 방울의 송진도 떨어지지 않을 정도다. 나무좀은 나무에 문제가 있다는 것을 즉각 알아차리고 화학 신호로 무리를 불러 모은다.

"어서 와, 여기 뷔페의 문이 열렸어!"

주변에 있던 나무좀들이 즉각 식탁 앞에 모인다. 나무껍질은 순식간에 벌레구멍으로 뒤덮이고 나무에 침입한 나무좀은 갱도를 뚫어 그 안에 산란방을 만든다. 이 작은 방에서 암컷이 알을 낳으면 애벌레가 부화하고 이렇게 태어난 유충은 성충이 만들어 놓은 갱도를 파며 안으로 먹어 들어간다. 나무좀이 가장 좋아하는 것은 생장층, 즉 당을 가지고 있는 형성층이다. 형성층을 공격당한 나무는 살아 있는 상태에서 피부에 손상을 입는 것과 같은 상태가 된다. 그러다 나무좀으로 인한 피해가 일정 수준을 넘어서면 더 이상 버티지 못하게 되어 껍질이 우수수 벗겨지고 진액이 붉은빛을 띠며 죽음을 알린다. 유충 수천 마리는 인근 나무들 가운데 새로운 희생양을 찾아 나선다.

여름 내내 나무 한 그루의 피해가 수백 그루의 피해로 이어지는 경우가 있다. 6주 간격으로 부화하는 나무좀의 번식 속도를 당해 낼 재간이 없기에 그렇다. 정성들여 가꾼 침엽수 조림지는 이렇게 순식간에 나무 시체들이 줄지어 서 있는 암울한 풍경으로 바뀌고 만다.

따라서 외래종으로 이루어진 단일 작물 조림지는 인위적일 뿐만 아니라 벌레의 공격에 취약하다. 나무좀이나 나비 애벌레가 광범위한 피해를 일으킨다는 것은 생태계가 고장났다는 신호와 같다. 그러므로 신중한 산림경영 전문가라면 자연이 사전에 이 같은 신호를 보내 준 것에 감사하며 지금까지의 경영 방식을 고민하고 변화를 이끌어 내야 할 것이다. 하지만 현실은 그렇지 않다. 수납장에서 살충제를 꺼내 숲으로 들어가는 게 보통이기 때문이다.

아무리 생각해도 믿을 수 없는 일이지만, 행정기관들은 여전히 이와 같은 방식에 대해 자부심을 가지고 있는 것 같다. 2012년 5월《메르키셴 알게마이넨*Märkischen Allgemeinen*》에 실린 기사만 보더라도 그렇다. 브란덴부르크의 한 산림경영 전문가가 헬리콥터를 동원해 약 50제곱킬로미터 면적의 숲에 살충제를 살포했다는 기사였는데,[11] 거기에는 '가라테'라는 이름의 제품도 포함되어 있었다.[12] 접촉성 살충제인 가라테는 이름이 암시하듯 딱정벌레든 나비든 가리지 않고 곤충을 몽땅 죽인다. 가라테가 물에 닿으면 물고기와 게 들도 죽음을 피할 도리가 없다.

모든 동물이 활동하는 뜨거운 계절에, 그것도 산책객들이 지나다니는 숲에 이 같은 살충제를 살포하는 것은 그야말로 무분별함의 극치가 아닐 수 없다. 더군다나 가라테의 효과는 몇 달간 지속되는 데다가 살포 과정에서 바람에 날린 입자는 산딸기나 버섯에 들러붙는다. 가벼운 간식거리를 찾아 숲에 들어온 자연애호가들에게는 글쎄, 맛있게 드시라는 말밖에는 할 수 있는 것이 없다.

하지만 나무좀과 그 무리들이 매번 문제를 일으키는 것은 아니다. 손상되지 않은 숲이라면 그들이 위협적인 존재가 될 이유가 전혀 없다. 나무좀은 생태계가 훼손된 곳이나 근본적으로 무언가 문제가 있는 곳에 등장하기 때문이다. 그리고 중부 유럽의 침엽수림은 대부분의 경우 지역 조건에 맞지 않는다. 최소한 자연의 관점에서는 그렇다.

이것만으로도 나는 동료들에게 결코 그렇지 않다고 항의를 받는다. 독일가문비나무와 구주소나무는 토착종이고, 나무좀이 증가한 것도 이 나무들이 그런 해충을 들여와서가 아니라 기후변화의 시작을 알리는 사인이라는 게 그들의 주장이다. 실제로 이곳에서 나고 자란 침엽수가 있기는 하다. 이를테면 알프스 지대 같은 곳의 침엽수들이 그렇다. 추위를 좋아하는 수종에게 유일하게 허락된, 상대적으로 작은 면적의 피난처가 바로 알프스 지대다. 그리고 임업전문대학에서는 독일가문비나무와 그 종들이 특정 지역을 정복한 중부 유럽의 향토 수종이라고 가르친다. 이 나무들을 광범위하게 식재하는 행위가 절대 무모한 것이 아니라 당연하다고 여기는 것이다.

하지만 약 60년의 시간이 흘러 독일가문비나무가 25미터 또는 그 이상으로 자라고 나면 나무에서 볼 수 있는 물리적 현상이 분명해질 것이다. 나무의 줄기가 사실상 맨 꼭대기에 수관이 달린 지렛대처럼 작용하기 때문이다. 엄청난 힘이 작용해 독일가문비나무의 줄기, 즉 지렛대를 누른다면 과연 어떻게 될까? 중부 유럽에서는 가을이 되면 남쪽에서 온 따뜻한 공기와 북쪽에서 온 차가운 공기가 만나 태풍이 발생한다.

독일 향토 수종들은 이 태풍에 맞서기 위한 방어기술을 진화시켰다. 잎을 떨어뜨려 태풍이 공격할 수 있는 면적을 줄이는 것으로, 이렇게 향토 수종들은 균형을 잃지 않고 모든 태풍을 견뎌 냈다. 나는 나무가 낙엽을 떨어뜨리는 가장 중요한 이유가 바로 여기에 있다고 생각한다.

하지만 침엽수들은 다르다. 다만 임업에서 중요하게 여기지 않는 수종인 낙엽송은 제외다. 침엽수들의 경우 원래 살던 곳에서는 이와 같은 대비를 할 필요가 없었다. 그곳에서 25미터란 침엽수를 제외하고는 어떤 나무도 도달할 수 없는 환상적인 신장이기 때문이다. 그러나 중부 유럽의 침엽수들은 가을 태풍 앞에 속수무책으로 서 있을 뿐이다. 태풍의 속도가 시속 100킬로미터를 넘어서는 순간부터 개체목은 물론이고 개체군, 심지어 숲 전체가 쓰러지거나 뒤집히기도 한다. 상록수들은 이 지역에서 결코 자랄 수 없다는 것을 자연이 직접 증명하는 것이다.

그렇지만 산림경영 전문가들 중에는 이 사실을 모르는 경우가 많은 것 같다. 공식적인 발표를 통해서도 알 수 있듯이,[13] 피해의 원인은 잘못된 수종 선택이 아니라 자연재해에 대한 예측 실패에 있다고 확신하기 때문이다. 하지만 침엽수림의 경우, 태풍이나 나무좀 때문에 생을 마감하는 개체목이 전체의 절반을 차지한다면 어떨까? 이제 그 위험성을 폭로할 때가 된 것 같다.

상위 권력기관에 책임을 떠넘기면 무고한 희생자가 될 수는 있다. 그러나 이 방법을 선택하면 정부기관의 늘어나는 간섭을 인내해야 한다. 그도 그럴 것이 정부기관은 최근 재조림 사업에서 한 가지를 강조하고 있다. 침엽수 사이에 활엽수를 최소한 몇 그루라도 식재해 혼유림을 조성하라는 것이다. 하지만 이것이 얼마나 무의미한 정책인지는 지난 2007년 태풍 키릴로 큰 피해를 입은 자우어란트를 보면 확실히 알 수 있다. 이들은 나무가 뽑혀 나간 자리에 다시 1제곱미터 단위로 독일가문비나무를 심었다. 좋은 경험을 많이 하게 해준 수종이니 어련하겠는가. 명목상 혼유림을 유지하기 위한 인질에 불과한 소수의 너도밤나무와 참나무, 단풍나무 들은 얼마 지나지 않아 노루와 사슴의 먹잇감이 되고 만다. 그렇게 몇십 년이 흐르고 나면 오늘날의 혼유림은 마침내 다시 침엽수 단순림이 될 것이다. 그리고 그 숲에 태풍이 닥친다면? 그 끝은 이미 정해진 것이나 다름없다.

임업의 관점을 고려한 이 고집은 내 관리구역에서도 현재진행형이다. 지난 120년간 이미 두 번이나 태풍의 피해를 입은 수종이 일부 남아 있기 때문이다. 전임자들은 그때마다 다시 독일가문비나무를 심었다. 이와 같은 완고함은 문제를 악화시킬 뿐이었다. 태풍이 몰아치면 독일가문비나무는 사방으로 휘청거리고, 통째로 뽑혀 나간 뿌리가 감자를 으깨는 거대한 매셔처럼 토양을 다져댔다. 문제는 이것이 감자가 아니라 민감한 토양이라는 데 있다. 이로 말미암아 토양은 딱딱한 시멘트처럼 압축되어 버리는 것이다. 자연히 다음 세대의 독일가문비나무들은 더 얕은 뿌리를 갖게 될 것이다. 압축되어 단단해진 땅을 뚫고 들어갈 방법이 없기 때문이다. 그렇게 되면 나무는 키가 15미터만 되어도 태풍에 쓰러질 수 있다.

침엽수는 생태계 전체를 거느리고 우리가 사는 곳에 들어왔다. 이 생태계가 만들어 낸 장면들은 어느새 우리에게 꽤 익숙해져서 중부 유럽의 숲이 원래 그랬던 것으로 생각하게 만들기 쉽다. 침엽수림을 중심으로 광범위하게 분포하는 솔잣새 같은 철새들은 사실 산책객들의 눈에 잘 띄지 않는다. 하지만 곤충의 경우는 조금 다르다. 침엽수림에서는 불개미가 자주 눈에 띈다. 불개미가 만드는 개미둑은 높이가 2미터 지름이 5미터에까지 이르기도 하는데, 일부 환경보호가는 이를 자연이 훼손되지 않았다는 증거로 본다. 산림경영 전문가들은 이 불개미를 '숲의 경찰'이라고 부른다. 동물의 사체를 처리하고 나무좀도 먹어 치우기 때문이다. 가문비큰나무좀과 세쌍니나무좀이 창궐해 피해가 큰 독일가문비나무 단순림의 경우, 건강한 나무들은 개미둑 주변에 모여 녹색 섬을 이루기 때문에 숲 주인의 호감을 사기도 한다.

이해가 가지 않는 것은 환경보호가들조차 불개미에게 호의적이라는 사실이다. 최근 갖가지 벌레가 중부 유럽에 자리를 잡기는 했지만, 엄밀히 따지면 이들이 원래 중부 유럽에서 자연적으로 기생했다고 보기는 어려운데 말이다. 혹시 한 번이라도 활엽수 낙엽에 덮인 개미둑을 본 적이 있는가? 아마 없을 것이다. 그것을 발견하는 것은 거의 기적과 같은 일이다. 바람이 조금만 불어도 가벼운 활엽수 잎이 날아가 버려 여왕개미와 함께 민감한 둑 내부가 노출되기 때문이다. 불개미 같은 종이 활엽수림에서 버티지 못하는 이유는 바로 그것이다. 개미둑을 만드는 데에는 침엽수가 반드시 필요한 것이다.

독일가문비나무가 타이가 삼림지대에서 중부 유럽으로 들여온 것이 또 있다. 이것은 사람들로 하여금 속이 뻔히 들여다보이는 주장을 하게 만든다. 북쪽 지역의 숲은 200~300년 주기로 산불의 피해를 입어 파괴된다. 학자들은 이런 현상을 자연발생적인 산불을 통해 이루어지는 재조림 과정이라고 주장한다.[14] 하지만 내 생각은 조금 다르다. 그곳에도 수천 년 전부터 인간이 살았기 때문이다. 수렵인과 채집꾼들이 다니는 곳에는 늘 불이 따라다닌다. 특히 건조한 여름에는 작은 불씨 하나조차 가볍게 봐서는 안 된다. 순식간에 소관목 사이로 날아가기 때문이다. 소방시스템이 없던 때에는 이 불씨로 인한 화염이 재빠르게 숲 전체를 먹어 치웠을 것이다. 그런데도 이것을 자연발생적인 산불이라고 주장한다면 스웨덴 중부의 숲에 대해서는 어떻게 설명할 것인가? 그곳의 독일가문비나무들은 수천 년을 사는 동안 단 한 번도 산불을 경험한 적이 없었는데 말이다.

어쨌거나 임업 분야에서는 타이가 삼림지대에서 산불이 주기적으로 자연발생하고 있다고 본다. 산불은 개벌과 같다. 방법은 다르지만 결과적으로는 나무가 모두 사라지기 때문이다. 그리고 묘목 식재를 통한 재조림이 이루어진다. 물론 수종과 연령이 같은 나무들로. 그리고 바로 이 지점에서 속이 뻔히 들여다보이는 논리가 펼쳐진다. 산불로 인한 개벌과 기계톱을 이용한 개벌에는 생태학적 차이가 없다는 주장이다. 이후 숲을 형성하는 과정도 그렇단다. 자연이 씨를 뿌리는 것이나 종묘재배원에서 산 묘목을 심는 것이 다를 바가 없다고 그들은 말한다. 그러면서 산림경영 전문가들은 개벌을 통해 생태계의 자연적인 흐름을 모방할 뿐이라고 주장하며 자신들의 행위에 면죄부를 부여한다. 인간의 개입이 아니었더라도 어차피 일어났을 일이 아니냐는 것이다.

하지만 중부 유럽 활엽수림의 경우에는 상황이 다르다. 산불이 주기적으로 발생한 경우가 단 한 번도 없었고 자연히 개벌도 이루어지지 않았다. 여러분에게 직접 시험해 보도록 권하고 싶다. 라이터를 들고 너도밤나무의 녹색 가지에 불을 한번 붙여 보라. 침엽수 가지와는 다르게 불이 잘 붙지 않을 것이다. 침엽수와 달리 활엽수 가지에는 추위로부터 나무를 보호해 주는 에테르오일이 없기 때문이다. 에테르오일은 침엽수 가지에 불을 붙이는 데 도움을 준다.

결국 자연적으로 개벌이 이루어진다는 주장은 근거가 빈약한 셈이다. 그렇다면 종 다양성의 측면에서는 어떨까? 우리 인간은 시각적 동물이라 눈에 보이지 않는 곳에 숨어 사는 나무좀보다 눈에 보이는 나비나 새에 더 많은 관심을 갖기 마련이다. 실제로 숲의 빈터는 날개를 가진 동물에게도 영향을 미친다. 최근 이들의 개체수가 증가 현상을 보이고 있는데, 이유는 단순하다. 나무가 없어 환해진 숲에서는 화려한 꽃잎으로 단장하는 종들이 번식을 시작하기 때문이다. 나비와 새 들의 방문을 기다리며 열심히 홍보하는 것이다. 꽃의 바다는 나무가 없는 토양을 뒤덮고 수천 마리의 나비와 새 들은 꿀벌, 호박벌과 함께 꽃들이 제공하는 꿀을 음미한다.

자연보호의 측면에서 볼 때, 과연 이것이 발전이라고 할 수 있을까? 향토 활엽수림에서는 꽃을 찾는 곤충들이 모습을 드러내지 않는다. 그 이유 또한 단순하다. 우리 숲의 나무들은 바람을 이용해 가루받이를 하므로 날개 달린 작은 생명체들은 자신들의 방문에 보상을 얻지 못한다. 종의 다양성 역시 인간의 눈에 보이는 영역에서 나타난 변화에 불과하다. '나무좀을 나비로' 대체한 것에 불과하다는 이야기다. 그러나 결정권자들은 이것만으로도 충분한 근거가 된다고 여기는 모양이다.

결국 침엽수 조림은 각종 문제를 불러일으켰다. 침엽수는 태풍에 쉽게 쓰러질 뿐 아니라 나무좀의 공격 대상이 되며 소수의 동물종에게만 서식 공간을 제공한다. 게다가 향토 활엽수림을 밀어낸다. 경제적 측면만 고려하더라도 설득력이 없다. 그럼에도 이토록 완강하게 침엽수를 고집하는 이유는 무엇일까? 그 이유는 나무가 아닌 숲에 있다. 이제부터 그 이유를 알게 될 것이다.

6

수렵

끝내 수렵인의 총을 피하지 못한 야생동물은
프라이팬 위에서 생을 마감했고, 개체수를 늘리지 못했다.
새로운 적, 즉 인간의 습성을 파악하고 인간을 경계한
노루와 사슴만이 살아남을 수 있었던 것이다.

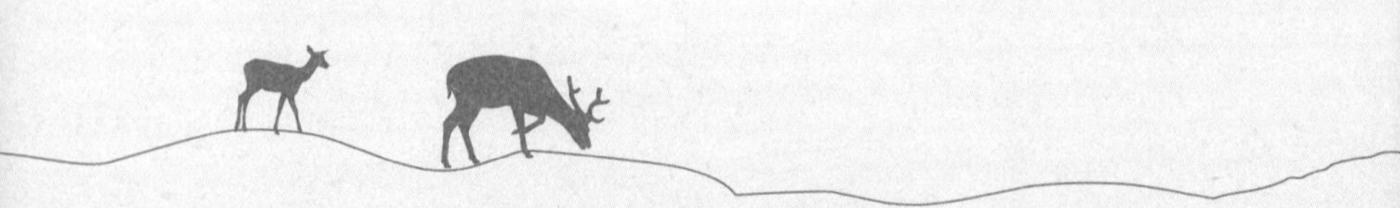

숲과 수렵은 떼려야 뗄 수 없는 관계를 맺고 있다. 적어도 인간의 개입이 시작되는 순간부터는 그렇다. 지금부터 그 이유를 설명하려고 한다. 인간에게 있어 숲에 사는 큼직한 포유동물은 늘 포획을 갈망하게 하는 존재였다. 그뿐인가. 그들은 식량의 일부였고 시간이 조금 더 흐른 뒤에는 명예의 상징이 되었다.

본격적으로 몰이수렵에 대한 이야기를 하기에 앞서 간단한 질문 하나를 던져 보겠다. 현대화된 사회에서 수렵이라니, 다소 모순적이라는 생각이 들지 않는가? 정말로 수렵이 인간과 자연이 친밀한 관계를 맺을 수 있는, 현대까지 이어져 내려오는 마지막 고대문화라고 할 수 있을까? 질문은 간단하지만 답은 결코 그렇지 않다. 하지만 한 가지 사실만은 분명하다. 이 문제를 자세히 들여다보면 채식주의자가 아닌 이상 결국 우리는 모두 한배를 타고 있다는 사실이다.

고기를 먹으려면 동물을 죽여야 한다. 지금으로부터 아주 오래전

선사시대의 선조들은 자연을 식품저장고 삼아 배고픔을 해결했다. 많은 동물이 멸종에 이를 정도로 무분별하게 수렵한 경우도 있었다. 매머드, 야생말, 들소 등 오늘날 박물관에 가야만 만날 수 있는 종들이 바로 수렵의 대상이었다. 지금은 비록 박물관에 먼지 쌓인 뼛조각으로 남아 있지만 말이다. 수렵은 매우 위험할뿐더러 성공 여부를 예측하기도 어렵다. 운이 좋은 날에는 먹을거리가 넘쳐났지만, 수렵에 실패하면 마을 전체가 굶주려야 했다. 이런 상황에서 가장 좋은 방법은 언제든지 필요할 때 먹을 수 있도록 야생동물을 길들이는 일이었을 것이다.

그렇게 수천 년이라는 세월이 지나는 동안 인간은 야생동물을 사육하면서 가축이라는 개념을 만들어 냈다. 가축과 야생동물의 다른 점은 하나밖에 없었다. 가축은 인간을 두려워하지 않는다는 것. 인간에 대한 경계심이 사라지자 고기가 필요할 때 '수렵'을 하는 일은 쉬워졌다. 긴 시간에 걸쳐 몰이수렵을 하거나 위험을 무릅쓰지 않아도 어느새 불 위에는 연기를 피우며 익어 가는 고기가 있었던 것이다.

사실 현재 우리가 가축을 대하는 방식은 과거와 전혀 다르지 않다. 다만 오늘날 '수렵'은 도살장에서 이루어지고 전리품은 꼼꼼한 과정을 거쳐 가공하기 때문에 피를 묻히는 이 산업이 남의 일처럼 느껴질 뿐이다. 치킨너겟과 노루의 넓적다리 사이에 근본적인 차이가 존재하는 것만은 분명하다. 가축은 인간을 경계하지 않으므로 도망가려 하지 않는다. 기껏 도망쳐 봐야 구역 내에서 몇 미터 정도다. 그렇다면 우리를 신뢰하는 순종적인 소나 돼지를 도살하는 것과 자유롭게 살아가는 야생동물에게 총을 겨누는 것, 과연 어느 쪽이 더 잔인한 것일까?

나는 산림경영 전문가로서 수렵면허증을 가지고 있고 개인적인 취미로 작은 농장을 관리하다 보니 두 가지 모두를 경험해 보았다. 1991년 낡은 관사로 이사 온 아내와 나는 오랜 꿈을 실현하기 위한 작업에 착수했다. 바로 가축을 기르는 것이었다. 우리 부부는 아침식사에 곁들일 따뜻한 달걀을 얻기 위해 닭을, 맛있는 고기를 즐기기 위해 토끼를, 우유와 치즈를 얻기 위해 염소를, 꿀을 얻기 위해 벌을 그리고 즐거운 외출을 위해 말을 기르는 꿈을 품어 왔다. 오래된 수공업 기술 애호가인 나는 일상에 필요한 모든 것을 직접 생산하고 싶었고, 최소한 한 번쯤은 시도라도 해보고 싶었다.

언젠가 내 마음에 감정적 동요가 일어나 직접 가축을 도살하지 못하는 날이 올지도 모른다. 하지만 그렇다고 다른 사람에게 이 일을 맡기고 싶지는 않다. 그때가 오면 나의 선택은 고기 섭취의 완전한 포기가 될 것이다. 그리고 그런 날이 그리 멀지 않은 것 같기도 하다. 도살은 반론의 여지없이 매우 폭력적인 행위이기 때문이다. 물론 나는 종의 특성에 맞춰 토끼와 염소를 키웠고, 자연 속에서 무리와 함께 살 수 있도록 해주었으며, 아플 때면 수의사를 불러 정성스레 치료해 주었다. 하지만 천국에서처럼 평화롭게 살아가던 동물들의 결말은 잔인했다. 그리고 그것은 내 손이 저지른 폭력에 의해 만들어지는 결말이었다.

도살은 빠르게 진행된다. 가축들이 순종적이기 때문이다. 하지만 아무것도 모른 채 내 앞에 누워 있는 동물에게 도살용 공기총을 겨눌 때면 나는 냉혈한이 된 듯한 기분을 느낀다. 인간은 잡식동물이고 고기 또한 인간에게 주어진 자연적인 먹을거리라며 스스로를 아무리 설득해 봐도 소용이 없다. 도살의 순간, 나는 도망칠 기회조차 없는 한 생명체의 신뢰를 악용한다. 인간과 육식동물의 차이는 바로 여기에서 극명하게 드러난다. 야생에서는 기습적인 공격이 아닌 이상 수렵의 대상이 되는 동물은 위험을 인지할 수 있고, 이들을 노리는 늑대나 스라소니 역시 자신들이 지금 무엇을 하려고 하는지를 감추지 않는다.

도살과 달리 야생동물 수렵은 사실 늑대나 스라소니의 방식과 닮은 부분이 많다. 이렇게 본다면 수렵에는 아무런 문제가 없다. 하지만 문제는 다른 데에서 시작된다. 오늘날 수렵인 대부분이 탐하는 것은 고기가 아니라 야생동물의 뿔인 것이다. 그리고 그 탐욕은 숲과 초원을 끔찍하게 파괴했다. 더 자세한 설명을 이어 가기 전에 과거로 시간 여행을 떠나 보자. 어쩌면 우리도 지금과 같은 현실에 처하지 않을 수 있었을지 모르기 때문이다.

시간을 거슬러

16세기 독일의 농민전쟁과 1848년에 발생한 독일혁명은 같은 뿌리를 가지고 있다. 귀족층의 특권에 반발해 일어났다는 공통점이다. 귀족들은 어디에서나 사냥할 수 있는 권리를 가지고 있었다. 농민 소유의 땅에서도 사냥이 가능했다. 남작과 백작, 왕의 최대 관심사는 사냥이었던 것 같다. 가능한 한 많이 잡아서 과시하는 것이다. 이는 취미라기보다 의식에 가까웠고, 그런 만큼 사냥은 귀한 손님을 초대해 함께 즐기는 경우가 많았다. 노획물이 보잘것없으면 면이 서지 않을 것이므로, 주인은 늘 숲에 사는 야생동물 중에서도 가장 몸집이 큰 놈을 노렸다. 혹여 농민들이 사냥감에 손을 대지는 않을까 걱정한 끝에 숲 전체에 사냥금지령을 내리기도 했다. 평범한 농민이 숲에서 노루를 잡으면 엄벌에 처해졌다. 산림감독관에 가깝던 산림경영 전문가는 바로 이 봉건주의시대에 처음으로 등장했다. 이들의 주 업무는 숲을 감시하는 것이었고 경작지와 사냥터 내에 있는 마을을 통제하는 경우도 있었다.

사냥할 권리를 귀족들이 독점하면서 사슴, 노루, 멧돼지의 개체수는 계속 증가했다. 농민들이 배고픔을 참으며 허름한 오두막에서 잠을 청하는 밤이 되면, 야생동물들은 먹이를 찾아 농민들의 빈곤한 경작지를 활보해 아무것도 수확하지 못하게 만들곤 했다. 그 결과 농민 봉기가 일어났지만 실패로 끝났다. 상황이 뒤바뀐 것은 19세기에 이르러서였다. 1848~1849년 독일혁명으로 귀족들은 수렵독점권을 잃게 되었고, 누구나 자신이 소유한 토지에서 수렵을 하며 저마다의 필요를 채울 수 있게 되었다. 스튜 냄비에 요리할 수 있는 먹을거리가 두 배로 늘었다. 야생동물에게 피해를 입은 들판의 과일과 맛있는 야생 고기로 배를 채울 수 있게 된 것이다. 숲도 다시 숨을 쉬게 되었다. 개체수 조절이 이루어지자 야생동물들의 먹이가 되던 어린 너도밤나무와 참나무 역시 피해 없이 자라나기 시작했다. 오늘날의 활엽수림은 그 당시 조성된 것이 대부분이다.

하지만 안타깝게도 상황은 다시 급변했다. 농민들의 개입으로 대폭 줄어든 야생동물의 개체수가 원래의 자연적인 수준을 유지하게 되면서부터였다. 이는 숲 1제곱킬로미터의 면적을 기준으로 할 때 노루의 개체수가 줄어들었다는 것을 의미했고, 사슴이나 멧돼지의 경우에는 아예 자취를 감춘 곳도 많았다. 수렵을 나가도 몇 주를 기다려야 겨우 노루 한 마리를 만날 수 있었으니 전통적인 수렵인들에게는 그토록 좋아하는 취미가 사라질지도 모르는 위기 상황이 닥친 것이나 마찬가지였다. 사슴의 얼굴을 보는 일은 더 어려웠다. 그러니 수렵인들이 어디에서 재미를 볼 수 있었겠는가?

한편에는 혁명이 있었지만, 다른 한편에는 이해 당사자들의 오랜 동맹 관계가 있었다. 그 결과 불과 몇 년 만에 법이 개정되어 1제곱킬로미터 이상의 면적을 가진 토지에서만 수렵을 할 수 있도록 바뀌었다. 수렵터의 최소 면적을 도입해 얻을 수 있는 이득은 두 가지였다. 가난한 농민들은 소유하고 있는 토지가 얼마 되지 않으니 수렵을 하기 위해서는 추가로 땅을 빌려야 했다. 하지만 이들에게는 그만한 경제적 능력이 없었고, 결국 수렵의 권리는 다시 돈 많은 시민과 귀족에게로 넘어갔다. 모든 것이 원래대로 돌아간 것이다. 게다가 예전의 산림감독관들이 재등장해 야생동물을 보살펴 빠른 속도로 개체수를 증가시켰다. 마치 과거로 회귀하는 듯한 이 흐름은 1900년경 트로피 헌팅이 등장하면서 절정에 달한다. 고기를 얻고 수렵을 체험하는 것이 목적이 아니라, 사슴과 노루의 화려한 가지뿔이나 야생멧돼지의 두꺼운 송곳니 등을 마치 트로피처럼 박제해 과시하는 문화가 유행하기 시작한 것이다.

여러 갈래로 멋지게 갈라진 뿔을 가진 사슴이나 수노루 한 마리를 잡기 위해 해당 수렵 구역에 있어야 하는 야생동물은 무려 100마리에 달했다. 수렵터 한 곳의 평균면적은 2~3제곱킬로미터로, 이 크기는 오늘날까지 유지되고 있다. 자연적인 상황에서라면 노루 몇 마리 정도를 발견하는 데 그쳐야 정상인 면적이다. 그마저도 사슴이나 멧돼지와 마주치는 일은 불가능하다. 심지어 1년 내내 한 마리조차 발견하지 못하는 경우가 허다하니, 거대한 트로피 헌팅의 희생양이 되어 줄 동물들과 마주치는 일은 오죽했으랴.

수렵인들은 이와 같은 환경을 바꾸고자 했고, 실제로 그렇게 했다. 먹이를 살포하고 암컷을 보호해 계속해서 개체수를 증가시켰다. 그러면서 그들은 농경문화 속에서 멸종하는 야생동물을 지키기 위한 것이라며 자신들의 행위를 정당화했다. 하지만 여기에는 개체수를 증가시킴으로써 화려한 가지뿔을 늘리려는 의도가 숨어 있었다. 수렵인들은 가지뿔을 가진 수컷 야생동물의 경우, 중년에 이르기 전까지는 수렵을 금지하는 방식으로 개체수를 유지했다. 가지뿔이 단단해질 때까지 정성들여 키워 놓아야만 자신들이 그토록 원하는 것을 얻을 수 있었기 때문이다.

이 문화는 나치 정권이던 제3제국시대에 번영을 이루었고, 헤르만 괴링 치하에서 야생동물의 보호와 번식을 공식화하는 법이 제정되었다. 수렵에 관심이 많은 헤르만 괴링은 유난히도 굶주리던 1944년 겨울, 국민의 식량인 귀리를 사슴의 먹이로 살포하기도 했다. 전쟁의 끝은 새로운 출발의 기회가 될 수 있었다. 그러나 그러지 못했다. 제3제국의 수렵규정은 매우 미미하게 수정되었을 뿐 사실상 큰 변화 없이 독일 연방정부까지 이어져 왔다.

숲에서 가축을 키우다

트로피 헌팅 문화는 법적인 정당성이라는 날개를 달고 전례 없는 꽃을 피웠다. 매년 열리는 트로피 헌팅 대회에서는 가장 아름다운 가지뿔과 송곳니가 선발된다. 전문 심사위원단이 색깔과 크기, 무게, 형태에 따라 노획물에 점수를 매기고 승자를 발표하는 자리다. 승자들에게 주어지는 메달과 상장은 다음 시즌의 수렵을 격려한다. 수렵인들은 다음 대회에서의 순위권 진입을 노리며 정성스레 사냥감들을 돌본다.

여기에서 핵심은 '적게 잡고 많이 먹이는 것'이다. 그래야 일정 수준 이상의 가지뿔이나 송곳니를 얻을 수 있기 때문이다. 이처럼 개체수와 나이, 성에 따라 야생동물들을 집중 관리하는 시기를 수렵금지 기간이라고 한다. 이 기간이 끝나면 사육을 마친 수컷 노루와 사슴, 그리고 발육을 마친 수컷 멧돼지가 수렵인들을 기다리고 있다. 사실 이 과정은 야생동물들을 비육하고 도살하기 위해 가축으로 전락시키는 것이나 다름없으며, 그들을 오락 목적으로 기르는 사육산업 그 이상도 이하도 아니다.

이와 같은 야생동물산업이 얼마나 위선적인지는 먹이 살포 사례만 봐도 분명하게 알 수 있다. 혹시 숲에서 먹이통을 본 적이 있는가? 알곡 사료로 가득 채워진 나무 상자를 본 적은? 먹이통을 놓는 목적은 잔뜩 굶주린 채 힘겨운 겨울을 보내고 있는 노루와 사슴, 멧돼지를 돕기 위한 것이며 다른 이유는 없다고 하지만 유감스럽게도 사실이 아니다. 거실 소파 위를 장식할 수 있는 뿔이나 송곳니를 가진 야생동물들에게만 주어지는 도움이기 때문이다. 다람쥐나 오소리, 살쾡이 등 해당 사항이 없는 동물들은 빈손으로 돌아간다. 그러나 걱정할 것 없다. 이들은 인간의 도움 없이도 부족함을 느끼지 않기 때문이다. 어쨌거나 야생동물들은 지난 수천 년 동안 변화하는 계절에 맞게 생존할 수 있도록 진화해 왔다. 그래서 추운 겨울이 되면 관목 아래에서 꾸벅꾸벅 졸며 계절이 바뀌기를 기다린다.

빈대학교의 연구진이 발견한 사실에 따르면, 사슴은 피하조직의 온도를 15도까지 낮춰 에너지를 절약한다고 한다. 몸집이 큰 온혈종 포유동물로서는 기적 같은 일이다. 연구 프로젝트를 이끈 발터 아놀드Walter Arnold 팀장은 이것이 겨울잠과 같은 행동이라고 설명한다.[15] 에너지를 절약해 가을에 먹고 저장해 놓은 지방을 봄까지 유지하면서, 허약하거나 병든 개체들을 제외하고는 모두 생존하게 된다는 것이다. 각 개체가 유전적인 건강을 유지할 수 있도록 돕는 자연스러운 생존 방법이다.

그러나 수렵인들에게 중요한 것은 야생동물의 건강한 유전자가 아니라 개체수다. 최대한 많은 개체가 생존해야 매일 저녁 망루에서 사냥감을 발견할 수 있는 것이다. 개체수의 증가는 야생동물의 스트레스를 유발해 특히 뿔이 작은 노루들의 체중 감량으로 이어진다. 이렇게 되면 거대한 가지뿔을 가진 야생동물을 가능한 한 많이 잡으려는 수렵인들의 목표에 차질이 생긴다. 하지만 이들은 진짜 원인을 파악하지 못한 채 더 많은 먹이를 살포하는 방법을 택한다. 사실 이 과정에서 소모되는 비용 또한 절대 무시할 수 없다. 라인란트팔츠주의 환경청에 소식통이 있는 한 동료의 귀띔에 의하면, 한 해에 멧돼지한 마리를 먹이기 위해 소비되는 사료가 평균 130킬로그램에 이른다고 한다.

2009년 매거진 《외코야크트*Ökojagd*》는 한 사례를 통해 먹이 살포를 위해 수렵인들이 얼마를 지출하는지 계산한 결과, 수렵감 1킬로그램당 12.5킬로그램의 옥수수를 소비하고 있다는 결론을 내렸다.[16] 집단으로 가축을 사육하는 축산업에 비해 세 배나 많은 수치다. 그리고 이렇게 살포된 먹이는 자연의 원리에 따라 재생산되어 야생동물 개체수의 폭발적 증가라는 결과를 가져온다. 우리의 포도밭과 정원, 심지어는 베를린의 알렉산더광장에까지 멧돼지가 출몰하는 이유가 바로 이것이다. 숲이 감당하기 어려운 수준으로 야생동물의 수가 증가한 것이다.

수렵인들의 입장에서는 근본적인 원인을 최대한 숨기고 싶을 터이다. 그래서 돼지들에게 지상 낙원과도 같은 옥수수밭을 대규모로 운영하고 있는 것이 개체수 증가의 원인이라고 지적한다. 기후변화로 겨울의 기온이 상승한 것 역시 멧돼지 개체수 증가의 또 다른 원인이라고 주장한다. 아무도 관심을 갖지 않는 깊은 숲속에서는 모든 것이 멧돼지의 먹잇감이 되어 남은 것이 없다고 말이다. 이 일을 시작할 당시만 해도 나는 숲의 빈터까지 튤립 구근을 실어 나르는 화물차들을 보며 수렵인들과 똑같은 생각을 했다. 상품성이 없어 판매하기는 어렵고 어떻게든 처리해야 하니 멧돼지들의 먹이로 사용하는 편이 낫겠다고 생각한 것이다. 수렵인들의 생각도 그랬다. '쓸모없는 것을 필요한 곳에 사용하는 게 무슨 문제가 있느냐'는 것이었다. 그렇게 튤립 구근은 숲으로 옮겨졌고, 멧돼지들의 맛있는 요깃거리가 되어 몇 주 만에 모두 사라졌다.

야생동물들은 사과도 공급받는다. 유럽연합의 규정에 따라 너무 작거나 형태가 기준치에 미치지 못하는 사과들은 야생동물의 먹이로 이용되는 것이다. 훈스뤼크에 사는 나의 지인은 수렵인들이 설탕에 절인 사과를 톤 단위로 야생동물에게 공급하고 있다는 사실을 알려주었다. 그렇게 해야 사과가 신선해 보여 야생동물들의 구미를 자극한다는 것이다. 수렵인들의 이런 행태는 몇십 년 전 큰 규모의 레스토랑을 운영하던 주인들의 만행과 다르지 않다. 당시 주인들은 손님들이 먹고 남긴 음식을 처리하기 위해 돼지를 키웠다. 칠면조스튜나 더치스감자, 베이컨, 콩요리 등의 찌꺼기를 먹여 기른 다음 다시 그 돼지를 잡아 신선한 음식을 만들어 내는 것이다. 숲에서 이루어지는 먹이 살포는 근본적으로는 이것과 다름없는 행위다. 축사가 더 크고 나무들로 가득 차 있다는 점에서만 다를 뿐이다.

그사이 원시림의 사정 또한 달라졌다. 1제곱킬로미터당 노루 한 마리가 살던 숲은 이제 평균적으로 50마리를 수용해야 하는 지경에 이르렀다. 사실 과거에는 초원동물인 사슴을 숲에서 만나기란 불가능한 일이었다. 멧돼지도 마찬가지였다. 하지만 지금은 다르다. 1제곱킬로미터당 노루 한 마리에 그치지 않고, 사슴과 멧돼지가 약 10마리씩 더해지면서 숲은 그야말로 포화상태에 이르렀다. 수렵인들의 가슴을 뛰게 하는 야생의 동물원이 중부 유럽의 숲 안에 조성된 셈이다.

하지만 '환경보호가'를 자칭하는 이들에게는 그 정도로 부족했던 모양이다. 수렵인들은 매력적인 뿔을 자랑하는 외래종을 들여오기 시작했다. 노루와 붉은사슴의 중간 정도 되는 몸집의 다마사슴이 그

예다. 본래 소아시아가 고향인 다마사슴은 수백 년 전 사냥에 재미를 더할 목적으로 귀족들이 들여온 외래종이지만, 10년 전부터는 우리 숲에서도 본격적으로 번식하기 시작했다. 숲에 외래종을 방사하는 것은 법적으로 금지되어 있는 행위지만, 규정을 피해 가는 일이라면 수렵인들은 매우 놀라운 창의력을 발휘한다.

무모하기 짝이 없는 수렵인들의 행위를 내 관리구역에서도 직접 목격한 적이 있다. 한 수렵인이 다마사슴 수렵금지구역을 사들였다. 물론 다마사슴과 함께. 이것 자체만으로는 문제 될 게 없다. 우리가 슈퍼마켓에서 만나는 모든 야생 고기 관련 제품은 상업적인 목적으로 거래된 것들이다. 하지만 이 수렵인의 목적은 돈벌이에 있지 않았다.

눈이 20센티미터나 쌓이고 살이 에일 정도로 추운 겨울 어느 날, 숲을 지나던 나는 우연히 다마사슴들의 서식구역이 텅 비어 있는 것을 발견했다. 울타리에 커다란 틈이 벌어져 있었고, 울타리 밖은 온통 사슴들의 발자국으로 뒤덮인 상태였다. 하지만 다마사슴의 모습은 어디에도 보이지 않았다. 나는 전화로 다마사슴들이 탈출했다는 다급한 소식을 전해 들었다. 누군가가 울타리의 철사를 끊은 것 같다고, 그래서 울타리가 무너진 것 같다는 이야기였다. 처음에는 그 말을 철석같이 믿었다. 그래서 그 사실을 곧장 수렵 감독기관에 보고했고, 수렵인에게는 다마사슴을 잡으라는 지시가 내려졌다. 수렵인은 그럴 준비가 되어 있는 것 같았다. 그는 자신의 선의를 과시하기라도 하듯, 다마사슴이 좋아하는 사탕무를 열린 울타리 안에 산더미처럼 쌓아 놓더니, 이렇게 하면 탈출한 다마사슴들이 스스로 돌아올 것이라고 말했다. 그리고 먹는 데 정신이 팔려 있는 동안 울타리의 철사를 다시 묶기만 하면 된다고 덧붙였다.

그러나 수렵인의 말은 실현되지 않았다. 수렵인이 '실수로' 울타리 밖에 사탕무를 쏟은 탓이다. 다마사슴들은 몇 주에 걸쳐 울타리 밖에서 사탕무를 즐겼고, 어느새 먹이에 길들여져 먹이더미 앞에 모여 있는 다마사슴의 무리는 산책객들의 눈에도 띄기 시작했다. 수렵인은 공식적으로 소유 포기를 선언했다. 이것만 보자면 긍정적인 결과였다. 수렵인이 다마사슴에 대한 소유를 포기하는 순간, 당국의 승인을 받아 다마사슴을 수렵할 수 있게 되기 때문이다.

여기에서 문제는 다마사슴의 주인과 수렵인이 동일 인물이라는 데 있었다. 수렵인은 마침내 다마사슴을 잡아도 좋다는 공식적인 허가를 받아 냈으며, 그가 수렵을 서두르지 않아도 제재할 방법은 없었다. 그사이 다마사슴은 마음껏 번식을 할 수 있었다. 실제로 수렵인은 당장 잡을 마음이 없는 것처럼 보였다. 다마사슴이 번식해 개체수가 늘어나기를 기다린 것이다. 실제로 울타리에서 탈출한 다마사슴들은 무려 몇 년간 숲을 배회했고, 안 그래도 노루와 사슴에게 커다란 피해를 입은 숲을 더 망가뜨렸다. 다마사슴 문제는 최근에 와서야 겨우 잠잠해졌다.

노루와 사슴이 좋아하는 먹이는?

동물들은 먹어야 산다. 그렇다고 모든 먹이에 달려들지

는 않는다. 그들도 사람처럼 저마다 가장 좋아하는 음식을 찾아다닌다. 노루와 사슴은 풀이나 활엽수의 잎과 싹을 좋아하는데, 여름에는 이들로 인한 숲의 피해가 그리 크지는 않다. 마음껏 놀고, 마음껏 먹을 수 있는 들과 초원에서 계절을 보내기 때문이다. 인간이 먹고 마시기 위해 경작하는 것들은 대부분 가지뿔을 가진 동물에게도 인기가 있다. 하지만 수확을 마친 밭이 헐벗고 갈색으로 변하는 가을이 되면 이 호사는 끝이 난다. 마지막 남은 건초까지 수확되고 나면 들판은 말라 버리고 누렇게 변한다.

메마르고 작은 줄기에서는 영양분을 공급받을 수 없기에 야생동물들은 숲으로 돌아온다. 이때부터 숲의 밀도는 다시 높아진다. 얼마 남지 않은 영양분을 둘러싼 치열한 경쟁이 시작된다는 의미다. 자연이 차려 놓은 뷔페에서는 가장 인기 많은 먹거리부터 사라진다. 그리고 여기에서 가장 상위권을 차지하는 먹이가 바로 활엽수의 싹이다. 이듬해 봄, 잎을 만들기 위한 에너지가 농축되어 있기 때문이다. 활엽수의 싹을 한번 벗겨 보는 것은 좋은 관찰의 기회가 될 것이다. 그 안에서 깨끗하게 접힌 채로 가득 들어차 있는 잎을 발견할 수 있을 테니까.

눈 깜짝할 사이에 노루의 먹잇감이 된 활엽수로서는 봄을 기다리던 희망을 잃고 만다. 연약한 노루 한 마리가 매일 섭취하는 싹의 양은 무려 1.5킬로그램에 달한다. 천성이 게으른 탓에 고개 숙이기를 귀찮아하는 노루는 대부분 정상에 있는 싹들만 골라 공략한다. 정상의 싹을 잃은 나무는 옆가지를 이용해 생장해야 하는데, 옆가지는 키를 자라게 하는 데 전혀 적합하지 않다. 어린나무에게는 치명적인 일이 아닐 수 없다. 이런 나무들은 평생 휘고 비뚤게 자란다. 휜 채로 자란 개체목이 몇 그루에 불과하다면 문제가 되지 않을 것이다. 어린 너도밤나무들이 틔우는 수백만 개의 싹이 이들의 결핍을 채울 수 있기 때문이다.

사실 싹을 그렇게 많이 틔우는 것도 바로 그런 이유에서다. 싹의 무게를 알면 하루에 노루 한 마리가 얼마나 많은 어린나무에게 피해를 입히는지 감이 올 것이다. 싹 열 개의 무게는 1그램. 몸집이 작은 반추동물 한 마리가 1.5킬로그램의 싹을 먹어 치운다는 것은, 다시 말해 1만 5천 개의 싹이 노루의 위로 들어가 버린다는 뜻이다. 야생동물의 밀집도가 야생의 자연적인 상태, 즉 1제곱킬로미터당 노루 한 마리를 유지할 때는 아무 문제가 없다. 이 정도는 숲이 감당할 수 있을 만한 수준의 피해다. 하지만 관목 사이를 어슬렁거리는 야생동물의 개체수가 50~100마리로 증가한다면 이야기는 달라진다. 이러한 상황에서는 다음 세대의 나무들이 생존할 가능성이 아예 사라져 버린다. 야생동물들은 어린 너도밤나무를 한 그루도 남기지 않고 찾아내 모조리 먹어 치우고 만다. 순식간에 숲이 장애를 가진 유치원으로 전락하는 것이다.

이 딜레마를 더욱 악화시키는 것이 임업이다. 고령의 너도밤나무 숲은 원래 매우 어둡기 때문에 어린나무들의 생장은 더디다. 자연히 싹의 크기가 작고 영향분이 많지 않다. 어미나무 아래에서 자라는 경우라면 광합성을 하기도 쉽지 않아 때문에 싹에는 당 성분이 전혀 없고 맛이 매우 씁쓸하다. 이는 오히려 노루들의 관심을 덜 받는 이유가 된다. 쨍쨍 내리쬐는 햇볕 아래 그대로 노출되어 많은 에너지를 축적하고 달고 즙이 많은 싹으로 노루를 유혹하는 숲 가장자리의 관목들과는 다르다. 하지만 노령의 너도밤나무숲이 영속적으로 간벌이 되면, 많은 빛이 토양까지 내려와 어린 너도밤나무들의 생장을 촉진시킨다. 더 많은 당분을 생산하며 갈수록 통통해지는 싹은 가을이 되면 노루에게 무척 매력적인 먹잇감이 되는 것이다. 여기에 숲속 깊은 곳에 숨어 있기를 좋아하는 노루의 습성까지 더해지면 문제는 한층 심각해진다. 안전한 숲에서 보호받으며 이런 먹이로 영양을 섭취하는 것만큼 노루가 좋아하는 일은 없다.

그러나 나이 든 너도밤나무에게 이는 재앙과 같다. 가족의 생존을 위해 갖은 노력을 기울여 겨우 몇 년 만에 필요한 열매를 생산했는데, 그 열매가 초식동물들의 위장으로 들어간다고 생각해 보라. 얼마나 허무한 일이겠는가.

이 같은 비극은 어린 너도밤나무가 싹을 틔우는 시기가 아니라 그 이전, 나무에서 열매가 떨어지는 가을부터 시작된다. 맛 좋은 씨앗을 하나라도 더 찾아내기 위해 숲의 바닥을 파헤치고 다니는 배고픈 멧돼지들 때문이다. 멧돼지의 예민한 코는 숨어 있는 씨앗을 모조리 찾아낸다. 이 경우 역시 멧돼지 자체가 문제가 되는 것은 아니다. 멧돼지의 개체수가 비정상적으로 많은 것이 진짜 문제인 것이다. 얼마 되지 않는 개체목들이 이듬해 봄 싹을 틔우기 위해 열매를 떨어뜨린 곳에 이들보다 몇 배는 많은 멧돼지들의 방문이 이어진다는 것은 결국 땅이 파헤쳐지고 황폐해진다는 것을 의미한다. 물론 이와 같은 공격 앞에서도 끝까지 버텨 생존하는 어린나무들이 아예 없는 것은 아니다. 하지만 이들도 5월이 되면 끝끝내 노루와 사슴의 먹잇감이 되어 버린다.

그 결과 숲은 과도한 방목이 가져오는 피해와 매한가지로 피해를 입는다. 방목지에 풀어놓은 가축이 너무 많아 발생하는 피해 말이다. 이 경우, 소들은 가시나 독성을 가진 것들만 남기고 맛이 좋고 즙이 풍부한 풀들을 전부 먹어 치운다. 이렇게 일정 시간이 흐르고 나면 다양한 종의 식물들이 공존하던 땅에 남는 것은 쐐기풀과 엉겅퀴, 야생 자두뿐이다.

숲이라고 별반 다르지 않다. 활엽수, 그중에서도 너도밤나무는 중부 유럽에서 가장 뛰어난 생존력을 자랑한다. 인간이 손을 떼기만 하면 몇십 년 안에 강과 늪지대를 제외한 중부 유럽 전체를 정복할 것이라는 뜻이다. 풀과 약초, 관목, 덤불은 너도밤나무에 밀려 강기슭이나 해안, 고산지대로 퍼지게 될 것이다. 이처럼 탁월한 능력을 가진 나무가 야생동물의 먹잇감으로 피해를 입고 있다. 어린 너도밤나무의 성장은 계속 지체된다. 야생동물들에게 끊임없이 잎을 내어 주다가 끝내는 줄기가 휘어 분재된 나무처럼 살아가는 것이다. 키가 고작 30센티미터도 되지 않는 관목을 보고 이것이 본래 원시림의 당당한 거목으로 자라났어야 할 나무라는 사실을 예측할 수 있는 사람은 아무도 없다.

이 기회를 활용하는 식물들이 있다. 식물계의 경쟁자들로, 본래 숲에서 찾아보기 힘들었지만 어느새 고령의 나무 아래에 카펫처럼 깔려 있는 잔디가 바로 그 주인공이다. 잔디는 임업의 지원을 등에 업고 활기차게 자라난다. 개벌되어 나무가 사라진 자리에 햇빛이 들어오면서 잔디를 비롯한 종들이 생장하기 좋은 환경이 조성되기 때문이다. 그 결과 금작화, 디기탈리스, 금방망이 등이 제곱킬로미터 단위로 기세 좋게 퍼져 나간다. 독성을 가진 것으로 유명해 노루와 사슴마저 기피하는 식물이다. 하지만 이 식물들은 매우 아름다워서 산책객들의 눈앞에 노란 꽃잎, 보라 꽃잎을 과시한다. 이처럼 화려한 색을 가진 식물의 번식은 역설적으로 숲의 상태가 매우 좋지 않다는 것을 암시하기도 한다.

이와 같은 상황에서 활엽수가 생존한다는 것은 절대 쉬운 일이 아니다. 수 킬로미터에 걸쳐 2미터 높이의 울타리를 쳐놓는다면 초식동물들로부터 보호할 수는 있겠지만, 이것 또한 한시적이다. 울타리를 설치할 예산이 없는 작은 서식구역에서 초식동물들이 식욕을 잃게 만드는 약을 묘목의 정상 부분에 바르기도 한다.

무엇보다 가장 비용이 적게 드는 방법은 침엽수를 심는 것이다. 초식동물들은 미식가여서 송진과 쓰디쓴 에테르오일, 여기저기를 찌르는 잎을 가진 독일가문비나무나 구주소나무, 낙엽송에 관심을 갖지 않는다. 정말로 큰 위기 상황이 아니고는 침엽수를 먹는 일이 없다. 그 결과가 바로 침엽수림이다. 활엽수림이 있던 모든 곳에 독일가문비나무들이 질서정연한 모습으로 서 있게 된 것이다. 소나뭇과의 다른 수종과 함께 이들을 심어 놓고 나면 산림경영 전문가도 만족할 만한 숲으로 구색을 갖추게 된다. 독일가문비나무와 구주소나무 같은 경제성 높은 나무들이 숲에 널리 퍼진 진짜 이유가 바로 여기에 있다. 이것들을 많이 심어 놓지 않으면 숲에는 초식동물들에게 피해를 본 활엽수 관목들만 덩그러니 남기 때문이다. 침엽수로 채워 넣은 이 녹색의 무대는 많은 비전문가로 하여금 우리 숲이 아직은 훼손되지 않았다고 착각하게 만든다.

환경보호단체의 반발로 최근 연방 주와 지역 산림청들은 공식적으로 임업의 방향을 전환하고 있다. 단순림으로 운영되고 있는 숲을 원시림의 상태와 비슷하게 변화시키기 위해 활엽수 살리기 프로젝트를 계획한 것이다.[17] 묘목 주변에 울타리를 치거나 줄기에 보호 덮개를 씌우거나 초식동물들이 싫어하는 물질을 바르는 등의 대처가 노력의 일환이다.

하지만 야생동물 개체수를 줄이지 않는 한 어떤 노력을 해도 활엽수림의 완전한 회복은 결코 이루어지지 않을 것이다. 실제로 넓은 면적을 자랑하는 숲들은 야생동물들의 끊임없는공격을 이기지 못하고 끝내 비워지고 있으며, 바람에 씨앗을 날린 독일가문비나무를 제외하고는 모든 나무가 사라지고 있다. 산림청은 이를 전화위복의 기회로 삼아, 이것이 애초에 계획했던 바이며 어차피 경제적인 이유 때문에라도 독일가문비나무가 특정 수준 이상으로 반드시 필요하다고 주장할 것이다.

이로 인한 '아름다운' 부작용이 바로 활엽수림에 대한 포기다. 본래의 활엽수림을 살리려던 목표를 부분적으로 포기하면 갈등이 사라진다. 이렇게 되면 수렵인들의 수렵규정 준수 여부를 점검해야 하는 산림경영 전문가들 역시 수렵인들의 못된 장난을 관대하게 눈감아 줄 수 있는 근거를 갖게 된다. 어차피 수렵인들에게 길들여져 가축이나 다름없게 된 야생의 노루와 사슴 들은 먹이가 공급되기만을 가만히 기다릴 것이다.

야비한 경쟁

2012년 봄 루돌프 피텐 시장과 나는 라인란트팔츠주의 주도 마인츠에 위치한 주 총리청으로 초대를 받았다. 우리가 휨멜 지역에서 추진한 원시림 회복 프로젝트 '야생 너도밤나무'가 모범 사례로 선정되어 표창을 받게 된 것이다. 200년의 역사를 가진 우리의 너도밤나무숲을 보호하는 것은 나의 오랜 꿈이었고, 우리는 마침내 성공을 거뒀다. 휨멜 지역에서는 목재를 수확하지 않는 대신 이미지 관리 차원에서 자연을 보호하기 위한 프로젝트에 투자하려는 기업들을 대상으로 숲을 임대해 수익을 얻었다. 나무를 단 한 그루도 베어 낼 수 없는 환경을 만든 것이다. '아이디어의 나라'라는 국가 프로젝트의 일환으로 진행되는 '독일의 발명 장소 365 365 Orte im Land der Ideen'의 수상자로 선정된 것은 무료로 홍보할 수 있는 기회이기도 했다. 수상 이후 우리 프로젝트에 가속도가 붙을 테니 말이다.

행사장 천장에는 1950년대풍 웅장한 샹들리에가 드리워져 있었다. 루돌프 피텐 시장이 호명에 따라 단상 위로 오르자 참석자들은 박수로 축하를 전했다. 지역신문에 전달할 사진을 찍고 있던 나는 잔뜩 흥분한 상태여서 미소를 지으며 단상 위에 선 쿠르트 베크 주 총리가 참석자들을 향해 어떤 말을 하는지조차 제대로 파악하지 못했다.

"여러분, 당연하겠지만 오늘 사살된 늑대는 휨멜에서 죽은 게 아닙니다."

분명 농담이었다. 어쨌거나 우리 지역에서는 자연보호를 가장 전면에 내세우기 때문이다. 그럼에도 나는 그 순간, 심장이 멈춘 것 같은 충격을 받았다.

시상식 뒤풀이에서 우리는 쿠르트 베크 총리와 늑대가 사살된 원인에 대해 이야기를 나눴다. 수렵인이 불법인 것을 알면서도 야생동물을 잡아 보고 싶은 마음에 늑대에게 총을 겨눈 것이었을까? 아니면 늑대가 사슴과 경쟁하는 사이라서 늑대를 죽인 것일까? 나는 전혀 웃을 기분이 아니었다. 축제 분위기는 떠나간 지 오래였다. 나는 라인란트팔츠주에 살던 마지막 늑대가 이제 역사의 뒤안길로 사라져 버렸다는 사실에 망연자실했다.

그동안 단 한 번이라도 좋으니 내 관리구역에서 늑대와 마주치길 얼마나 간절히 바라 왔던가! 더욱이 지난 몇 달간 전해진 몇 가지 소식들이 내 기대감을 한껏 드높여 놓은 상태였다. 늑대 전문가인 엘리 라딩거에게 나의 이 같은 바람을 털어놓았던 2012년 3월에도 그랬다. 2012년 초 우리 숲에서 채 60킬로미터도 떨어지지 않은 벨기에의 아르덴산맥에서 늑대가 발견되었다는 소식이 전해지자, 라딩거는 내게 머지않아 우리 숲에 늑대를 노리는 잔인한 수렵인들이 나타날 것 같다고 말한 적이 있다. 사실 벨기에에서 늑대를 발견한 것은 우연의 일치였다. 양들의 피해가 계속되면서 범인을 색출하기 위해 갈기갈기 찢긴 양의 사체에 카메라 트랩을 설치해 놨는데, 스라소니의 소행일 것이라는 예측을 깨고 늑대 한 마리가 모니터링 화면에 등장한 것이다.

총리에게서 좋지 않은 소식을 전해 들은 후, 나는 서둘러 핸드폰으로 구글 검색을 했다. 이 불법행위가 대체 어디에서 발생했는지를 알아보기 위해서였다. 위치는 라인강 반대편 유역의 산악지대인 베스터발트였다. 아르덴산맥에서 발견되었다던 '나의' 늑대는 아니었지만, 비극적인 사건이 발생했다는 사실에는 변함이 없었다. 나중에 알게 된 사실인데 범인은 일흔한 살의 한 수렵인이었다고 한다. 거센 비난 여론의 압박을 견디지 못하고 자진신고를 한 모양이었다. 수렵인은 경찰의 조사를 받고 현재 처벌을 받기 위해 법원의 판결을 기다리고 있다.*

더 안타까운 것은 이것이 결코 특수한 상황이 아니라는 사실이다. 유럽 내에 포괄적인 육식동물 서식지가 사라지게 된 주원인이 불법 수렵에 있기 때문이다. 이 영역에서도 수렵인들은 다시 한번 영향력을 발휘한다. 예컨대 독일수렵보호협회는 국가의 인증을 받은 환경보호단체로, 스위스의 수렵인협회인 수렵스위스Jagdschweiz 및 오스트리아연방 수렵협회Österreichischer Landesjagdverbände의 본부와 공동으로 약 40만 명에 달하는 회원들의 이익을 대변하고 있다. 다시 말해 수렵인이 환경보호가로 분류되고 있는 것이다. 적어도 공식적으로는 그렇다. 그들이 비오톱 , 즉 생태 서식 공간을 돌보고 새로운 울타리를 설치하고 나무를 심고 야생동물들의 안녕을 살핀다는 이유에서다. 물론 언젠가는 거실 소파 위를 장식하게 될 가지뿔을 가진 동물들을 중점적으로 보호하는 것이기는 하지만 말이다.

총에 맞은 동물은 죽는다. 그리고 유감스럽게도 죽은 동물을 보호할 수 있는 방법은 없다. 이를 긍정적으로 표현하는 것은 절대 간단

* 2012년 4월 21일 베스트발트에서 죽은 채 발견된 이 늑대는 123년 만에 라인란트팔츠 지역에서 관찰된 늑대와 동일한 늑대일 것으로 생각되었는데, 라인란트팔츠에서 늑대가 발견되었을 때 독일에 늑대가 돌아올 것이라는 기대로 떠들썩했다. 늑대를 죽인 수렵인은 동물보호법 위반으로 3,500유로 벌금형을 받았다.

한 문제가 아니다. 총을 드는 행위가 의미를 가질 수 있는 경우는 오직 하나, 천적의 부재로 특정 야생동물의 개체수가 통제되지 않을 때뿐이다. 예를 들어 도심까지 들어와 정원을 망가뜨려도 쫓아낼 방법이 없는 멧돼지가 이 경우에 포함될 것이다. 대부분의 수렵은 야생동물의 먹잇감이 되는 숲과 들을 보호하기 위한 목적으로 이루어진다. 공식적으로는 그렇다. 이제는 사라지고 없는 육식동물의 역할을 수렵인들이 대신하고 있다는 것이 어떠한 상황에서든 피 묻은 취미를 잃고 싶지 않은 이들의 주장이다. 하지만 남김없이 야생동물들에게 탈탈 털리고 마는 활엽수림이 증명하듯, 이는 지금까지 어떤 숲도 보호하지 못한 방법이다. 그리고 그 원인은 바로 대량 먹이 살포와 육식동물의 부재에 있다.

그렇다면 이렇게 묻고 싶다. 육식동물의 부재라는 문제를 해결하기 위한 것이라면 굳이 대체자를 쓸 필요가 있을까? 차라리 '원조'인 육식동물들이 수렵할 수 있는 환경을 만드는 편이 낫지 않겠느냐는 것이다. 동물의 세계에 사는 수렵 전문가로는 스라소니와 늑대, 불곰을 꼽을 수 있다. 이들은 분명 옛 고향으로 돌아갈 수 있는 기회를 반길 것이고, 알프스와 오데르Oder를 오가며 새로운 (혹은 과거의) 서식 공간을 찾을 것이다. 그렇게만 된다면 10년도 걸리지 않아 이 수렵 전문가들이 숲으로 돌아오게 되리라고 확신한다. 하지만 현실적으로 그들은 우리의 숲을 정복하는 데 어려움을 겪고 있다. 밀집도가 너무 높은 탓이다.

스라소니, 늑대, 불곰, 이 세 종의 야생동물이 돌아온다면 어떤 결과가 나타날까? 지금부터 그에 대해 설명하고자 한다. 이 수렵 전문가들 중 가장 몸집이 크고 무게가 많이 나가는 종은 단연 불곰이다. 불곰은 최대 300킬로그램의 몸무게를 자랑할 뿐 아니라 잡식성 동물이라 풀에서 사슴까지, 말 그대로 손에 닿는 것이면 무엇이든 먹어 치워 칼로리를 채운다. 불곰이 문명의 유혹에 넘어가기 쉬운 이유가 그것이다. 인간 역시 '잡식성 동물'로 불곰과 비슷한 식성을 가지고 있다. 다시 말해 우리가 맛있게 먹는 음식은 불곰도 맛있게 먹을 수 있다는 뜻이다. 게다가 감자, 옥수수, 닭, 벌꿀, 할 것 없이 맛있는 음식들은 인간이 관리하는 경작지에 무방비 상태로 노출되어 있지 않은가. 동물계에서는 인간과 경쟁하는 관계인 불곰으로서는 참기 힘든 먹잇감이다.

노르웨이에서 곰을 주제로 연구를 진행한 한 동료가 있다. 그 동료가 전한 바에 따르면 노르웨이의 국민들은 곰과의 공존을 받아들이는 문제로 갈등을 겪고 있다고 한다. 곰이 많지 않은 노르웨이의 농촌 지역에서는 봄이 되면 숲과 산악지대에 양을 방목한다. 주인이 다시 양들을 우리로 불러들이는 것은 큰 눈이 내리기 전 가을에 이르러서다.

노르웨이에는 약 150마리의 불곰이 살고 있는 것으로 알려져 있는데, 매우 적은 수지만 이와 같은 방식으로 양을 키우는 곳에서는 이 정도로도 문제가 될 수 있다. 불곰이 양의 젖을 특히 좋아하기 때문이다. 불곰은 양의 젖을 얻기 위해 앞발로 양을 내리쳐 기절시킨 다음 양의 젖을 물어뜯어 버린다. 당연히 양들은 큰 부상을 입고 공포심에 미쳐 날뛰기 시작한다. 농민의 분노를 이해하지 못하는 것은 아니다. 그렇지만 정작 무모한 것은 이들이 양을 사육하는 방식이 아닌지 자문하게 된다. 직접 양을 돌볼 수 없다면 목양견이라도 키워서 양떼를 지켜야 하는 것이 아닐까? 예를 들어 쿠바스*는 양들과 함께 자라면서 자기 자신을 양 무리 중의 하나라고 인식하기 때문에 육식동물이 양들을 공격할라치면 즉각 달려들어 가족을 지킨다. 이 방법에 단점이 있다면 개는 초식동물이 아니므로 개에게 별도의 사료를 주어야 한다는 것 정도다. 출몰하는 불곰들을 문제 동물로 인식하는 알프스 지대에도 이 갈등은 존재한다.

가축을 좋아하기로는 늑대도 둘째가라면 서럽다. 동독으로 돌아온 늑대들의 눈앞에는 절대 거부할 수 없는 유혹의 현장이 펼쳐지곤 한다. 동독의 경우, 양 우리의 울타리가 허술하거나 밧줄을 이용해 대충 묶어 둔 목장이 많다. 줄은 들판에 박힌 말뚝에 묶여 있어 양들이 원을 그리며 편안하게 잔디를 뜯을 수 있는 환경인 것이다. 물론 울타리의 설치비용을 절약하기 위한 방법이었을 것이다. 하지만 늑대가 출몰하는 지역에서 이런 방식으로 양을 돌보는 것은 경솔한 관리라고 지적할 수밖에 없다. 사냥감이 줄에 묶인 채 도망가지도 못하고 마치 쟁반 위의 음식처럼 눈앞에 놓여 있다면 육식동물이 어떤 선택을 하겠는가?

양들의 피해 소식은 과장되어 즉각 지역사회로 퍼진다. 어느 날 그 맹수들이 우리 아이들을 공격하지 말라는 법이 어디 있느냐는 겁박이다. 그러면 주민들 사이에는 그 야생동물들에 대한 공포심이 급격하게 전파된다. 인간을 공포에 떨게 만드는 동물, 그 이상도 이하도

* '헝가리언쿠바스'라고도 불리는 가축 경비견으로, 이름은 '귀족의 근위병'이라는 뜻의 터키어에서 유래했다. 유럽에서는 귀족과 왕족이 경비견으로 기르다 19세기 초 미국에서 가축 경비견으로 활용했다.

아닌 존재가 되어 버리는 것이다. 하지만 현실도 정말 그럴까? 그렇지 않다. 늑대들의 서식 공간에 몇 주를 머물러도 아마 늑대와 눈을 마주치는 일은 거의 없을 것이다. 아직까지도 늑대의 가장 큰 적은 우리 인간이기 때문이다.

마지막 사냥 전문가 스라소니는 불곰, 늑대와 달리 인간에게 받아들여진 야생동물이다. 스라소니는 중부 유럽 곳곳에 자리를 잡았고, 실제로 알프스 지대와 중간 산악지대 대부분에서 어렵지 않게 마주칠 수 있다. 스라소니는 독일 북부의 하르츠 산지 등 국립공원에서도 살고 있으며 번식 속도가 매우 느리다. 스라소니 또한 가축에게 피해를 입힐 때가 있다. 이 문제를 해결하기 위한 실용적인 방법을 고민한 끝에 스위스에서는 가축을 노리는 스라소니에 한해 사살할 수 있게 하는 규정을 도입했다. 비록 그런 경우는 거의 발생하지 않지만, 손해배상지원금을 함께 지급함으로써 농민들의 동의를 얻어 낼 수 있었다.

야생고양이인 스라소니는 늑대나 불곰과 같은 운명을 맞이할 때가 많다. 이것이 라인란트팔츠주의 남부 지역에서 스라소니를 볼 수 있으리라는 기대를 갖지 않는 이유다. 희망의 불씨가 거의 꺼진 것이나 마찬가지다. 스라소니에 대해서는 애써 공포심을 불러일으킬 필요가 없다. 한층 쉽게 처리할 방법이 있기 때문이다. 생각해 보자. 늦은 밤 홀로 망루에 앉아 사냥감을 기다리고 있는 수렵인을 통제할 방법이 있을까? 총을 쐈다 해도 노루나 멧돼지를 잡았다고 하면 그만이다. 수렵인들은 짐승의 사체를 쓰러진 나무의 뿌리 아래에서 처리한다. 위반 행위를 저질러도 알 수 있는 방법이 없는 것이다.

나는 스라소니와 늑대의 번식 속도가 그토록 느린 배경에는 비밀리에 행해지는 불법 수렵이 있다고 확신한다. 유난히 서투른 수렵인들만 그 사실을 들킬 뿐, 불법 수렵의 실제 건수는 훨씬 많으리라고 본다. 예컨대 라인란트팔츠주에서 늑대를 수렵했다가 들킨 노인의 경우가 여기에 해당한다. 어쩌면 수렵인들이 두려워하는 것은 이들의 귀환과 그에 따른 야생동물들의 개체수 조절일지 모른다. 그렇게 되면 수렵인들의 역할이 불필요해지니까. 당연히 나 개인적으로는 이 동물들이 돌아와 줬으면 좋겠다.

우리가 치러야 할 대가

수렵으로 피를 흘리는 것은 비단 숲만이 아니다. 이는 우리 모두의 문제다. 도로 위에서 차를 달리다 야생동물과 충돌하는 사고가 발생해 고통받는 운전자들이 여기에 해당할 것이다. 특히 우리가 익히 알고 있는 노루와 사슴, 멧돼지처럼 몸집이 큰 포유동물이 도로 위에 모습을 드러내면 상황은 훨씬 심각해진다. 자동차 속도와 동물 크기의 조합에 따라 충돌은 무려 몇 톤에 달하는 힘을 만들어 낼 수도 있기 때문이다.

자동차 전문지 《모토라트 차이퉁*Motorradzeitung*》에 따르면 야생동물과의 충돌로 발생한 인명 사고가 2011년 한 해에만 2,600건이었다고 한다.[18] 독일보험협회 역시 최근 이로 인한 경제적 손실이 50만 유로에 이를 것이라고 추산했다.[19] 이와 같은 흐름은 계속되고 있다. 독일의 경우만 따지더라도 야생동물 관련 사고가 1년에 24만 건에 달하는데, 대부분은 노루와 관련된 것이고 멧돼지와 다마사슴·사슴이 그 뒤를 잇고 있다.[20]

이 같은 사고와 수렵인 사이에 어떤 상관관계가 있는지 질문할 수도 있을 것이다. 독일의 경우, 1제곱킬로미터당 평균적으로 노루 한 마리가 사는 숲이 11만 1천 제곱킬로미터에 달하는데, 그 두 배에 이르는 노루들이 도로 위에서 죽음을 맞이하고 있다면 교통량의 증가와 더불어 야생동물의 개체수 문제를 지적하지 않을 수 없다.

특히 개체수가 50배 이상 많은 곳에서는 문제가 발생할 수밖에 없다. 영역동물인 노루에게는 낯선 개체의 침입을 극도로 경계하며 서식 공간을 지키는 습성이 있다. 그 침입자가 다른 동물이 아닌 노루라는 사실에 문제가 있다. 어미 노루가 새끼를 낳으면서 태어난 곳에서 쫓겨난 한 살짜리 어린 노루들이다. 이들은 새로운 서식 공간을 찾아 나서는 과정에서 이미 다른 노루가 차지한 장소에서 또 다른 장소로 이동을 이어 가고, 영역을 지키려는 노루에게 쫓기고 또 쫓기며 이따금씩 도로를 가로지른다.

이처럼 도로 위에서 일어나는 야생동물 사고는 개체수가 너무 많아 서식 공간을 두고 경쟁해야 하는 노루의 상황과 밀접한 관계가 있다. 개체수가 자연적인 수준에 머물렀다면 어땠을까? 자연히 노루와 눈을 마주치는 운전자도 없었을 것이다. 결국 사육과 먹이 공급을 부추기는 트로피 헌팅 문화가 사고의 원인이라는 사실이 통계로 고스란히 드러난 셈이다.

개인적으로 어두운 시간대와 깜깜한 밤에 숲을 관통하는 도로를 지날 때는 시속 60킬로미터 이상으로 속도를 내지 말라고 조언하고 싶다. 달팽이도 아닌데 너무 느리지 않냐고 반문할 수 있겠지만, 실제로 나는 그렇게 해서 여러 차례 동물과의 충돌을 피할 수 있었다. 사고가 나기 전 브레이크를 밟을 시간이 충분했던 덕분이다. 물론 그래도 사고는 발생할 수 있다.

4년 전 겨울에 일어난 사고가 그랬다. 그때 나는 아내와 함께 오이스키르헨에서 사교댄스 수업을 받고 고요함이 깃든 아이펠산맥으로 돌아오는 중이었다. 도로 가장자리에서 암사슴 한 마리가 갑자기 모습을 드러냈다. 나는 급히 브레이크를 밟았고, 우리를 본 암사슴은 다시 어둠 속으로 사라질 것처럼 방향을 틀었다. 안심하고 다시 출발했을 때였다. 갑자기 암사슴이 다시 한번 방향을 틀더니 우리를 향해 뛰어오는 것이 아닌가. 우리는 숨을 멈춘 채 충돌의 순간을 기다렸다. 하지만 암사슴은 자동차 위로 뛰어올라 뒷발로 트렁크를 살짝 스치며 안테나를 부러뜨리고 나서 모습을 감췄을 뿐, 사고로 이어지지는 않았다. 정말이지 행운이었다.

측면에서 달려오는 노루와 제대로 충돌했을 때의 충격이 얼마나 큰지는 한 마을 주민을 통해 간접적으로나마 경험한 적이 있다. 크리스마스 당일 보험 회사에 제출하기 위해 사고증명서를 발급받으러 관사를 찾은 주민이었는데, 그가 소유한 작은 자동차는 오른쪽 면이 완전히 파이고 오물로 뒤덮여 있었다. 도로 위의 상황을 전혀 모르는 어린 노루가 남긴 흔적이었다.

도로 밖에는 감염의 위험이 도사리고 있다. 이 중 가장 위험한 것이 진드기다. 혹시 라임병에 대해 들어 본 적이 있는가? 초여름에 유행하는 뇌수막염에 대해서는? 나를 비롯한 우리 가족은 벌써 여러 차례 라임병에 감염된 적이 있다. 라임병은 진드기에 물렸을 때 진드기의 침을 통해 나선형의 보렐리아균이 신체에 침범하면서 발생하는 감염질환으로 여러 질병을 유발할 수 있다. 진드기가 사람이나 동물의 몸에 붙어 24시간 머물러 있었다면 라임병에 감염되었을 확률이 매우 높다. 그러므로 진드기를 발견하면 최대한 빨리 제거해야 한다. 진드기를 떼어 내는 방법에 대해서는 의견이 분분하다. 왼쪽 또는 오른쪽으로 돌리면서 떼야 한다거나 기름 몇 방울을 떨어뜨리라거나 라이터로 태워 버리라거나 하는 것들이다. 하지만 이와 같은 이야기들은 무시하는 편이 낫다. 그렇게 하면 살기 위해 몸부림을 치는 진드기의 침이 또 한 번 상당량 혈관에 들어올 수도 있기 때문이다. 진드기는 손톱이나 핀셋을 이용해 최대한 빨리 제거해야 한다. 작은 주둥이 하나가 박혀 있는 것 정도는 크게 문제 되지 않는다. 어차피 며칠 지나면 떨어져 나간다. 어쨌거나 진드기에 물리는 것 자체를 예방하고자 한다면 산책할 때 무늬가 있는 밝은색 긴 바지를 입을 것을 권한다. 그리고 한 번씩 다리 앞쪽을 살펴보는 것도 중요하다. 이제 막 허물을 벗은 진드기가 모여 있을 수도 있다. 이를 발견하지 못하면 진드기에게 물릴 가능성이 높다.

보렐리아균에 감염되어 라임병에 걸리면 다양한 증상이 나타난다. 감염되고 며칠 후 감염자 중 약 50퍼센트에게는 이동홍반이라는 커다랗고 동그란 점이 나타난다. 라임병에 걸렸음을 알 수 있는 증상이다. 라임병은 아직까지 백신이 없으며 감염병 치료를 위해 항생제를 투약한다. 기침을 동반한 감기 증상이 나타나기도 하는데, 이 경우에는 라임병이라는 사실을 알아차리기 어려워서 매우 위험한 상황으로 번질 수 있다. 보렐리아균이 체내로 퍼져 뇌를 포함한 여러 장기를 공격할 수 있기 때문이다. 마비 증상, 혈액순환장애, 정신장애 등 보렐리아균이 유발하는 질병은 무척 다양하다. 뒤늦게 발견하고 치료하려면 몇 달에 걸쳐 항생제를 투여해야 하는데, 항생제가 박테리아만큼이나 우리 몸에 해롭다는 점을 생각하면 무서운 일이 아닐 수 없다.

실제로 내 혈액 속에는 무려 몇 년째 보렐리아균이 살고 있는데, 다행히도 아직까지 큰 피해는 없다. 물론 예방 차원에서라도 치료를 통해 내 몸에서 박테리아를 쫓아내고 싶기는 했다. 하지만 내가 다니는 병원의 신경과 의사가 권하지 않는다. 아직까지는 라임병으로 사망한 케이스가 없고, 항생제 치료를 통해서 보렐리아균을 물리칠 수 있다는 것이 의사의 설명이다.

진드기 성충의 50퍼센트 이상이 보렐리아균을 보유하고 있는 지역도 있다. 숲에서 가장 위험한 요소를 꼽으라면 나는 지체없이 진드기를 지목하겠다. 그리고 눈치챘겠지만 이 진드기가 문제가 된 배경에는 수렵인이 있다. 이 또한 야생동물 사육이 집중적으로 이루어지면서 시작된 문제이기 때문이다. 본래 진드기는 몸집이 큰 초식동물의 피를 빨아먹으며 산다. 사슴 한 마리의 피를 동시에 빨아먹을 수 있는 진드기는 100마리 이상이고, 진드기는 3천 개의 알을 낳는다. 노루 혹은 사슴 한 마리를 통해 매년 수백만 마리의 진드기가 번식한다는 뜻이다. 야생동물 개체수가 과거에 비해 약 50배 증가한 것을 감안한다면, 성가시기 짝이 없는 진드기들이 폭발적으로 증가했다는 사실을 쉽게 예측할 수 있을 것이다.

진드기에게 물리는 사고에 관해서라면 나는 굉장한 개인 기록을 가지고 있다. 30년 전 학생 시절 겁도 없이 반바지를 입은 채 수업이 진행되는 관목들 사이를 헤집고 다닌 적이 있다. 그리고 그날 저녁 우연히 다리를 내려다보고는 소스라치게 놀랐다. 다리 거의 전부를 진드기가 뒤덮고 있었던 것이다. 50마리쯤에서 헤아리기를 포기했던 기억이 난다.

수렵이 낳는 피해는 신체적·경제적인 것 말고도 더 있다. 숲을 거니는 사람이 마땅히 누려야 할 즐거움을 누릴 수 없게 만드는 것이다. 예컨대 세렝게티 국립공원에서 수많은 야생동물과 마주치며 느끼는 재미를 우리의 숲에서는 느낄 수 없다. 이런 점에서 볼 때, 중부 유럽의 국립공원과 사바나의 국립공원 사이에는 현저한 차이가 존재한다. 사실 내가 자연 속에서 확인하고 싶은 것은 초목이나 동물이 아니다. 우리를 대하는 그들의 태도다.

1988년 나는 아내와 함께 잠비아로 여행을 떠났었다. 그때만 해도 잠비아는 공식적인 관광지로 개발되기 전이었는데, 잠비아를 방문하게 된 것은 순전히 누이 덕분이었다. 외무부 소속 공무원인 누이 안네 키르스텐이 잠비아의 수도 루사카에 있는 대사관으로 발령을 받아 4년을 근무하게 된 것이다. 우리는 몇 주간 누이와 시간을 보내면서 잠비아라는 나라를 알 수 있는 나름의 프로그램을 계획해 실행에 옮겼다.

생태학적 측면에서 볼 때 가장 훌륭한 관광지는 단연 사우스루앙와 국립공원이었다. 매우 낡고 작은 헬리콥터가 인적이 없는 지역에 우리를 내려 주었고, 우리는 비행장에서 숙소까지 창문도 없는 지프차로 이동해야 했다. 우리는 루앙와 강변에 있는 자연 그대로의 산장을 예약해 놓은 상태였다. 짚으로 지붕을 덮어 놓았을 뿐 거의 절반은 뻥 뚫려 있는 것이나 다름없는 오두막이었다. 그리고 엄청난 더위와 함께 이곳에서 누릴 수 있는 또 한 가지가 있었다. 동물의 왕국에서 들려오는 소리를 장애물 하나 없이 침대에 누운 채 즐길 수 있다는 점이었다. 차를 타고 국립공원을 둘러보던 날은 우리 두 사람에게 아직까지 잊을 수 없는 기억으로 남아 있다. 코끼리와 가젤, 누 들은 우리의 접근을 기꺼이 허락했다. 이전에는 단 한 번도 경험해 보지 못했던, 진정한 의미의 목가적 풍경이 우리 앞에 펼쳐져 있었다. 이후 우리는 아프리카라고 하면 그날의 장면을 떠올린다. 아마도 계속해서 텔레비전으로 르포르타주 속 풍경들을 보아 오면서 더욱 강화되었겠지만 말이다.

나는 그곳의 야생동물들이 어쩌면 그렇게 평온할 수 있는지 오랫동안 궁금증을 안고 있었다. 하지만 이제는 그 답을 정확하게 알고 있다. 수렵인이 없기 때문이다. 이 세상에서 가장 위험한 육식동물, 즉 우리 인간이 대놓고 악행을 저지르지만 않는다면 야생동물들 역시 인간에게 신뢰를 갖게 된다. 그에 반해 피도 눈물도 없이 야생동물들을 향해 총구를 겨누는 곳에서는 어떨까? 밀렵꾼이건 뿔을 노리고 온 수렵인이건 할 것 없이 인간이라면 모두 두려움의 대상이 될 것이다. 코끼리도 사자도 얼룩말도 인간을 기피하게 된다는 뜻이다.

이 모습은 우리의 숲에서 직접 확인할 수 있다. 연방 주에 따라 조금씩 차이가 있기는 하지만 2월부터 4월 말에 이르는 노루 수렵금지기간에는 낮에도 야생동물을 발견하는 일이 많다. 그뿐만 아니라 접근 가능한 거리가 한결 짧아진다. 얼마 되지 않는 기간인데도 그러한 변화를 보이는 것이다. 그러나 5월 초가 되면 모두 제자리로 돌아간다. 첫 번째 총소리가 울려 퍼짐과 동시에 야생동물들이 다시 자취를 감추는 것이다.

중부 유럽은 모든 지역에서 수렵이 가능하다. 심지어 보호구역에서까지 수렵이 이루어진다. 수렵의 대상이 되는 모든 종의 야생동물이 인간을 경계하는 이유다. 이를 분명하게 보여 주는 사례가 곧 새다. 까마귀, 가마우지, 왜가리, (원래는 불법이지만) 일부 맹금류, 기러기, 오리, 할 것 없이 새라면 전부 마구잡이 수렵의 집중 포화를 맞는다. 이들이 우리에게 가까이 다가오지 않는 이유가 바로 그것이다. 반면 박새나 지빠귀, 유럽울새의 경우에는 몇 미터 거리까지 다가가도 도망가지 않는다. 수렵의 대상이 아니기 때문이다. 그들에게는 인간을 불신할 이유가 없기에 마치 소나 말을 대하듯 우리를 대한다. 하지만 인간에 대한 두려움을 가진 종들은 수렵이 허락되지 않는 일부 도시에서만 어느 정도 경계를 늦출 뿐이다.

이는 모든 동물종에 해당한다. 생각해 보면 이상하지 않은가. 1제곱킬로미터당 노루의 개체수가 평균 50마리, 지역에 따라 차이는 있겠지만 멧돼지나 사슴처럼 몸집이 큰 포유동물의 개체수가 평균 10~20마리 정도라면 숲에 갈 때마다 마주쳐야 하는 것이 정상이다. 아프리카의 국립공원을 찾은 관광객들이 누리는 야생의 모습은 사실 우리가 사는 곳에서도 볼 수 있어야 마땅한 것이다.

그런데 우리의 숲에서는 그 같은 풍경을 기대하기 어렵다. 깜빡 졸다 주위를 제대로 살피지 못한 노루가 화들짝 놀라며 달아나는 모습을 볼 수는 있을지언정, 그 밖의 현장에서 야생동물들과 마주친다는 것은 불가능에 가깝다. 숲에 사는 생명체들의 태도에 큰 변화가 생긴 탓이다. 초식동물들을 위협하는 늑대와 스라소니, 곰은 무려 100년 넘게 우리 숲에서 모습을 드러내지 않고 있다. 그들을 대신해 등장한 것이 바로 인간이다. 숲에 들어와 총구를 겨누고, 동물의 사체를 얻어 두 발로 걸어 돌아가는 인간. 야생의 동물들이 여러 세대를 거치는 동안 수렵인은 이들의 진화에 막대한 영향을 미쳤다. 끝내 수렵인의 총을 피하지 못한 야생동물은 프라이팬 위에서 생을 마감했고, 개체수를 늘리지 못했다. 새로운 적, 즉 인간의 습성을 파악하고 인간을 경계한 노루와 사슴만이 살아남을 수 있었던 것이다.

수렵인들은 야생동물의 생활습관에도 변화를 가져왔다. 본래 초식동물은 거의 하루 종일 활동한다. 이곳저곳을 돌아다니며 풀과 잎을 먹고는 조용한 곳에 숨어 되새김질로 먹은 것을 소화한다. 쉬지 않고 먹을 것을 보충해 줘야 하므로 이들의 하루에는 12시간의 휴식이 포함되어 있지 않다. 하지만 이상하게도 우리 눈에는 야생동물들이 밤에만 활동하는 것처럼 보인다. 흔적조차 찾을 수 없는 낮과 달리 깜깜한 밤에는 러시아워를 이룬다. 밤에 국도를 달리는 행위는 곧 두려움에 떨고 있는 초식동물들과 마주칠 수 있는 기회이기도 하다. 안타깝지만 가끔은 충돌도 한다.

초식동물들의 활동 시간이 늦춰진 것처럼 보이는 데에는 그만한 이유가 있다. 그리고 이번에도 그 중심에는 인간이 있다. 인간의 방향감각에 맞춰 초식동물의 생활 패턴이 변했기 때문이다. 어두운 밤이 되면 우리는 시야를 잃는다. 그렇다고 청각이나 후각이 뛰어나 그 감각들에 의존할 수 있는 것도 아니다. 어두워지면 숲에 들어가지 않는 것은 바로 그래서다. 그러자 야생동물 사이에서 어두운 밤에는 총소리가 나지 않으며, 약탈자들이 방향감각을 잃는다는 사실이 소문처럼 퍼졌다. 늦은 밤에는 드넓은 대지로 나가서 안전하게 먹이를 즐겨도 된다는 인식이 공유된 것이다. 반면 인간의 능력이 최대로 발휘되는 낮에는 어떨까? 인간이 두려운 동물들은 숲과 덤불 깊은 곳으로 몸을 숨긴다. 그곳에 숨어 잠을 자는 것이 아니라 계속해서 먹는다. 다만 깊은 숲속에는 풀과 약초가 없어 나뭇잎과 새싹, 나무껍질을 먹어야 한다. 맛이 좋은 편은 아니지만 주린 배를 채워 주기는 한다. 물론 그 피해는 고스란히 어린 활엽수들에게 돌아간다. 결국 이 모든 것이 우리 인간이 야기한 문제라는 이야기다.

인간의 수렵 행위를 육식동물들이 대체한다면 어떻게 될까? 초식동물들의 행동에 큰 변화가 찾아올 것이다. 우선 낮 동안에 머무는 공간이 달라질 것이다. 나무로 빽빽한 숲에서는 시야가 좋지 않으므로 육식동물로 인한 위험을 감지하기 어렵다. 따라서 넓은 시야를 확보할 수 있고 늑대와 스라소니가 몰래 접근하기 어려운 숲 가장자리나 탁 트인 들판, 고산지대에 머무를 것이다.

어린 너도밤나무와 참나무 들이 서 있는 곳에서는 전체적인 상황을 파악하기가 어렵다. 다시 말해 동물 수렵인들이 돌아오면 야생동물들을 숲 밖으로 유인해 숲의 피해를 줄이는 동시에 이들의 개체수를 줄이는 역할을 하게 될 것이라는 소리다. 내가 네 다리를 가진 동물들에게 수렵이라는 책임을 돌려주자고 주장하는 이유가 바로 여기에 있다. 이와 더불어 인간의 수렵을 금지시킨다면 불과 몇 달 안에 노루와 사슴은 숲의 새로운 정복자가 될 것이다. 이렇게 된다면 커다란 몸집을 가진 포유동물들을 50미터 거리에서 관찰할 수 있을 테니 자연히 들판과 평지를 산책하는 즐거움이 배가 되지 않겠는가. 중부 유럽의 세렝게티라니! 꿈인지 생시인지 분간이 가지 않을 정도로 아름답지 않을까.

이렇게만 된다면 숲의 피해가 들판으로까지 이어지지 않을까 하는 걱정도 사라질 것이다. 맹수들이 숲에 사는 초식동물들을 노리는 순간, 초식동물들은 해당 숲을 즉각 먹이 창고에서 제외하기 때문이다. 최소한 일부 구역에 대해서는 말이다. 그 결과는 야생동물 개체수의 감소로 나타난다. 먹을 것을 제공해 주는 장소가 줄어든다는 것은 곧 먹이가 줄어든다는 것을 의미하고, 결과적으로는 번식이 감소하는 현상으로 이어진다. 이것이 자연의 법칙이다. 하지만 우리가 관습적인 수렵 문화를 고집하는 한, 불법적인 맹수 수렵을 경미한 위법 행위 정도로 여기는 한, 자연 속에서 자유롭게 살아가는 동물들을 만나는 즐거움은 제한될 것이다. 소수가 누리고 있는 피 묻은 취미의 대가를 결국 우리 모두가 치르고 있는 셈이다.

지역 주민과 수렵인,
뒤바뀐 관계

1848년 독일혁명 당시 정립된 수렵법은 이후 별다른

개정 없이 이어져 오고 있다. 숲을 소유한 사람은 물론 수렵자격증을 가지고 있다는 전제하에 자신의 숲에서 수렵을 할 수 있다. 하지만 수렵인이 숲을 소유하고 있는 경우는 극히 드물다. 대부분의 숲은 국가나 지역 혹은 민간의 소유다. 공용수렵장의 경우도 보통은 국가나 지역의 부족한 살림을 메우기 위해 임대한 것으로 보면 된다. 민간 소유의 숲 또한 마찬가지다. 대부분의 경우, 수렵을 할 수 있는 1제곱킬로미터의 최소 면적에 못 미친다. 이들이 수렵을 하려면 협력이 필요하다. 일종의 수렵협회 같은 것을 결성해 법이 규정하는 최소 면적을 충족시켜야 하는 것이다. 밭이나 들을 소유한 사람들도 강제 회원이 된다. 거주지를 제외한 모든 면적을 수렵장으로 활용하려면 이런 협회에 가입하는 것이 필수다. 만일 여러분이 들이나 숲의 일부 구역을 소유하고 있다면 소유지 내에서의 수렵 행위에 반대하기가 쉽지 않을 것이다. 아직까지는 그렇다. 작은 규모의 필지를 소유하고 있는 사람의 경우, 수렵을 목적으로 해당 필지를 사용하는 것을 양심상의 이유로 거절할 수 있다는 판례가 최근 유럽인권법원에서 나오긴 했다.[21] 하지만 이 하나의 사례가 보편타당한 규정이 될 수 있을지는 미지수다.

수렵하기에 충분한 면적의 땅을 갖게 된 수렵협회는 해당 구역에서 직접 수렵을 하거나 그 구역을 임대할 수 있다. 하지만 다양한 소유주가 모인 집단이다 보니 수렵할 사람도, 나아가 수렵사업을 운영할 사람도 없어 수렵장은 대부분 돈 많은 고객에게 임대된다. 하지만 임차인에게는 법적인 틀 안에서 수렵을 할 수 있는 권리만 주어질 뿐 협회가 농업이나 임업, 취미 차원에서의 가축 사육, 스포츠 등 그 밖의 모든 활동을 아무런 장애물 없이 이어 나간다.

국유림이든 공유림이든 또는 수백만 개에 달하는 사유림이든 여기에는 한 가지 공통점이 있다. 이 땅들은 모두 국민의 재산이라는 점이다. 진부하게 들릴지 모르겠지만 이 사실은 매우 중요한 결과를 가져온다. 수렵인들은 대개 돈을 지불하고 숲을 이용하는 해당 지역 주민들의 손님이다. 문제는 주인과 손님의 역할이 뒤바뀐 듯한 상황이 현장에서 자주 목격된다는 데에 있다. 마치 수렵인이 숲에 들어온 사람들의 생사를 결정하는 신이라도 된 양 말이다.

나는 이웃 지역에서 말을 타고 가다 머리 위로 총알이 지나가는 경험을 했다는 사람과 만난 적이 있다. 그는 날이 어두워져 숲길을 따라 말을 타고 빠르게 달리고 있었는데, 마침 숲 가장자리의 망루에서 사냥감을 기다리던 수렵인의 눈에 띈 것이다. 이와 비슷한 불만들이라면 나도 익히 들어 알고 있다. 우리 지역의 숲 안내 프로그램에 참여한 많은 참가자가 흔히 하는 이야기다. 이들은 산책 도중 갑자기 지프차 한 대가 나타나 "당장 개에게 목줄을 채우지 않으면 총에 맞아 죽을 수도 있다"며 면박을 주는 경우를 자주 경험한다고 했다. 윽박지르는 사람이 다혈질인 데다 손에 무기까지 들고 있다면 그의 협박에 이의를 제기할 수 있는 사람이 과연 몇이나 될까? 하고 싶은 말은 많지만 참을 수밖에 없는 굴욕을 당하고 마는 것이다. 이런 일이 일어나면 수렵인의 협박 사실을 신고할 수 있도록 차량 번호를 메모해 둬야 한다. 실제로 매년 수렵인들의 총에 맞아 죽는 개가 수천 마리에 달한다. 이 또한 정확한 통계라고 볼 수는 없다. 신고의무가 없어 사고가 발생해도 그냥 넘어가기 때문이다.

여기에서 끝이 아니다. 매일 밤 고양이가 돌아오기만을 기다리며 하염없이 밤을 지새우는 사람들도 많다. 개들이 사고를 당하면 최소한 어디에서 어떻게 죽었는지 정도는 파악할 수 있다. 하지만 고양이를 키우는 사람의 경우는 다르다. 개와 달리 고양이는 행동반경이 매우 넓고 수 킬로미터 떨어진 곳까지 왕래하는 경우가 있어, 추측만 할 뿐 사체를 발견하기가 쉽지 않다. 이 같은 사고가 발생하면, 대부분의 수렵인은 실수로 사살한 반려동물을 가까운 관목 사이에서 처리해 버리고 만다. 수렵인들의 입장에서는 분노에 휩싸인 반려동물의 가족들과 굳이 언성을 높이면서까지 싸울 필요가 없기 때문이다. 2012년 3월 31일에 방영된 〈개, 고양이, 쥐Hundkatzemaus〉라는 제목의 르포르타주에 따르면 총에 맞아 사고를 당하는 개와 고양이의 수가 독일에서만 한 해에 40만 마리에 이른다고 한다.[22]

이렇게 사살이 가능한 것은 숲을 누비는 반려동물들이 자연에 피해를 입힌다고 보는 법규정 때문이다. 물론 완전히 틀린 이야기는 아니다. 실제로 고양이는 새나 그 밖의 몸집이 작은 야생동물을 사냥하는 습성을 갖고 있다. 하지만 이것이 수렵인들의 수렵으로 발생하는 피해만 할까? 그에 비하면 반려동물 때문에 발생하는 숲의 피해는 지극히 미미한 수준에 불과하다.

수렵이 가지고 있는 부정적인 영향들을 모두 살펴보노라면 근본적으로 이런 질문을 던지게 된다. 수렵장을 굳이 임대할 필요가 있을까? 호텔에서 매일 밤 문을 걷어차며 문제를 일으키는 손님이 있다면 쫓아내지 않을 이유가 없다. 수렵 때문에 숲이 입고 있는 막대한 피해에 견준다면 임대료 수익 정도는 아무것도 아니다. 그러나 행정기관은 이와 같은 문제 상황을 주민들에게 제대로 알리지 않고 있다. 시장을 비롯한 시의회, 산림경영 전문가, 수렵협회 관리기관 등 이 문제를 해결할 수 있는 당사자들이 정작 문제 해결에 전혀 관심이 없기 때문이다. 그리고 믿기 어려울지 모르겠지만 오히려 지금의 이 상황을 유지하기 위한 노력들이 곳곳에서 은밀히 이루어지고 있다.

수렵인과 산림경영 전문가의 불법적 결탁

1992년 막 휨멜 지역의 산림경영 전문가로 부임한 당시의 일이다. 한 수렵인이 나를 방문했다. 초인종이 울려 현관문을 열자, 수렵인은 미소 띤 얼굴로 서 있었다. 남자가 입은 옷만 보고도 나는 그의 소속을 파악할 수 있었다. 녹색 니커보커스와 올리브색과 흰색의 격자무늬 셔츠는 전형적인 수렵인 복장이었다. 수렵인은 손에 들고 있던 위스키병을 내게 내밀며 인사를 건넸다.

"안녕하세요, 산림경영 전문가님! 인사하러 들렀습니다."

그는 이것이 관례가 아니겠냐며 말을 이어 갔다. 우리는 한배를 타고 있는 사람들이니 서로에게 유익할 수 있도록 잘 협력해 보자고도 했다. 수렵인은 자신의 말을 뒷받침하려는 듯, 나를 자신의 수렵장에 초대하고 싶다고 했다. 숫염소를 수렵할 수 있게 해주겠다는 것이었다. 위스키병을 든 수렵인의 팔이 점점 무거워지는 것 같았으나, 나는 받으려는 시늉조차 하지 않은 채 정중하게 감사의 인사를 전했다. 그리고 공무원 신분이라 죄송하지만 뇌물이나 특혜를 받을 수 없다고 덧붙였다. 이내 수렵인은 고개를 절레절레 저으며 돌아갔다.

수렵인의 입장에서 이는 결코 사소한 문제가 아니다. 그들은 수렵에 적지 않은 비용을 들인다. 총에 맞은 모든 야생동물을 고려해 사냥에 드는 비용을 따져 보자면 수렵인은 숫염소 한 마리당 500유로까지 지불한다는 계산이 나온다. 유감스럽지만 실제로 이런 유혹에 쉽게 넘어가는 동료들이 많다. 숲을 사랑해서가 아니라, 수렵을 좋아해서 산림경영 전문가가 된 경우가 꽤 많기 때문이다. 다른 사람들은 큰돈을 내야 즐길 수 있는 수렵을 업무 차원에서 수행하는 산림경영 전문가도 더러 있다. 자신의 관리구역에서 취미생활을 대놓고 마음껏 즐기는 셈이다.

그러나 교육과정을 마치고 나면 이것이 말처럼 쉽지만은 않다는 사실을 알게 된다. 산림경영 공무원이 발령을 받는 대부분의 관리구역에서는 수렵이 허용되지 않기 때문이다. 게다가 얼마 되지 않는 신입 공무원 월급으로는 수렵장을 임대하기도 쉽지 않다. 그러니 수렵협회로부터 초대를 받으면 얼마나 반갑겠는가. 최근에 나는 산림경영 전문가 연수 과정에 참여했다가 자신의 관리구역 내에 있는 임대수렵장에서 수렵한 이야기를 대놓고 자랑하는 한 동료를 만난 적이 있다. 대도시의 숲을 책임지고 있는 동료였다. 나는 금지된 일 아니냐고 즉각 반박했다. 내게 돌아온 것은 많은 동료의 삐딱한 시선이었다.

이 문제가 얼마나 중요한지는 산림경영 전문가의 업무 내용을 보면 알 수 있다. 산림경영 전문가는 숲의 경찰 같은 역할을 한다. 숲과 관련된 법규정을 준수하는지 살피고 위반 행위가 발생하면 신고할 책임이 있다. 어린 활엽수들의 피해를 야기하는 야생동물들의 높은 개체수라든가 불법적인 먹이 살포, 외래종 방사 등은 신고의 대상이고 즉각 시정명령을 내려야 한다.

하지만 단 한 번이라도 뇌물이나 특혜를 받은 적이 있는 산림경영 전문가라면 어떨까? 산림경영 전문가에게 무료로 수렵의 기회를 제공하는 후원자는 거의 모두 교활한 사업가들이다. 그들은 산림경영 전문가의 권한이 어디까지인지를 정확하게 파악하고 있다. 만일 뇌물을 받은 사실이 드러난다면 공무원으로서의 미래는 사라질 것이다. 그렇다 보니 작은 손짓 하나면 문제는 해결된다. 산림경영 전문가가 즉시 눈감아 주는 것이다. 물론 신고를 하는 동료들도 있다. 그런데 이들이 대변하는 것은 숲이 아니다. 오히려 수렵협회의 대변인이 되어 수렵으로 입는 숲의 피해를 실제보다 적게 조작한다. 이런 산림경영 전문가들은 업무 외 시간에 돈을 받고 수렵감독관의 역할을 대신하거나 야생동물의 수렵 금지(와 개체수 증가)를 위한 지역별 수렵협회, 즉 수렵금지구역의 대표를 맡기도 한다. 물론 수렵인들에게는 공직자의 지원을 받아 몰이수렵을 즐길 수 있는 절호의 기회가 주어진다.

그렇게 되면 그곳에는 국가 차원의 감시·감독이 없는 것이나 마찬가지라고 볼 수 있다. 산림경영 전문가들만 접대를 받는 것은 아니다. 숲을 소유하고 있는 지역의 결정권자들이나 수렵협회 이사들도 수렵인들의 관리 대상이다. 논의할 것이 있다는 명목으로 이들을 식당에 초대해 음식과 음료를 대접한다. 이처럼 기분 좋은 자리에서 불법행위를 비난하거나 다른 견해를 피력하며 분위기를 망칠 사람이 누가 있겠는가? 시장같이 지위가 높은 결정권자들에게는 선물을 주는 등 특별 대우를 한다. 나는 내 일터에서 이와 같은 일들을 주기적으로 경험하고 있다.

그렇다면 평범한 주민들에게는 어떻게 할까? 물론 수렵인들은 주민 또한 잊지 않고 챙긴다. 나 역시 여러 번 경험한 적이 있다. 이를테면 지역의 유치원이나 마을공동회관, 노인잔치 등에 기부를 하거나 지역 스포츠단체, 교회를 돕는 식이다. 가을이 되면 성 마르티노 축제에서 불을 피울 때 베크만빵을 나눠 주기도 하고, 산타클로스의 선물을 준비하기도 한다. 초등학교 입학생들에게는 과자 꾸러미도 나눠 준다. 여름에 열리는 지역 축제에서는 공짜 맥주를 돌린다. 모두 상당한 돈이 드는 일이다. 이는 지역 내에서 수렵에 대한 반대 목소리가 나오지 않게 하기 위한 물밑 작업이다. 불법으로 먹이를 살포해도 숲의 절반을 망가뜨려도 반발하는 사람이 나오지 않도록 미리 손을 써 두는 것이다.

물론 깊은 애정을 가지고 숲을 지키려는 동료들도 있다. 하지만 이와 같은 상황들을 해결하려고 아무리 애를 써도 앞에서 설명한 사전 작업이 이루어진 곳에서는 소용없다. 하나로 똘똘 뭉친 지역민의 저항에 가로막혀 정의와 법치를 실현할 기회를 전혀 얻지 못하기 때문이다. 이와 같은 산림경영 전문가들은 대부분 해당 지역에서 사임하거나 끝내 내근직과 같은 다른 보직에 지원하게 된다.

앞에서 설명한 것들은 분명 뇌물이다. 또 다른 문제는 권력을 가진 사람에게 무조건 복종하는 케케묵은 사고방식이다. 사실 수렵장의 임차인은 현대판 영주라고 할 수 있다. 그래서 과거의 귀족과 같은 대우를 받거나 존경의 대상이 될 때가 많다. 실제로 '수렵군주'라는 호칭으로 불릴 정도다.

나는 아이펠 지역의 한 동료에게 이들이 얼마나 거리낌 없는 언행으로 지역사회를 흔들고 있는지 전해 들은 적이 있다. 임대한 수렵장 내 야생동물 개체수를 늘리기 위해 야생양인 무플론을 방사했는데, 엄연한 불법행위임에도 지역사회가 전혀 반발하지 않았다는 말을 하더라는 것이다. 자신들이 사는 지역의 숲이 위험에 처한 상황에서조차 임차인의 불법행위를 지지한 셈이다. 설상가상 지역민들은 무플론이 매력적인 관광상품이 될 수 있으니 이 동물종을 합법으로 인정해야 한다고 주장하며 수렵군주 편을 들었다고 한다. 이와 같은 지역의 입장을 증명하기 위해 임차인은 지역의 동의를 받아 마을 한가운데에 무플론 동상을 세웠다. 법과 규정을 무시하고 있다는 사실을 이보다 더 뻔뻔하게 증명할 방법이 또 있을까?

아예 수렵을 금지한다면?

이와 같은 배경을 알게 된 후 나는 이렇게 자문했다. 아예 수렵을 금지해 버리면 안 될까? 물론 뇌물이 가장 잘 통하는 곳이 정치판이기에 이런 나의 생각은 말 그대로 생각으로만 남겠지만, 그럼에도 그로 인한 효과를 가정해 보는 것은 그만한 가치가 있으리라고 본다. 수렵이 금지된다면 진정한 의미의 생태학적 산림경영을 실행에 옮기고 있는 산림경영 전문가들이 가장 먼저 반발할 것이다. 몸집이 큰 초식동물들의 개체수가 줄어들지 않는 한 생태학적인 산림경영은 불가능해지기 때문이다.

작은 면적 안에 고령의 나무와 어린나무가 공존하는 것, 일부 개체목에 한해 신중하게 벌목을 진행하고 즉각 어린나무들이 그 자리를 차지하는 것, 향토 나무들로 숲을 이루는 것, 살충제를 살포하지 않고 개벌을 허용하지 않는 것, 이것들을 전부 포기해야 하는가? 야생동물의 개체수가 줄어들지 않으면 나무가 피해를 본다. 지역에 따라 어린 너도밤나무나 참나무, 물푸레나무가 싹을 틔운 지 얼마 되지도 않아 초식동물들의 먹이로 전락해 버릴 수 있기 때문이다. 하지만 야생동물들의 개체수를 조절해야 하는 근본적인 원인 자체가 수렵에 있는 것은 아닐까? 수렵인들이 야생동물에게 먹이를 살포하기 때문에 야생동물이 늘어난 것은 아닌지를 한번 따져 보자는 것이다.

이에 대한 답은 수렵인에게 사살된 노루의 개체수에 있다. 본래 수렵인은 야생동물의 개체수를 줄이는 역할을 해야 한다. 모든 개체가 매년 번식한다는 점을 감안한다면 개체수를 줄이기 위해서는 태어나는 야생동물의 수보다 수렵으로 죽는 야생동물의 수가 많아야 한다. 내가 의구심을 제기하는 이유는 바로 그것이다.

내 관리구역에서는 1제곱킬로미터당 15~20마리의 노루가 죽임을 당한다. 이는 수렵장 대부분의 평균치를 웃도는 수준이다. 그런데도 숲의 식물들은 끊임없이 피해를 입고 있다. 많은 식물이 노루의 먹잇감이 되고 있는 상황은 그대로인 것이다. 이런 상황에서는 개체수가 줄어들지 않았다는 결론을 내릴 수밖에 없다.

암컷 노루는 매년 1~2마리의 새끼를 낳는다. 전체적으로 본다면 두 마리 중 한 마리는 임신을 하므로 노루의 재생산율은 50퍼센트가 넘는다고 볼 수 있다. 만일 사살당하는 노루가 1년에 20마리 이상이고, 여기에 자연사에 이르는 노루들이 더해지는데도 식물의 피해가 줄어들지 않았다면 1제곱킬로미터당 최소 40~50마리의 노루를 사살해야 한다는 결론이 나온다. 심지어 이것은 비옥하지 못한 아이펠 고원지대의 이야기다. 식물이 풍부하지 않아 초식동물의 먹이사슬이 빈약한 지역에서조차 상황이 그렇다는 소리다.

독일·오스트리아·스위스의 대부분 지역에서는 사살되는 야생동물이 이보다 적지만, 밀집도는 휨멜 지역과 크게 다르지 않을 것이다. 만일 태어나는 동물보다 수렵을 당하는 동물이 적다면 개체수는 폭발적으로 증가할 것이고 숲은 결국 야생동물들로 가득 찰 것이다. 하지만 그런 현상은 나타나지 않았으므로 야생동물 스스로 개체수를 조절했다는 결론을 내릴 수 있다. 다른 말로 하면 자연적으로 죽음에 이르는 동물보다 수렵으로 생을 마감하는 동물이 적다는 소리다. 이 같은 현상에 변화가 나타나지 않는다면 사실 수렵의 필요성은 사라진다. 오히려 반대로 수렵인들이 총을 내려놓으면 늑대와 스라소니가 빠르게 번식할 것이고, 이들의 등장은 숲의 개체수 조절에 긍정적인 효과가 나타날 테니 말이다.

그럼에도 사람들을 괴롭히는 야생동물들에게 위협을 가하기 위해 수렵이 필요하다는 주장은 계속 이어질 것이다. 이들은 외곽 지역에서 야생동물이 문제를 일으킨다면 사살해야 한다고 주장한다. 온건한 야생동물이라도 위험할 수 있다는 이유에서다. 그렇게 해야 야생동물들이 인간에 대한 두려움을 갖게 되고, 주거지에 접근하지 않을 것이라고 그들은 말한다. 하지만 그렇게 되면 '중부 유럽의 세렝게티'는 꿈도 꿀 수 없게 될 것이고, 야생동물을 관찰할 수 있는 기회는 갈수록 줄어들 것이다. 그리고 민가에 피해를 주는 야생동물에 대한 사살 여부는 우리의 결정에 달려 있다. 야생동물들이 야기한 피해와 관련해 우리가 어느 정도까지 관용을 베풀 수 있느냐에 따라 달라지는 문제이기 때문이다.

물론 이와 같은 혁신적인 변화가 이루어질 리는 없다. 하지만 전면적인 금지가 어렵다면 최소한 수렵의 전문화라도 추구해야 하는 것이 아닐까? 상상해 보라. 당신은 지금 어려운 수술을 앞두고 있다. 신장을 제거하는 수술인데, 이미 준비를 마치고 수술대 위에 누워 있다. 그런데 수술을 담당하는 의사의 얼굴이 낯익다. 자세히 보니 이웃집에 사는 남자다. 게다가 당신은 그가 자동차 회사를 운영하고 있다는 사실을 분명히 알고 있다.

"당신이 오늘 내 수술을 집도하는 건가요?"

남자가 대답한다.

"네. 걱정하지 마세요! 정육점에서 몇 주에 걸쳐 수술하는 법을 배웠는걸요. 게다가 진짜 의사의 어깨너머로 수술하는 장면도 봤고요."

이처럼 말도 안 되는 일이 지금 우리의 숲과 들판에서 일어나고 있다. 우리가 사는 지역에 총알과 산탄을 쏘아대는 수렵인들이 사실은 취미 활동가에 불과하기 때문이다. 수렵자격증을 취득해야 총을 들 수 있는 것은 맞다. 하지만 이 또한 3주간의 교육과정을 수료하는 것으로 충분하고, 한번 취득한 자격증은 평생 유효하다. 심지어 망루에 올라갈 힘조차 없는 노인들도 덜덜 떨리는 손가락으로 사슴이나 멧돼지를 향해 방아쇠를 당긴다. 수렵 때문에 치명적인 사고들이 잇따라 발생하는 것도 이상할 게 없다.

수렵협회가 주장하는 통계와 수렵을 반대하는 이들이 주장하는 통계, 또는 통계청이 공식적으로 발표하는 통계 중 어느 쪽을 믿느냐에 따라 조금씩 다르기는 하지만, 독일의 경우 수렵으로 빚어진 사고에 목숨을 잃는 사람이 1년에 8명이라고 한다.[23] 세상에서 가장 위험한 행위 중 하나, 즉 총을 겨누는 일이 세상에서 가장 밀집도가 높은 곳에서 문외한들의 손에 의해 이루어지고 있는 것이다. 관목 사이를 누비며 수렵을 하는 아마추어 수렵인이 독일, 오스트리아, 스위스에만 무려 50만 명이다. 이 방법밖에 없을까? 전문 수렵인들에게 이 일을 맡기는 방법은 없을까?

정말로 야생동물의 개체수 조절이 불가피하다거나 민가에 피해를 입히는 맹수들에 대한 조치가 필요하다면, 이 잔인한 무기가 최소한 전문 수렵인들의 손에 쥐어져야 한다고 생각한다. 다만 전문 수렵인들에게는 수렵 사업을 단속하고 아마추어 수렵인을 통제할 수 있는 권한이 주어져야 한다. 이와 같은 사업을 국가 차원에서 추진한다면 케케묵은 폐단들도 사라지지 않을까? 야생동물에게 먹이를 살포하는 것, 뇌물을 주는 것, 모욕감을 주는 것, 이 모든 것이 아마추어 수렵인들과 함께 사라지는 것이다.

1848년에 도입되었던 지역민 수렵을 부활시키는 것 또한 하나의 대안이 될 수 있을 것이다. 휨멜의 경우, 이미 일부 수렵구역에서 시도하고 있다. 기존 수렵인들과의 계약을 연장하는 대신 지역 주민들에게 수렵의 권리를 주는 것이다. 하지만 많은 사람이 이렇게 묻는다.

"와일드 웨스트*를 부활시키자는 건가요?"

이 질문을 들을 때마다 나는 놀라움을 감출 수가 없다. 온갖 불법으로 얼룩진 현재의 수렵 방식을 전통이라고 인식하는 사람들이 그만큼 많다는 뜻이기 때문이다. 우리는 와일드 웨스트와 달리 합법적인 규정들을 준수하기 위해 노력하고 있다. 그뿐만 아니라 이웃 지역에서 수렵인들이 주는 먹이를 먹고 자란 노루와 사슴, 멧돼지 들을 당국의 허가에 따라 수렵해 개체수를 조절하고 있다.

우리의 목표는 야생의 나무들이 피해 없이 자랄 수 있는 환경을 조성하는 것이다. 그리고 실제로 이 나무들은 지난 10년간 눈에 띄는 성장을 보여 주었다! 어미나무 밑에서 아무런 손상도 입지 않은 채 건강하게 자라고 있는 어린 너도밤나무들을 볼 때마다 나는 큰 기쁨을 느낀다. 이따금은 그사이에서 생존이 매우 위태로워 보이는 전나무를 발견할 때도 있다. 야생동물의 개체수가 납득할 만한 수준으로 유지되고 있다는 증거다.

수렵 또한 엄격하게 단속하고 있다. 수렵자격증을 가진 지역 주민이라면 누구든 무료로 수렵을 즐길 수 있다. 공공 소유의 숲이니 당연한 권리다. 수렵을 원하는 사람은 직원에게 연락해 어떤 망루를 사용하고 싶은지, 언제 수렵을 할지 신고하기만 하면 된다. 물론 여기에는 엄격한 행동지침이 뒤따른다. 무엇보다 시야 안에 산책객이 있을 때는 총을 꺼낼 수 없도록 규제하고 있다. 많은 산책객이 자유롭게 거닐 수 있어야 하기 때문이다. 지역민 수렵의 장점은 또 있다. 숲이 울창

* 카우보이와 총잡이, 무법자 등으로 상징되는 19세기 미국의 서부개척시대.

해지는 것은 물론이고, 숲을 사랑하는 사람이 많아진다는 것이다. 수렵을 하는 지역민들은 결과적으로 야생동물 개체수의 문제를 인식하므로 자연히 공유림을 지키는 데에도 관심을 보인다.

하지만 모두가 이러한 변화를 반기지는 않는다. 오래전 방식을 고집하는 이웃 지역의 수렵인들이라면 더욱 그렇다. 아니나 다를까 지역민 수렵 사업을 시작하자마자 나는 거센 항의를 받았다. 특히 노르트라인베스트팔렌주에 사는 한 수렵인이 크게 분노하며 이의를 제기했다. 우리 숲의 경계 지역이다 보니 우리 사업의 직접적인 영향권에서 벗어날 수 없어 더욱 그랬을 것이다. 만일 그 지역의 야생동물들이 개체수 조절을 위해 수렵을 하는 우리 구역으로 넘어온다면 정말 곤란한 상황이 발생할 것이다. 3년을 정성스럽게 키워 비로소 화려한 가지뿔을 자랑하게 된 노루가 우리 지역을 찾았다가 죽음을 맞이한다면? 절대 있어서는 안 될 일이다!

그 수렵인은 나를 저지하기 위해 온갖 방법을 동원했다. 얼마 안 가 그가 주 의회 의원 자격으로 라인란트팔츠주 환경청에 항의를 제기했다는 사실을 알게 되었다. 당시만 해도 나는 공무원 신분이었고 환경청은 나를 고용한 상위기관이었으므로 하마터면 이 모든 것이 실패로 돌아갈 수 있는 위기가 닥쳤다. 그 수렵인이 노린 것은 바로 그것이었다. 그러나 나는 루돌프 피텐 시장과 함께 이 변화를 위해 철저하게 준비를 마친 상태였고, 우리가 법과 윤리에 어긋남 없이 이 사업을 추진 중이라고 확신하고 있었다. 곧 라인란트팔츠주의 주도인 마인츠에서 지시가 내려왔다. 동요하지 말고 하던 사업을 계속 진행하라는 내용이었다. 물론 익명의 협박편지 같은 좋지 않은 공격은 이어졌다.

늦은 저녁 어두운 숲 주변의 관사를 지키고 있는 나에게 좋지 않은 일이 일어나기를 바라는 사람이 있다는 것이 썩 기분 좋은 일은 아니다. 이 모든 사실을 알고 있는 나로서는 물론 힘든 시간이었다. 하지만 그 또한 지나갔다. 그리고 최근에는 수렵협회도 휨멜 지역의 이 특별한 사업을 마지못해 받아들였다.

7

'보호'라는 이름 아래

엄격하게 말하자면 이는 자연보호가 아니라
일종의 경관 원예 활동이다.
자연보호 지구가 아니라 보기 좋게
정돈해 놓은 공원이라는 이야기다.

매일같이 끔찍한 소식들이 들려온다. 작열하는 태양 아래 열대우림이 마치 빙하가 녹듯 녹아내리고, 불법적인 벌목이 이루어지고, 화마가 숲을 집어삼키고, 희귀종들이 사라지고 있다. 지금 전 세계에서 일어나고 있는 현상이다. 우리가 사는 곳으로 눈을 돌려 보자. 자연 유산을 보호하는 일, 우리 땅의 생태계를 지키는 일은 과연 제대로 이루어지고 있을까? 다른 나라의 자연 유산을 위해 목소리를 높이는 것만큼, 우리의 자연을 위해서도 움직이고 있는지 생각해 볼 일이다.

실제로 독일은 20세기 산림경영과 관련해 크게 자만하고 있다. 지속 가능한 숲 경영은 우리가 도입한 개념이지 않은가! 자연보호는 지속 가능한 경영에 저절로 따라오는 결과다! 이제는 그 누구도 입 밖에 내지 않는 단어지만, 소위 흔적이론wake theory라는 것이 임업에서는 여전히 유효하다. 여기에서 말하는 흔적이론이란 배가 물살을 가르며 지나간 자리에 파도가 일 듯 산림경영을 제대로 함으로써 숲의 모든 기능이 저절로 활성화되도록 하고, 나아가 환경보호에 이바지한다는 개념이다. 한마디로 현실에서는 실현 불가능한 현대판 동화인 셈이다.

국민들은 오랫동안 산림청의 이 주장을 믿어 왔다. 하지만 침엽수로만 구성된 단순림, 살충제 사용, 대형 장비의 투입 등이 결코 생태계에 좋은 영향을 끼칠 수 없다는 사실을 이제는 모두가 안다. 더 이상 그 같은 무자비한 산림경영을 숨길 수 없게 되었다는 뜻이다. 산림경영이 지나간 자리에 저절로 자연보호라는 파도가 일 것이라는 믿음은 착각이다. 환경단체와 시민단체 들이 지난 몇 년간 더욱 신중한 산림경영을 촉구하며 목소리를 높인 이유가 여기에 있다.

목표는 분명 우리의 인공림을 자연 상태에 최대한 가깝게 변화시키는 것이다. 하지만 문제는 어느 방향으로 가야 이 목표에 도달할 수 있는지 제대로 아는 사람이 없는 듯하다는 데 있다. 게다가 결정적으로 중부 유럽에는 아주 작은 면적의 원시림조차 남아 있지 않다.

진정으로 보호할 가치가 있는 것은 무엇인가?

보호할 만한 가치가 있다는 것, 환경을 보호한다는 것은 정확하게 어떤 의미일까? 이는 흥미로운 동시에 매우 중요한 질문이다. 중부 유럽에서는 인간의 손이 닿지 않은 생태계와 더불어 보호할 가치가 있다고 여기는 것이 하나 더 있다. 종 다양성이 높은 조림지다. 여기에서 핵심은 중부 유럽의 향토 수종인지 여부가 아니다. 예를 들어 황새, 유럽햄스터, 숲종다리 등은 원래 이곳에 살던 것이 아니라 인간이 중부 유럽에 널리 퍼트린 종들이다. 만일 이들까지 보호해야 한다고 주장한다면 우리가 보호해야 할 대상은 어디에서 어디까지일까? 방사된 너구리는 어떤가? 이 너구리가 주거지를 휘젓고 다니며 못된 장난을 친다면 어떻게 해야 할까? 환경보호의 논리대로 숲과 들에 사는 생명은 모두 그 자체로 보호의 대상이 되어야 할까?

그 기준이 얼마나 불분명한지를 분명하게 보여 주는 사례가 있다. 자연과 환경을 보호하기 위해 무급으로 노동을 하는 자원봉사자들의 활동에는 조랑말 코닉이나 야생소 같은 가축들을 자연보호 구역으로 방사하는 작업이 포함되어 있다. 지금은 멸종한 유럽의 야생마 타르판과 오록스처럼 방목을 하기 위해서다. 이들을 방사한다면 목가적인 풍경을 자아낼 수는 있다. 하지만 엄밀히 따지자면 이는 목축업의 연장선에 불과하다. 가축 또한 보호의 대상이 된다면 가축 중에서도 희귀종은 보호되어야 할 것이다. 아니, 아예 가축 전체를 보호해야 하는 것 아닌가?

이 논리의 끝에는 결국 인간은 자연의 일부이며, 인간이 사는 곳은 보호의 대상으로 분류해야 한다는 결론이 나온다. 그렇다면 보호의 대상과 보호의 대상이 아닌 것 사이의 어디쯤에 기준선을 그어야 하는 것일까? 경계의 기준이 명확하지 않다면 종 다양성을 유지하기 위한 노력이 무의미하지 않겠는가?

이는 내게 매우 중요한 질문이다. 우리가 보편적으로 사용하는 자연보호라는 개념 때문에 정작 진짜 자연, 인간의 손이 닿지 않은 자연의 보호가 등한시되고 있다고 생각한다. 나는 종 다양성보다 원시 상태의 다양한 서식지를 보호하는 일이 훨씬 더 중요하다고 본다. 본래 남동유라시아 지역의 초원에서 살던 원시림의 동물종들에 비해, 도시에서 인간과 공존하며 살아온 시난트로프*들의 상황은 그리 위태롭지 않기 때문이다.

나는 인위경관에 반대되는 환경만이 진정한 자연경관으로 분류될 수 있다고 생각한다. 이렇게 본다면 우리가 사는 곳의 자연경관은 수역水域, 늪지대, 고산지대, 인간의 손이 닿지 않은 원시림이 전부일 것이다. 여기에서 자연이라는 개념을 다르게 해석하면 문제가 발생한다. 브라질의 경우를 보자. 과거 열대우림이던 곳이 현재는 전혀 다른 종들이 서식하는 초지로 뒤바뀌어 버렸다. 지역적인 측면에서 보면 종 다양성이 증가했다. 하지만 아무도 이 초지를 보호해야 한다고 이야기하지 않는다. 브라질 사람들이 이 초지를 보호하며 이를 환경보호라고 묘사한다면 어떻게 될까? 유럽인 대부분은 그저 고개만 절레절레 젓고 말 것이다.

지금까지 자연보호라는 개념이 어떻게 인식되고 사용되어 왔는지를 생각해 보면, 사실 뤼네부르거하이데가 독일의 대표적인 자연보호지구로 손꼽히는 것은 그리 놀랍지 않다. 향나무 관목들로 둘러싸인 목가적 풍경, 폭신폭신한 방석처럼 대지를 뒤덮고 있는 히스, 양떼를 지키는 외로운 양치기. 사람의 손이 닿지 않은 자연을 상징하는 것 중에

* 인간의 문명에 적응해 인류와 함께 살아가는 동물을 가리키는 생태학적 용어. 까치, 참새, 비둘기, 쥐, 제비, 직박구리 등이 이에 해당한다. 인간 가까이에서 생활하지만 야생성을 잃지 않는다.

이보다 더 아름다운 장면이 있을까? 뤼네부르거하이데는 1921년 독일에서 최초로 자연보호 지구로 지정된 지역 가운데 하나로, 환경보호를 이야기할 때 대표적인 척도로 여겨지는 곳이다.

중부 유럽의 메마른 땅들이 그랬듯 뤼네부르거하이데는 무척 오래된 활엽수림이었다. 하지만 수천 년 전 선조들이 농사를 짓기 위해 나무를 베어 내기 시작하면서 상황은 변했다. 너도밤나무와 참나무들도 포기하지 않고 버텼다. 그러나 1천 년 전쯤 인간의 승리로 이 싸움은 끝이 났다. 농업에서 얻는 기쁨은 그리 오래가지 못했다. 인공비료가 없었던 탓에 땅은 빠르게 척박해져 갔고, 이내 곡식을 수확하기에 적합하지 못한 상태로 바뀌어 버렸기 때문이다. 히스로 뒤덮인 황무지일 뿐이었다. 양을 위한 목초지로 쓰는 것 외에는 딱히 이용할 데가 없는 땅이 만들어진 것이다. 하지만 이것마저 몽땅 가져갔다. 축사 바닥을 덮는 데 부족한 짚을 대신해 히스를 사용한 것이다. 이렇게 영양분과 부식토를 모두 빼앗긴 땅은 끝내 쓸모를 잃었고, 그 결과로 만들어진 거칠고 황량한 풍경은 오랫동안 곤궁함의 상징으로 여겨졌다. 산업화 이전 시대만큼 환경 파괴가 심각했던 적은 없다.

20세기에 들어서며 사람들의 인식이 변화했다. 과밀 지역에 사는 사람들에게 황무지가 낭만적인 자연의 풍광으로 여겨지기 시작한 것이다. 여기에 뤼네부르거하이데를 배경으로 한 산림경영 전문가와 밀렵꾼, 대농장주의 갈등을 그린 영화 〈황무지는 푸르고Grün ist die Heide〉까지 등장하면서 치유의 세상에 대한 도시인의 갈망은 절정에 이르렀다.

그렇다면 자연은 이 작은 황무지를 어떻게 하려고 했을까? 자연은 이곳에 다시 숲이 만들어지기를 기다렸다. 중부 유럽 대부분의 생태계가 이 같은 방식으로 발전했다. 가장 먼저 자리를 잡은 것은 나무다. 나무는 자리 잡고 나면 이내 씨앗으로 먼 거리를 이동해 번식을 시작한다. 그렇게 자작나무와 버드나무, 포플러가 황무지를 정복한다. 하나같이 햇빛을 꽤 헤프게 쓰는 수종이다. 수관이 듬성듬성하고 빈틈이 많기 때문이다. 그러다 보니 몇십 년이 흐르면 이들의 수관 아래 참나무와 너도밤나무가 자리한다. 아니, '자리했을 것이다'라는 표현이 정확할지도 모르겠다. 황무지의 보존 가치를 매우 높이 평가한 환경보호가들이 황무지를 지키기 위해 모든 수단과 방법을 동원한 탓에 자연적인 숲의 형성은 실패로 돌아갔기 때문이다.

환경보호가들은 뤼네부르거하이데만이 아니라 모든 황무지를 지키기 위해 갖은 노력을 기울였다. 이들이 어린나무들을 물리치기 위해 선택한 가장 무해한 방법은 바로 양을 기르는 것이었다. 배고픈 양들은 숲에 사는 노루나 사슴처럼 어린나무들을 좋아하기 때문이다. 이제 겨우 한 살밖에 되지 않는 자작나무와 버드나무는 그렇게 생을 마감했다. 문제는 날씨였다. 궂은 날씨에까지 양떼를 황무지에 풀어놓으려는 양치기가 없었던 것이다. 웃돈을 두둑히 챙겨 준다 해도 소용없었다. 게다가 얼마 되지 않는 양으로는 자연스럽게 숲을 형성하려는 자연의 속도를 따라갈 수가 없었다. 그래서 사람들은 더 강력한 대책을 마련했다.

어린나무들은 소방대의 등장으로 마지막 시간을 맞이했다. 불을 끄는 것이 아니라 그와 정반대되는 일, 즉 분사기에 연료를 채워 황무지에 불을 붙이기 시작했다. 불꽃 하나가 튀어오르자 순식간에 모든 식물이 화마에 휩싸였다. 이제 막 싹을 틔운 숲이 한순간에 연기와 재로 변해 버린 것이다. 제3세계에서는 화전이라고 부르는 이 행위를 우리는 자연보호라는 명목으로 일삼았다.

그렇게까지 했는데도 자연이 포기하지 않고 제 방향대로 나아가려고 할 때가 있다. 황무지를 보존하려면 나무는 물론이고 토양의 회복도 신경 써서 막아야 한다. 개벌이 끝나고 나면 땅은 식물들의 성장을 돕는 부식토를 형성한다. 이렇게 되면 히스는 살아남지 못하고 경쟁식물인 풀과 관목 사이에서 익사당한다. 그렇다면 당장 땅의 회복을 멈춰야 한다. 이번에는 불도저가 등장한다. 가장 위에 만들어진 토양층을 불도저로 밀어 제거하는 것이다. 다시 헐벗은 땅이 모습을 드러낸다. 자연적인 숲의 형성을 가로막고 황무지에 유리한 환경을 조성해 준 것이다.

황무지를 포도밭이나 목초지, 과수원으로 바꾸어 생각해 보자. 이들의 공통점은 숲의 자연스러운 회복을 인간이 가로막는 데 있을 것이다. 내가 이것들 모두에 반대하는 것은 아니다. 오래된 문화는 분명 보존할 가치가 있다. 예컨대 데트몰트Detmold에 있는 야외 민속 박물관의 전통 가옥들이 그렇다. 전통을 되살리는 것, 물론 나도 낭만적이라고 생각한다. 다만 내가 불편하게 느끼는 것은 고개를 갸우뚱하게 만드는 자연 혹은 자연보호라는 개념의 사용 방식이다. 만일 뤼네부르거하이데가 문화보호 지구로 지정된다면 그곳을 방문하는 모든 사람은 이 땅이 과거 인간이 활용하던 모습대로 재현되었다는 사실을 알게 될 것이다. 동시에 또 한 가지 사실을 알게 될 것이다. 인간이 아무런 간섭 없이 내버려 두는 땅이 얼마나 적은지를 말이다.

노력에 의문을 제기하다

참으로 모순이 아닐 수 없다. 지난 수천 년간 선조들은 인간을 위협하지 않도록 자연을 길들여 온 덕분에 우리는 자연의 좋은 것들을 누리게 되었다. 마침내 그때가 된 것이다. 가축을 노리던 맹수들은 자취를 감췄고 야생의 숲에서는 나무가 사라졌으며 모두 경작지와 목초지, 목재 생산지로 재탄생했다. 그렇다면 이곳이 낙원일까? 최소한 우리 선조들이 원하던 낙원의 모습은 그런 것 같다.

하지만 현실은 어떠한가. 야생이 사라지면서 우리 삶의 터전의 영혼도 사라져 버렸다. 그리고 지금 우리는 가슴이 미어지도록 이 야생을 그리워한다. 다시 말해 역사의 바퀴를 거꾸로 돌려야 하는 상황에 이른 것이다. 그러면서도 우리는 지나치게 먼 과거로 돌아가는 것은 곤란하다고 생각한다. 현재의 인위경관에서 만족을 느끼기 때문이다. 마치 동전의 양면처럼 모순된 인간의 태도가 가장 적나라하게 드러나는 곳이 자연보호 지구다. 공식적인 자연보호 지구로 지정되었으나, 지난 100년 간 원시 상태의 자연을 회복하지 못하고 있기에 그렇다. 아니, 어쩌면 회복이 되어서는 안 되는 곳인지도 모르겠다. 모든 자연보호 지구에는 인간이 연출하고 싶은 장면에 따라 저마다의 조림 계획을 세워 두었기 때문이다.

이 같은 자연 설계사 놀이로 가장 큰 고통을 받는 것이 하천이다. 눈부신 색을 자랑하며 펼쳐진 꽃들 사이로 시냇물이 졸졸 흘러가는 낭만적인 풍경은 산책객들에게 단연 인기 만점이다. 여기에 다채로운 색과 무늬를 뽐내며 숲을 누비는 나비들까지 더해진다면 감동은 절정에 이르리라. 그러나 문제는 이것이 산책객들만을 위한 행복이라는 점이다. 누구 하나 관심을 갖지 않는 수면 아래에서는 수중생물들이 고통에 신음하고 있다.

본래 하천 주변에는 자연스럽게 활엽수림이 형성된다. 단 이 경우에는 예외적으로 너도밤나무가 선두에 서지 않고 오리나무, 구주물푸레나무, 참나무, 포플러가 숲을 지배한다. 이들은 수온을 조절하는 데 매우 중요한 역할을 한다. 봉오리가 터지기 전인 3월에는 햇볕이 수면 위로 내리쬐며 하천의 온도를 높인다. 도롱뇽 유충과 민물새우, 물고기 들은 즉각 반응한다. 이 온도에 체온을 맞추는 것이다. 오리나무와 포플러가 새순을 틔우는 5월이 되면 상황이 달라진다. 숲이 어두워지면서 더위가 크게 영향을 주지 못해 수온은 쾌적하게 유지된다. 가을이 되고 나뭇잎이 떨어지면 충분한 온기가 수면에 전해지면서 수중생물들의 움직임에 생기를 불어넣는다. 그야말로 완벽한 콤비 플레이라 할 수 있다. 이것을 탐탁지 않게 여기는 존재는 딱 하나 인간뿐이다. 그래서 하천은 자연보호 지구에서조차 보호받지 못한다. 햇빛을 받으며 산책하는 것을 좋아하는 인간의 취향을 고려해서다.

하천 주변으로 몇 그루 되지 않는 나무들이 열을 맞추어 서 있는 경우가 많은 것은 이 때문이다. 햇볕은 쬐고 싶지만 시각적으로라도 자연스러운 풍경을 연출하고 싶은 인간의 작품이다. 그러면서 희귀 조류를 보호하기 위한 것이라고 변명한다.[24] 들에 의존하며 살게 된 새들을 보호한다고? 이 희귀종들은 대부분 문화친화적인 성향을 가지고 있다. 수천 년에 걸쳐 인간과 인간의 경작지에 적응해 왔기 때문이다. 그런데 이런 예들이 자연보호의 알리바이로 이용된다. 원래 자연이 가진 습성을 제외한 모든 것을 보호하는 이상한 '자연보호'의 명분으로 말이다.

엄격하게 말하자면 이는 자연보호가 아니라 일종의 경관 원예 활동이다. 자연보호 지구가 아니라 보기 좋게 정돈해 놓은 공원이라는 이야기다. 하지만 앞의 뤼네부르거하이데 사례에서 살펴봤듯이 자연보호 지구 조성은 매우 소모적인 데다 비용이 만만치 않게 들어 퍽 어려운 사업이다. 그래서 이와 유사하게 만들어 놓은 곳이 바로 '경관보호 구역'이다. 자연보호 지구에 비해 이용에 대한 제한은 크지 않지만, 본래의 생태적·시각적 특성을 보존해야 하는 구역을 일컫는다.

독일 면적의 약 3분의 1이 어느새 경관보호 구역으로 뒤덮인 것을 보면 이 경관보호 구역 사업이 꽤나 인기였던 모양이다. 하지만 이곳의 경관과 자연의 특성이 실제로 보존되고 있는지는 따져 봐야 할 문제다. 유감스럽게도 그렇지 않은 것 같기 때문이다. 의미를 상실한 모든 것이 그렇듯 경관보호 구역 운영이 가져오는 효과는 보잘것없다. 구역 내 공사가 예정되거나 외부의 개입이 있을 때 조금 더 엄격하게 검토하는 정도에 그칠 따름이다. 개벌이 진행되거나 하천이 파괴되면 다른 곳에 나무를 심고 제방 시설을 복원하는 식이다. 이런 식으로 운영하는 한 경관보호 구역을 지정하는 것은 공무원과 정원사의 일자리를 창출하기 위한 대책 이상도 이하도 아닌 것이 되고 만다. 그런데도 경관보호 구역의 설치와 공사는 어느 정도 추가 비용만 감당한다면 진행될 수 있다.

또 다른 형태의 보호 지구 카테고리는 바로 조류보호 구역이다. 유럽연합은 최근 희귀종의 번식을 위해 '나투라 2000'이라는 이름의 생태보호 구역을 지정했다. 여기에 따르면 모든 유럽연합 가입국은 '나투라 2000'의 보호를 받는다. 물론 우리 숲에도 '나투라 2000'으로 지정된 구역이 있다. 우리 숲의 305제곱킬로미터가 조류보호 구역으로 지정된 아르산에 걸쳐 있어서다. 대부분은 숲이지만 얼마 되지 않는 들판도 여기에 포함된다.

조류보호 구역에서는 까막딱따구리, 먹황새, 분홍가슴비둘기 등의 희귀 조류를 보호해야 한다. 조류보호 구역으로 지정된 후 나는 어떤 내용이 담겼을지 기대하는 마음으로 관리지침이 내려오기를 기다렸다. 실제로 임업을 통해 효율적으로 새들을 보호할 수 있는 몇 가지 방법이 있다. 예컨대 새들의 부화기에 벌목을 금지하는 것이 한 가지 방법이다. 촘촘한 수관 사이로 새 둥지가 있는지 확인하는 일이 쉽지 않아 벌목으로 새들이 둥지를 잃는 사고가 종종 발생하기 때문이다. 그래서 나는 매년 이때를 피하기 위해 노력한다.

그러려면 늦어도 3월 중에는 벌목과 목재 판매가 전부 완료되어야 한다. 하지만 문제는 그렇게 못할 때가 많다는 것이다. 최근 들어 제재소와 제지 공장의 창고 운영 방식에 변화가 생긴 탓이다. 과거에는 수확한 목재를 다섯 달 동안 창고에 보관해 두었다면 이제 그 기간이 몇 주로 줄었다. 창고의 사용기간이 두 달로 줄어들면 저장에 필요한 예산은 60퍼센트까지 내려간다. 다시 말해 신선한 목재만 취급하겠다는 것인데 그렇게 되면 산림경영업체로서는 주문이 들어오는 즉시 벌목하는 것 외에는 방법이 없다. 나무들이 서 있는 숲이 제재소가 된 셈이다. 경영학자들은 이를 '적시생산 방식'이라고 한다. 필요할 때 즉각 조달하는 것, 그러니까 수요에 따라 공급을 정하는 것은 지극히 합리적이고 이성적인 경영방식이다. 안타깝게도 나무의 특성에는 맞지 않지만 말이다.

예전에는 겨울에만 나무를 베어 냈다. 나무가 휴식기에 접어드는 시기라 줄기가 비교적 건조하기 때문이다. 추위에 얼어붙은 숲길은 잘 닦아 놓은 도로가 되어 큰 피해 없이 목재를 운송할 수 있게 도와준다. 자연도 휴식기를 갖는다. 그래서 예민한 동식물들을 방해하지 않고 작업을 할 수 있는 것이다.

요즘은 다르다. 1년 내내 벌목이 이루어진다. 수액을 가득 머금고 있는 여름의 눅눅한 나무들도 벌목을 한다. 그 상태 그대로 제재소로 옮겨 엄청난 에너지를 쏟아부어 가며 목재를 건조시킨다. 목재의 품질을 높여야 하니 어쩔 수 없다. 오늘날의 숲에는 숨쉴 틈이 없다. 생명들이 약동하는 더운 계절에도 기계톱은 날카로운 소음을 내고 하베스터는 큰 소리로 울부짖는다. 중장비를 투입해 본전을 뽑으려면 밤에도 조명등으로 무장을 하고 일해야 한다. 인간을 위해서든 동물을 위해서든 평온 따위는 결코 허락되지 않는다.

최대한 자연에 피해를 끼치지 않는 방식으로 숲을 운영하려 노력하고는 있지만, 나 역시 산업적인 필요를 아예 등한시할 수는 없다. 그래서 여름에도 목재를 조달한다. 그러지 않으면 재정적인 문제로 숲의 경영이 어려워질 뿐 아니라 목재 조달을 거부했다는 이유로 즉시 공급처 목록에서 제외된다.

지금껏 이런 문제들에 시달려 온 우리 숲이 몇 년 전 조류보호 구역으로 지정되었으니 나로서는 얼마나 반가웠겠는가! 이로써 국가가 정해 놓은 기본 조건에 변화가 생겼다. 내가 독일이라는 국가의 운영

체계를 사랑하는 이유가 바로 그것이다. 경제가 무언가를 간과한 채 달려가고 있다면 국가와 국민이 나서서 게임의 규칙을 바로잡아야 한다. 여기에서 게임의 규칙이란 무엇을 의미할까? 보호 지구의 경우에는 어떤 방식으로 대상을 보호할지에 대한 규정을 이야기할 것이다.

문제는 대부분의 조류보호 구역에 이 같은 규정이 없었다는 것이다. 안타깝지만 내가 관리하는 구역도 그랬다. 먹황새 등을 보호하려면 가장 먼저 여름에 이루어지는 벌목을 금지해야 한다. 그러나 이미 설명했듯 이는 경제적인 이유로 불가능하다. 따라서 이 방법이 효력을 발휘하려면 반드시 조류보호 구역과 관련한 규정에 이 내용이 명시되어 있어야 한다. 이렇게 하면 관리하기 쉬워진다. 무더운 여름, 기계톱의 소음이나 하베스터의 진동이 숲 전체와 평지로 퍼져 나간다면 해당 구역의 산림경영 전문가가 규정을 위반하고 있다는 사실이 즉각 드러날 것이기 때문이다.

왜 꼭 국가 차원의 규제여야 하느냐고 반문하는 사람이 있겠지만, 그래야만 개인의 불이익 없이 모두에게 평등하게 적용될 수 있다는 것이 내 생각이다. 물론 이것이 실현될 수 있으리라고는 생각하지 않는다. 대신 수관에 둥지가 있는 나무는 벌목 금지라는 애매모호한 규정이 새들의 생사를 결정할 것이다. 생각해 보자. 숲에 둥지가 있었는지 없었는지를 대체 누가 감시할 수 있단 말인가? 나무는 한번 베어지고 나면 끝이다. 뒤엉킨 가지들 사이에서는 법 위반 여부를 확인할 수도 베어진 것을 돌이킬 수도 없다. 1년에 약 2만 그루의 나무들이 벌목 대상이 되고 있다는 점을 감안한다면, 1만 명 단위의 회원을 보유하고 있는 자연보호단체라 할지라도 현장에서 규정 준수 여부를 감시할 자원봉사자들을 공급할 여력은 없을 것이다. 하지만 개의치 않는다. 믿고 맡길 수 있는 우리 산림경영 전문가들이 깃털 달린 희귀 친구들의 안녕을 지켜 주고 있을 것이라고 생각하기 때문이다.

웃지 못할 사례를 하나 소개하겠다. 때는 1990년대 말이었다. 내 구역에서 처음으로 먹황새를 발견하고 얼마나 흥분했었는지 모른다. 조용한 숲과 깨끗한 물을 필요로 하는 먹황새야말로 훼손되지 않은 원시 상태의 생태계를 상징하는 동물이기 때문이다. 산림청은 즉각 반응했다. 인간을 두려워하던 먹황새가 돌아오게 하는 것이 이 공유림의 목표였다며, 이를 성공적인 생태학적 경영 방식이 성공했다는 증거로 삼은 것이다.

한동안은 나 역시 그렇게 생각했다. 하지만 한 이론을 통해 착각에 불과했음을 깨달았다. 그 이론에 따르면 먹황새가 돌아온 이유는 원래 서식하던 발트삼국의 변화에 있었다. 철의 장막이 무너지고 경제가 호황을 이루면서 숲의 간벌이 집중적으로 이루어지고, 숲은 자연히 생태학적 가치를 잃고 있었던 것이다. 일리 있는 지적이었다. 그사이 산림경영 방식이 개선되기보다는 악화되고 있던 점을 감안하면, 먹황새의 귀환을 우리 생태계의 회복에 대한 증거라고 보기에는 다소 무리가 있었다. 먹황새의 입장에서는 페스트와 콜레라 사이에서 갈등했을 것이고, 그러다 그중 일부가 유럽의 인공조림지를 택한 것에 불과했으리라. 아마도 이곳이 조금이나마 더 한가롭기에 내린 선택이었을 것이다. 하지만 이와 같은 상황이 얼마나 지속될지는 먹황새가 곧 자신의 거취를 통해 보여 줄 것이다.

방해받기 싫어하는 희귀종들이 우리 곁에 오래 머물기를 바라는

가? 그렇다면 먼저 진정한 의미의 보호 지구가 만들어져야 할 것이다. 여기에서 말하는 진정한 보호 지구란 인간이 전혀 개입하지 않으면서도 충분한 규모를 지니고 있는 곳을 의미한다.

보호 지구의 규모

중부 유럽은 현재 모든 비율이 깨져 있는 상태다. 본디 석기시대의 우리 선조들은 1인당 몇 제곱킬로미터에 달하는 여유로운 공간에서 살았다. 열매를 모으고 동물을 사냥하고 오두막을 짓고 불을 피우는 것은 자연의 일부를 필요로 하는 생활양식이었다. 풍요로운 자연의 저장고가 고갈되어서는 안 되기 때문에 숲에서 살아가는 사람들의 수에는 제한이 있었다.

반면 오늘날에는 1제곱킬로미터를 공유하는 인구만 무려 수백 명에 달한다. 1제곱킬로미터라는 면적 안에 주거지부터 공장, 도로, 경작지, 숲까지 전부 갖춰져 있어야 하는 것이다. 하지만 여기에 익숙한 우리는 그리 불편을 느끼지 않는다. 내가 사는 휨멜 지역은 면적 1제곱킬로미터당 인구가 30명인데, 이 정도만 되어도 매우 한적한 곳에 살고 있다는 느낌을 받는다. 그리고 유감스럽게도 우리 인간은 바로 이와 같은 기준에 맞춰 보호 지구의 규모를 정한다.

독일에서 가장 큰 국립공원으로는 약 250제곱킬로미터의 면적을 자랑하는 바이에리셔발트Bayerische Wald를 꼽을 수 있다. 인간의 기준으로 보자면 엄청난 규모다. 하지만 동물들의 기준에도 그럴까? 그렇지 않다. 규모에 대한 동물들의 기준은 석기시대와 동일하기 때문이다. 한 서식지 내의 야생동물 개체수는 서식환경에 따라 달라진다. 먹이가 많을 때도 적을 때도 있어 불과 몇 달, 몇 년 사이에도 큰 변동이 생기는 것이다. 안정적인 생존을 위해 서식지의 규모가 중요한 것은 바로 이런 이유에서다. 이를 개체별로 설명해 보면, 딱따구리 한 마리가 생존에 필요로 하는 공간은 0.1~1제곱킬로미터다. 반면 먹황새는 더욱 넓은 공간을 필요로 한다. 상대적으로 작은 몸집을 가진 살쾡이는 주로 쥐를 잡아먹으며 살아가는데, 이런 생존 방식에 필요한 면적은 한 마리당 3~7제곱킬로미터 정도다. 반면 스라소니의 경우에는 50제곱킬로미터 이상이어야 하고, 이리는 200제곱킬로미터 이하의 면적에서는 살지 못한다.

모든 동물이 동종번식을 피하고 생존에 안정적인 개체수를 유지하려면 최소한 수백 마리의 개체가 한 서식지를 공유해야 한다. 종에 따라 서식지의 경계선이 중복되어 상대적으로 밀집도가 높은 경우가 있기는 하나, 대략적인 수치를 계산하려면 면적의 크기에 100을 곱해야 한다. 사실 스라소니 무리의 귀환을 원한다면 최소 5천 제곱킬로미터 이상의 서식지를 제공할 수 있어야 하는 것이다. 이제는 그렇게 크다고 느껴지던 바이에리셔발트마저 동물종을 보호하는 데에는 턱없이 부족하다는 사실을 이해할 것이다. 심지어 1,815제곱킬로미터의 면적으로 알프스에서 가장 큰 규모를 자랑하는 오스트리아 호에타우에른 국립공원조차 스라소니가 살기에는 터무니없이 좁다.

바로 여기에서 드러나는 문제점이 하나 있다. 일정 수준 이상의 규모를 가진 땅을 보호 지구로 지정하는 일이 쉽지 않다는 것이다. 경작지로 사용하기에 적합하지 않은 곳만 보호 지구로 내주려는 인간의 욕심 때문이다. 가파른 언덕이나 자갈로 뒤덮인 고원지대라면 얼마든지 인심 좋게 자연에 내줄 수 있다. 안타까운 것은 인간이 사용할 수 없는 땅은 동물들에게도 쓸모없다는 점이다. 아무것도 자라지 않고 여름이 찾아와도 얼음장 같은 추위가 계속되며 기나긴 겨울이 이어지는 서식지에서는 스라소니도 먹을 것을 찾을 수가 없다.

식물도, 그 식물을 먹고사는 동물도 하나같이 따뜻한 지대를 선호한다. 이들이 골짜기 인근에 서식하는 이유가 거기에 있다. 하지만 이곳에도 이미 농사를 짓는 인간들이 영역 표시를 해놓았다. 지금 우리에게 정말로 필요한 것은 중간 산악지대나 평지에 위치한 큰 규모의 자연보호 지구다. 하지만 인간이 이 땅을 고작 몇 마리밖에 안 되는 야생동물의 서식지로 내줄 리 없다. 그렇게 되면 경작이나 산림경영을 포기해야 하기 때문이다.

동물들이 필요로 하는 자연보호 지구의 규모를 충족시킬 수 있는 방법이 또 하나 있다. 나는 중부 유럽이 추진하고 있는 일들을 열대 지방에서도 추진해야 하고, 거꾸로 열대 지방에서 진행하고 있는 일들을 중부 유럽에도 적용해야 한다고 생각한다. 예컨대 지난 2007년 독일 정부는 2020년까지 전체 숲 가운데 5퍼센트에 해당하는 면적에 휴식기를 주기로 결정했다. 다시 말해 이 5퍼센트의 숲에 대해서는 임업을 금지한 것이다. 좀 더 명확하게 표현하자면, 독일의 경우 숲이 전체 면적의 3분의 1을 차지하고 있으므로 5퍼센트가 아니라 1.6퍼센트를 보호하기로 한 것이다.

독일 전체 면적의 1.6퍼센트라면 5,500제곱킬로미터를 의미한다.

북아메리카의 옐로스톤 국립공원의 절반 정도에 불과한 규모다. 그러나 독일의 인구 밀도가 북아메리카보다 높다는 점을 감안한다면 이와 같은 규모의 보호 지구 지정이 뼈아픈 양보인 것은 맞다. 인구밀도가 낮은 지역일수록 보호 지구의 규모가 커지고, 인구밀도가 높은 지역일수록 보호 지구의 규모가 작아지는 것은 전 세계적으로 나타나고 있는 현상이다. 어찌 보면 당연한 일이다. 인구밀도가 낮은 지역의 자연은 아무래도 원시 상태에 더 가까울 수밖에 없고, 보호 대상인 희귀종들이 더 자주 출몰할 것이며, 주민들의 반발이 없어 국립공원으로 지정하기도 더 쉽기 때문이다. 독일에서 가장 큰 규모를 자랑하는 자연보호 지구가 바덴해에 있는 것*이 이제 이해가 갈 것이다. 이 부분에 있어 숲은 전혀 다른 문제이기 때문에 우리가 목표로 세운 수치도 사실 놀라운 진보라고 할 수 있다.

하지만 이 땅이 곧장 인간의 손을 떠나 자연으로 돌아갈 수 있다고 생각한다면 그것은 오산이다. 자연보호 지구를 지정한다는 것은 누군가로부터 그 땅을 사용할 권한을 빼앗는다는 의미에 다름 아니기 때문이다. 민간 소유의 땅이라면 보상을 요구할 것이고, 그렇게 되면 이 정책에 소요되는 예산이 늘어날 것이다. 그래서 술책을 쓴다. 국립공원 내에 있는 것은 물론이고, 민간이 소유한 것까지 포함하여 어차피 사용하지 않는 숲을 자연보호 지구로 묶어 버리는 것이다. 작은 땅을 소유하고 있는 사람들의 경우, 자신의 소유지가 어디에 있는지조차 모르는 경우가 허다하기에 가능한 일이다. 지난 몇십

* 이 지역은 독일, 네덜란드, 덴마크, 3개국에 걸쳐 있는 갯벌과 습지 생태 보호구역이다.

년간 산림경영에 대한 관심이 크게 줄어든 영향도 있다. 이렇게 자연보호 지구의 비율이 늘어난다. 물론 최근 장작 체험 붐이 이는 것을 볼 때 이곳의 나무들도 언제든지 기계톱에 잘려 나갈 수 있지만 말이다.

땅을 추가로 매입해야 하지 않느냐는 녹색당의 질문에 정부는 자율성의 원칙에 맡기고 있다고 대답했다.[25] 생각해 보자. 지금 사용하지 않는 땅이라고 해서 자발적으로 자신의 권리를 제한하려는 사람이 어디 있겠는가? 목재 값이 상승세를 타고 있는 것을 본다면, 딱따구리와 버섯의 몫으로 돌아갈 나무줄기 역시 갈수록 줄어들 것이라는 사실은 불 보듯 뻔한 일이다. 전체 숲 면적의 5퍼센트를 보호하자는 최소한의 합의는 이런 식으로 유지될 것이다. 철저하게 실행에 옮겨지지 않은 채 말이다.

나는 자연보호와 관련해 다른 나라에 무언가를 요구할 때는 그것이 적어도 우리가 직접 시도해 본 것들, 그래서 이미 표준이 된 것들이어야 한다고 생각한다. 브라질의 사례를 들여다보고 싶은 것은 이 때문이다. 아마존의 열대우림은 우리 숲과 마찬가지로 탐욕의 대상이 되고 있다. 목재로서의 가치를 지닌 나무들과 도로나 주거지로 활용할 수 있는 목초지와 개발 구역 들이 경제 활성화에 기여하게 될 날만을 '기다리고' 있는 것이다. 물론 수많은 나무가 이미 베어졌고 개중에는 이미 멸종한 나무들도 있다. 하지만 아직까지는 원시림의 80퍼센트가 그곳에 남아 있다.

나는 부디 이 원시림들이 계속 남아 있어 주기를 바란다. 다행히 서방의 산업국가에 사는 많은 사람이 같은 생각을 갖고 있다. 환경단체들은 대형 캠페인을 펼치면서 인류의 자연 유산을 지킬 것을 브라질 정부에 외치고 있고, 독일의 정치인들 역시 지치지 않고 원시림의 무분별한 개발에 대해 한목소리로 비난하고 있다. 그러나 브라질은 우리를 진지한 대화 상대로 여기지 않는다. 정작 우리가 사는 곳에서 자연보호라는 개념이 어떻게 사용되고 있는지를 들킨 탓이다.

우리가 사는 곳에는 원시림이 남아 있지 않다. 전체 숲 가운데 5퍼센트는 원시림으로 보존하자는 목표도 자의 반 타의 반으로 제대로 이루지 못하고 있다. 독일의 1인당 GDP는 3만 유로가 넘는다.[26] 반면 브라질의 1인당 GDP는 1만 유로에 불과하다.[27] 하지만 그들에게는 더 큰 재산이 있다. 500만 제곱킬로미터에 이르는 원시림이 여전히 남아 있지 않은가! 게다가 이는 국가 면적의 60퍼센트에 해당한다. 독일, 오스트리아, 스위스를 합친 것보다 열 배 이상 큰 숲을 보유하고 있는 것이다.

이제는 우리가 브라질의 모범을 따라야 할 때다. 이와 같이 넓은 땅을 사용하지 않는 브라질 사람들을 본받아야 한다. 이를 다른 비율로 환산해 보면 브라질 국민 1인당 2만 5천 제곱미터의 숲을 보호하고 있다는 결과가 나온다. 독일 정부가 추진하고 있는 5퍼센트의 목표치를 같은 비율로 환산하면 어떻게 될까? 1인당 65제곱미터다. 한 사람이 65제곱미터의 땅만 건드리지 않으면 되는 것이다! 보라, 이 얼마나 극명한 차이인가!

여러분의 오해를 막기 위해 덧붙이자면 아마존에서 일어나고 있는 보호 구역 해제나 벌목, 조림 등의 문제를 변호하려는 것이 아니다. 오히려 내가 기대하는 것은 윤리적으로 반박의 여지가 없는 부유한 산업국가들의 태도다. 이는 스스로 좋은 모범을 보였을 때만 가능한 일이다. 우리가 아니라면 대체 누가 과거의 실수를 인정하고 수정할 용기를 내겠는가? 가난한 국가들을 상대로 훼손되지 않은 자연경관의 보호를 요구하려면 우리가 사는 곳에서도 그 경관을 보호하는 것이 맞다. 그것이 제대로 된 순서다. 하지만 겨우 1인당 65제곱미터의 숲을 보호하는 일마저 쉽지 않은 것이 우리의 현실이다.

어쩌면 장기적인 관점에서 해결해야 할 문제일 수도 있다. 국립공원이 원시 상태의 자연을 회복하기 위한 첫걸음이라면 몇 년이 지난 후에는 점점 규모가 커져 야생동물들이 살기에 충분한 서식지가 될 수 있지 않을까? 그렇게만 된다면 희망을 말할 수 있다고 생각한다. 물론 아주 작은 국립공원의 설립이라는 첫걸음조차 반발을 뚫어야만 내딛을 수 있는 것이 우리의 현실이지만 말이다.

국립공원을 둘러싼 잇속

생물권 보호 구역의 중심지나 국립공원처럼 상대적으로 제약이 많은 보호 지구의 설립에는 늘 반발이 따른다. 가장 먼저 나서는 것이 목재산업 종사자들과 일부 지역 주민을 등에 업은 산림경영 전문가들이다. 하나의 이익집단으로 모이기는 했지만, 숲을 이용할 수 없다는 것은 사실 이들 사이에서도 각각 다른 의미를 지닌다.

먼저 지역 주민들은 전통을 내세운다. 전통적으로 선조들이 이용해 오던 숲을 국립공원 설립 계획에 포함시키는 데에 의문을 제기한다. 나아가 이런 주장도 한다. 산림경영 전문가들이 잘 관리한 덕분에 보호할 가치가 있는 자연의 보석이 된 것이 아니냐는 것이다. 다음으로는 산림경영 전문가들이 나서서 생태학적으로 숲을 경영한 대가가 고작 이것이냐며 불만을 터뜨린다. 게다가 잘못된 경영 방식으로 숲을 파괴했거나 독일가문비나무 조림지로 만들어 놓았다면 어떤 환경단체도 이곳에서 무언가를 보호해야겠다는 생각을 하지 못했을 것이라는 말을 덧붙인다. 마지막으로는 목재산업 종사자들이 산림청과 한목소리로 일자리 감소와 관련된 문제를 제기한다. 목재를 생산할 수 없다는 것은 곧 일자리가 사라진다는 의미인데, 그렇게 당연한 문제를 예측하지 못했느냐는 것이다. 또 그들은 수입 감소는 세수 감소로 이어질 것이고 결과적으로는 지역민 모두가 고통을 받게 될 것이라고 주장한다.

하지만 산림노동자나 산림경영 전문가, 제재소 인부의 경우는 수적인 강세를 보이는 직업군에 속한다고 보기 어렵다. 나의 추산에 따르면 숲 면적 2제곱킬로미터당 산림청 직원은 한 명이고, 거기에 하청업체의 인력이 따라붙는다. 이 산업 분야에 필요한 일자리는 약 5만 5천 개고, 독일의 제재소 종사자들은 약 2만 3천 명 정도다.[28] 이렇게 보자면 일자리 감소를 빌미로 보호 지구 지정을 반대하기에는 논리적으로 부족한 감이 없지 않다.

목재산업 종사자들은 이런 주장도 한다. 숲을 폐쇄함으로써 목재로 사용하지 못하게 된 나무가 한 해에 1~2퍼센트 정도인데, 이 또한 감당할 수 없는 경제적 손실을 일으킨다고 말이다. 바로 여기에서 새로운 개념이 등장한다. 바로 '클러스터'라는 개념이다. 내가 처음 이 단어를 알게 된 것은 뮤즐리를 먹으면서였다. 뮤즐리 상자에서 설탕과 밀크파우더를 넣어 만든 플레이크 덩어리를 발견한 것이다. 클러스터 하면 떠오르는 이 덩어리 이미지 때문이었는지, 나는 산업클러스터를 진지하게 받아들이기가 힘들었다. 경제적인 용어로 사용되는 산업클러스터란 같은 원료를 사용하거나 비슷한 상품을 생산하는 기업 간 협력을 의미한다. 한곳에 모여 공동으로 연구를 진행하는 것이보다 효율적일 것이고, 전문 인력을 공유하거나 특수 시설을 공동으로 이용할 수 있기 때문이다. 산업클러스터의 대표적인 사례가 바로 캘리포니아의 실리콘밸리다.

산림업계와 목재산업계도 몇 년 전쯤 클러스터를 형성해야겠다는 생각을 하게 된 모양이다. 숲을 한 지역에 몰아넣을 방법은 없으므로 공간적인 거리를 따진다면 산림업계 입장에서는 크게 득 될 것이 없는 협력이긴 했다. 목재산업계의 입장도 크게 다르지는 않았다. 같은 장소에서 나란히 일을 하기는 하지만, 일부 사례로 알 수 있듯 경쟁하는 관계에 있기 때문이다. 이들이 원료로 이용하는 나무줄기는 수송비가 만만치 않은 데다가 넓은 도로가 있어야만 운반이 가능하다. 최대한 가까운 공유림에서 충분한 원료를 공수할 수 있어야 장기적인 생존을 보장받을 수 있는 산업이다. 게다가 생산 설비의 공급 능력이 현실 수요를 상회하는 상태에 있다 보니 저마다 숲 주인의 호의를 얻기 위해 고군분투하고 있다.

그렇다면 이런 상황에서 클러스터는 어떤 역할을 할까? 목적은 한 가지, 보다 효과적인 여론 형성에 기여하는 것이다. 그래서 '산림업과 목재산업'은 자신들의 입지를 강화하고 영향력을 확대할 목적으로 여러 집단의 구성원을 영입한다. 이로써 산림업과 목재산업 종사자에 국한되지 않는 광범위한 클러스터가 형성되는 것이다. 실제로 뮌스터대학교의 숲센터 사이트를 방문해 보면 이 클러스터의 범위가 어디까지인지를 확인할 수 있는데, 여기에는 운송업체와 하청업체는 물론이고 가구업체·제지산업·인쇄업계·출판업계까지 다양한 이익 집단이 포함되어 있다.[29] 하지만 이것으로도 충분하지 않다는 듯, 숲센터의 연구진들은 이 클러스터에 또 한 부류를 포함시켰다. 무려 200만 명에 달하는, 심지어 대부분 자신이 소유한 필지가 정확히 어디에 있는지조차 모르는 숲 주인들이다.

이들을 모두 합친 이 클러스터는 그야말로 집약적인 경제 권력자로 군림할 수 있다. 숲센터는 무려 18만 5천여 개의 기업을 포괄하며, 130만 명이 넘는 직원들이 1,810억 유로 규모의 거래를 책임진다.[30] 산림청은 이들이 제시하는 이 수치를 그대로 받아들인다. 그렇게 되면 목재산업의 중요성은 다른 산업들을 능가할 수밖에 없다. 심지어 자동차산업보다 중요한 산업이 되는 것이다. 이렇듯 우리 경제의 핵심이라고 할 수 있는 산림업과 목재산업이 국립공원 설립 계획으로 피해를 입는다는 것이 그들의 주장이다.

그렇다면 보다 정확한 이해를 위해 조금 전에 언급한 수치를 일자리 창출과 연관 지어 살펴보자. 독일의 나무 수확 잠재력은 약 8천만 제곱미터다.[31] 100제곱미터의 나무를 수확한다고 가정할 때, 이를 통해 0.1제곱킬로미터의 면적을 가진 숲에서 만들어지는 일자리의 수는 1.7개다. 만일 국립공원으로 지정하려는 숲의 면적이 100제곱미터라면 이로 말미암아 일자리를 잃는 사람은 몇 명일까? 이 계산에 따르면 1,700명이다. 물론 국립공원이 만들어지면 일자리도 만들어진다. 산림감독관이나 숲해설가, 관광 안내 직원 등 사실 일자리는 차고 넘친다. 다만 정확한 수치를 제시하기가 어려울 뿐이다. 그도 그럴 것이 여행을 왔다가 숲을 산책하고 관광을 하다 지역 식당에서 식사를 하는 사람들은 이전에도 있었다. 이는 지속 가능한 숲 경영의 유무와 관계없이 유지할 수 있는 수익이다. 이와 같은 복잡성 때문에 일자리 창출의 근거로 내세우기가 쉽지 않을 뿐이다.

불만을 털어놓는 숲 종사자들을 달래려면 이들을 국립공원에 참여시키는 수밖에 없다. 재교육을 통해 기존의 산림노동자들을 감독관으로 고용하고 국립공원 내의 구역을 맡기는 것이다. 정치인들이라면 이렇게 문제를 해결했겠지만, 이것이 정말로 숲에 유익한 일인지는 따져 봐야 한다.

국립공원은 큰 면적을 가진 보호 지구 중에서 가장 엄격한 규제가 적용되는 곳이다. 이곳에서는 모든 권력이 자연에게 주어진다. 반면 인간은 한 발 물러서서 지켜보는 단순한 관찰자다. 국립공원의 핵심은 진화 과정을 보호하는 데 있다. 특정한 경관을 보호하기 위해 특정한 종을 유지하고 관리하는 일반적인 자연보호 지구에서와 달리 국립공원에서는 자연적인 진화 과정이 중심에 있기 때문에 모든 형태의 개입이 금지된다. 그러나 현장에서 가장 어려운 부분은 자연이 어떠한 방식으로 진화할지를 알지 못한다는 데 있다. 원시림이 될지, 어떤 종들이 터를 잡을지 예측할 수 없는 것이다. 이는 국립공원의 가장 흥미로운 부분이자 학자들의 호기심을 유발하는 부분이기도 하다.

이 같은 목적에 맞게 가장 잘 운영되고 있는 국립공원을 꼽으라면 브라질과 남아프리카, 캐나다로 시선을 돌려야 한다. 그 국가들의 드넓은 숲과 사바나는 인간의 개입 없이 보존되고 있고, 이따금 사파리를 방문하는 것 외에는 인간이 동식물을 성가시게 하는 일도 없다. 사실 지극히 당연한 운영 방식이다. 우리가 사는 곳에서 실현되지 않고 있을 뿐이다.

반면 우리의 국립공원들은 철저하게 구속당하고 있다. 하지만 표면적으로는 인간의 개입에 대한 정당성을 갖춰야 하므로 국립공원을 목표로 운영되는 '예비 국립공원'이라는 개념을 제시한다.[32] 꼬리물기는 이제부터 시작된다. 자고로 목표라는 것은 아직 도달하지 못한 대상을 향해 달려가고 있다는 뜻이 아니겠는가. 그러니까 먼 훗날 이루어질 무언가를 위해 가야 하는 길에 있는 것이다.

목표달성기간을 30년으로 잡고 계획을 세운다. 그리고 직원들에게는 이 목표 달성 과정에 참여할 기회를 제공한다. 안타까운 것은 이들이 생물학자도 학위를 가진 환경보호가도 아닌 산림경영 전문가와 산림노동자라는 사실이다. 직원들의 개입으로부터 숲을 보호하기 위해 설립된 국립공원이 다시 이 이익집단의 영향권 아래 들어간다니 모순이지 않은가. 이는 마치 지금까지 하던 일을 계속해도 좋다고 보증하는 동시에 도축업자를 동물보호소의 직원으로 채용하는 것과 다를 바 없는 행위다.

이것이 숲에 가져오는 영향은 매우 치명적이다. 실제로 나는 인근 지역인 아이펠 국립공원의 침엽수림에서 너도밤나무의 귀환이라는 공식적인 목표를 빌미로 여러 차례 벌목이 이루어진 사실을 확인했다. 하지만 어린 너도밤나무에게는 그늘이 필요하다. 어미나무가 없는 곳에서는 독일가문비나무가 그 역할을 대신할 수 있다. 이들이 드리운 우산 아래에서 어렵게 성장한 너도밤나무들이 어느 날 자연스럽게 침엽수들을 대체하게 될 수 있다는 뜻이다. 하지만 벌목이 이루어짐과 동시에 그 가능성은 사라졌다. 그리고 벌목을 한답시고 중장비를 들였으니 숲의 토양도 회복할 수 없는 피해를 입었다. 뜨거운 여름에는 나무 그늘 없이 자라는 너도밤나무들이 화상을 입고, 그 뿌리는 압축되어 공기가 통하지 않는 땅속에서 마침내 말라 버린다.

이로써 너도밤나무 원시림을 회복하려던 목표는 100년 뒤로 밀리고 말았다. 아이펠 국립공원을 하르츠Harz, 바이에리셔발트, 뤼겐섬으로 대체해도 마찬가지다. 이 모든 곳에서 같은 일이 벌어지고 있다. 산림경영 전문가의 개입이 오히려 국립공원의 피해로 이어지고 있는 것이다. 내게 유일한 바람이 있다면 산림경영 전문가들이 은퇴하고 난 자리에 생물학자들을 투입하는 것이다. 물론 국립공원이 언제 개방되었느냐에 따라 30년을 기다려야 할 수도 있겠지만 그 정도는 괜찮다. 나무들에게는 찰나에 불과하기 때문이다.

이용을 위한 보호?

자연보호 지구가 더 많을 수는 없을까? 모든 숲의 자연이 아무런 방해를 받지 않고 제 권리를 되찾을 수 있다면 더 좋지 않겠느냐는 의미다. 하지만 우리가 사는 곳에서는 불가능한 이야기다. 그러기에는 우리 인간의 수가 너무 많다. 어쨌거나 건축용 목재, 종이, 연료 등을 얻어 낼 곳은 있어야 한다. 그렇기 때문에 우리 숲에서 벌목을 중단하는 것만으로는 소용이 없다. 결국은 다른 숲에서 더 많은 벌목이 이루어져야 하고, 그만큼 그 숲의 부담이 커지기 때문이다.[33·34] 임업 로비스트들이 주장하는 바가 바로 이것이다. 유럽에서 숲 하나가 개발 지구로서의 역할을 중단하면 부족한 원료 공급을 만회하기 위해 열대 지방의 원시림 하나가 개발 지구로 변한다는 것이다.[35] 그렇기 때문에 우리는 단 1제곱킬로미터도 더 포기할 수 없다고 말이다.

하지만 나는 그것이 핑계에 불과하다고 생각한다. 자연보호 지구가 늘어나면 종이 같은 막대한 소비도 일정 부분 줄어들 수 있다. 우리가 사는 곳의 자연을 보존하거나 파괴하는 책임은 우리 자신에게 있다. 하지만 소비를 포기하는 일이 결코 쉽지는 않을 것이다. 자발적인 절약을 기대하는 것 또한 한계가 있다. 변화의 속도가 더뎌서다.

그런 이유로 국가가 권력을 이용해 목재 소비를 제한해야 한다고 생각한다. 일차적으로는 연료용 목재에 대한 국가보조금 폐지가 하나의 방법이 될 수 있을 것이다. 그렇지 않아도 기름이나 가스보다 훨씬 저렴한 연료인데 굳이 지원까지 해줄 필요가 무엇이란 말인가! 목재 소비를 늘리려는 목표를 수정하는 것 역시 대안이 될 수 있다. 나는 2012년 9월 임업과 목재산업 전문지 《홀츠 첸트랄블라트*Holz-Zentralblatt*》에 실린 기사를 보고 깜짝 놀랐다. 독일의 목재 소비량이 마침내 독일 정부와 목재산업의 목표치에 도달했다는 의기양양한 보도였다. 이는 1인당 1년 목재 소비량이 1.3제곱미터를 넘겼다는 이야기인데,[36] 달리 계산하면 현재 우리 숲에서 자라고 있는 나무들보다 40퍼센트나 많은 목재가 사용되고 있다는 뜻이다. 이와 같은 정책하에서는 자연보호 지구 하나를 설립하는 것만으로도 큰 영향이 나타날 수 있을 것이다.

숲 주인들은 독일의 임업 수준이 매우 모범적이어서 숲을 폐쇄할 필요가 전혀 없다는 주장을 반복한다. 지금도 이미 생태계의 모든 기능을 고려해 숲을 관리하고 있으므로 산림경영 전문가나 제재산업이 개입할 수 있는 숲이 줄어들면 그만큼 보호받지 못하는 숲이 늘어날 것이라는 주장이다. 이와 관련해 최근 관련 업계에서 자주 등장하는 개념이 바로 '분리'다. 보호의 기능과 사용의 기능을 분리하자는 것이다. 다시 말해 국립공원은 국립공원대로 운영하고 임업은 임업대로 운영하자는 것인데, 그렇게 할 경우 사용림의 개발이 얼마나 무분별하게 이루어질지는 뻔하다.[37] 나는 이것이 정말 비열한 눈가림이라고 생각한다. 그들의 주장대로 숲의 기능을 분리하더라도 숲에 피해를 일으키지 않는 선에서 숲을 이용해야 한다는 임업의 규정은 여전히 유효하다. 게다가 여기까지 가지 않더라도 내가 보기에 숲은 이미 더할 나위 없는 수준으로 착취당하고 있다.

대신 임업 로비스트들은 통합을 주장한다. 하나의 숲에서 자연보호와 임업을 동시에 추진하자는 것인데, 현실적으로는 시도하기조차 어렵다. 여러 가지 이유로 서 있는 상태에서 말라죽은 고사목을 예로 들어 설명하면 이해하기가 쉬울 것이다. 고사목은 숲의 동물들과 이끼 등의 선류, 버섯, 그리고 지의류 같은 식물들의 특수한 서식지다. 예컨대 맹금류는 물론이고 먹황새 그리고 그 밖의 다른 조류들이 둥지를 틀 수 있도록 수관을 내어 주는 둥지목이 그중 하나다. 이들은 몇 년에 걸쳐 돌아가며 차례차례 둥지목을 이용한다. 병충해로 내부가 완전히 썩었지만, 바깥의 일부는 살아서 유지되고 있는 공동목空洞木의 경우도 비슷하다. 가장 먼저 이 공동목의 줄기에 구멍을 파 보금자리를 만드는 것은 딱따구리다. 시간이 흐르면서 구멍은 조금씩 오염되고 안의 공간이 점점 넓어지는데, 그후에는 다른 종의 새들도 이곳을 이용한다. 박쥐나 딱정벌레가 입주하는 경우도 있다. 그렇게 커진 구멍에 얼마나 많은 동물이 거쳐 가는지 확인할 때마다 생물학자들은 놀라움을 금치 못한다.

수관이 잘린 고사목은 대체 수관을 만들기도 한다. 이때 새로 난 작은 가지의 나뭇잎만으로는 줄기를 감당할 수 없어 껍질의 일부를 떨어뜨리는데, 이렇게 살아 있는 목질과 죽어 있는 목질이 뒤섞인 줄기에서는 버섯과 딱정벌레가 활기를 띠기 시작한다. 죽은 줄로만 알았던 나무가 사실은 숨어 있는 보물이었음을 알게 되면 생태학자들은 흥분한다. 이곳을 찾아온 이들이 다름 아닌 생존을 위협받고 있는 희귀종들이기 때문이다. 하지만 임업이 함께 이루어지고 있는 숲에서는 고사목에게 관용을 베푸는 경우가 극히 드물다. 이유는 두 가지다. 하나는 자연적으로 바싹 말라 버린 줄기가 장작으로 쓰기에 아주 적합하다는 이유다. 수확 이후 따로 건조시킬 필요가 없는 것이다. 또 하나는 시각적인 불편함이다. 어쨌거나 쓸모를 잃고 끝내 죽어 버린 나무는 죽기 전에 이를 제대로 활용하지 못한 산림경영 전문가의 실수를 암시하는 것이므로 경영인들의 눈에 만족스러울 리가 없다.

수많은 고사목이 안고 있는 공통적인 문제가 하나 있다. 판매 대상이 아니기 때문에 기계톱에 의해 생을 마감하지 않고 때가 되면 자연스럽게 쓰러져 죽는다는 문제가 바로 그것이다. 자연에서는 백만 번도 더 일어날 수 있는, 지극히 당연한 죽음의 과정이지만 산림경영이 이루어지고 있는 숲에서는 전혀 그렇게 여겨지지 않는다. 산림노동자들이 큰 위험에 노출되기 때문이다. 실제로 몇 년 전 베스터발트에서는 한 인부가 참나무를 수확하는 중에 목숨을 잃는 사고가 발생했다.[38] 참나무에도 문제가 없었고, 그도 기계톱을 올바르게 사용했으며, 나무는 계획된 방향으로 정확하게 쓰러졌다. 문제는 참나무 줄기가 쾅 하고 쓰러지는 순간 바닥에 엄청난 진동을 일으켰고, 그 진동으로 10미터 떨어져 있던 고사목이 하필이면 인부가 있는 방향으로 쓰러진 것이다. 이러한 상황에서는 헬멧도 안전장비도 무용지물이다. 그는 유감스럽게도 끝내 목숨을 구하지 못했다.

그 결과 산림경영 전문가들은 고사목을 베어 내는 쪽을 택했다. 안전을 위한 예방 차원의 선택이다. 대신 멸종위기종을 보호하라는 환경보호가들의 목소리가 커지기 시작했다. 그러자 각 주의 산림청은 현재 숲에 남아 있는 고사목들에는 손을 대지 않겠다고 약속했다. 현재 면적 1제곱킬로미터당 고사목 수는 300~1,000그루 정도로, 이 고사목들만 제외하고 주변의 나무에 대해서는 관습적인 방식에 따라 산림경영을 이어 가기로 한 것이다.

그렇다면 이제 모두가 만족할 만한 결과를 얻었다고 할 수 있을까? 최소한 공식적으로는 그렇다. 그러나 보이지 않는 무대 뒤 상황은 조금 다르다. 엄청난 사기 행각이 감춰져 있기 때문이다. 임업에서는 벌목 시에 발생할 수 있는 사고를 예방하기 위해 쓰러질 가능성이 있는 나무로부터 해당 나무줄기의 길이만큼 거리를 확보한 다음 작업을 해야 한다고 규정하고 있다. 당연한 일이다. 그렇게 해야 어떤 상황이 발생하더라도 위험을 피할 수 있다.

규정대로라면 언제든 쓰러질 가능성이 있는 고사목 주변에서는 무조건 약 30~40미터의 거리를 확보하고 작업해야 한다. 하지만 1제곱킬로미터의 면적에 1천 그루의 나무가 있다면 어떻게 될까? 규정에 따르면 이 숲에는 누구도 발을 들여놓아서는 안 된다. 이렇게 해서는 고사목을 보호하는 것은 불가능하다. 게다가 이런 곳에서 작업을 하는 것은 목숨을 담보로 한 무모한 행동이다. 그래서 관련 책임자들은 고사목 서식구역을 따로 만들자는 새로운 아이디어를 제시했다. 15~30그루의 고사목들을 한데 모아 놓으면 위험 요소 없이 다른 작업들을 진행할 수 있지 않겠느냐는 것이다. 별도의 작은 구역 하나를 설치함으로써 모두를 만족시킬 수 있을 것이라는 이야기다.[39]

엄밀히 따지면 이는 자연보호 지구와 임업의 통합이 결국 실패했다는 것을 스스로 인정한 첫 번째 사례다. 자연의 순리는 공간을 필요로 한다. 그리고 이 공간을 제공할 수 있는 것은 인간의 개입으로부터 보호를 받고 있는 숲뿐이다. 여기에서 끝내 이루지 못한 한 가지 조건이 있다면, 그것은 바로 이 자연보호 지구의 충분한 규모일 것이다. 하지만 산림경영 전문가들은 두 손 두 발을 다 들고 자연보호 지구의 규모 확장을 반대하고 있다. 3천 제곱미터, 그러니까 축구장 크기의 절반도 안 되는 규모까지는 협상이 가능하지만 그 이상의 규모 확장은 일자리 문제에 영향을 줄 수 있으므로 동의할 수 없다는 것이다. 그나마 메클렌부르크포어포메른주에는 이보다 조금 더 큰 규모의 고사목 보호 구역이 허용되었는데, 이마저 줄기를 통해 수익을 얻을 수 없거나 도로와 숲 주차장 위로 쓰러질 위험성이 없거나 나무좀이 증가할 우려가 없는 개체목들에 한해 만들어진 구역이었다. 하지만 이처럼 제약이 많으면 정작 보호할 가치가 있는데도 선택받지 못하는 나무들이 생기는 것이 당연한 일이다.[40]

고사목과 이들이 차지하는 공간에 대한 논쟁은 여전히 진행 중이고, 여기에서 또 하나의 허점을 발견할 수 있다. 조림지에 사는 나무들에게는 안전상의 이유 하나만으로 성숙해질 기회가 주어지지 않는다는 점이다. 작업 현장의 위험 요소를 언제나 최소한으로 유지해야 하기 때문에 너도밤나무도 참나무도 독일가문비나무도 나이가 들 수 없다. 게다가 두꺼운 나무줄기를 딱따구리나 버섯 따위에게 내어 줄 숲 주인이 어디 있겠는가? 그들의 입장에서 돈을 벌 수 있는 기회를 마다하고 고사목이 될 때까지 나무가 늙어 가도록 둘 이유가 없다. 상당한 규모를 자랑하는 한 유명 친환경 기업의 대표는 이런 말을 했다.

"임대료를 내지 않으니 어쩌겠습니까? 딱따구리를 쫓아낼 수밖에요!"

산림경영 전문가들을 대상으로 한 세미나에서 들은 말이다. 나와 동료들은 굵디굵은 너도밤나무 줄기 앞에 모여 있었는데, 딱따구리가 돈이 되는 나무에 둥지를 틀려고 한다면 어떻게 하느냐는 한 참석자의 질문에 대한 답이었다. 매우 노골적인 그 대표의 답변에 적잖이 당황했던 기억이 아직도 생생하다. 그때부터 나는 숲을 이용하면서 보호할 수 있다는 말을 절대로 믿지 않는다.

종 다양성 역시 자주 악용되고 있는 개념 중 하나다. 사실 이 개념 자체는 환경보호를 위한 것이라고 볼 수 없다. 한 지역 안에 최대한 많은 종이 서식하게 하는 것, 이것이 과연 무엇을 위한 일일까. 한곳에서 가장 다양한 동물종을 볼 수 있는 곳이 있다. 바로 동물원이다. 그곳에는 1제곱킬로미터의 면적에 지구상 그 어떤 곳보다 많은 종이 밀집되어 있다. 그렇다면 가장 이상적인 서식 공간이 동물원이란 말인가. 모든 숲이 동물원을 목표로 나아가야 하는가. 물론 그렇지 않다.

숲의 상황은 이와 비슷하다. 살쾡이나 진드기 같은 희귀 동물들은 멸종 위기에 놓여 있으므로 보호의 대상이 된다. 이들을 보호하려면 활엽수림을 보존하거나 부활시켜야 한다. 하지만 활엽수림의 조성은 산림경영의 목표에 부합하지 않는다. 이때 임업에서 내세우는 개념이 생물종의 다양성이다. 예를 들어 보자. 너도밤나무숲에 북아메리카 출신 미송을 심으면 이 숲의 수종은 두 배로 다양해지고, 기존의 단순림에서 혼합림이라는 새로운 이름을 갖게 된다.

혼합림은 최근 들어 긍정적인 평가를 받고 있는 개념이다. 하지만 낯선 수종의 유입은 또 다른 외래 생물의 유입을 동반한다. 예컨대 독일가문비나무는 개미둑을 쌓는 불개미와 잣새, 딱따구리, 큰뇌조를 거느리고 다닌다. 여기에 벌목이 이루어지면 나비가 많아지고 열린 공간에서 서식하던 동물종들이 모습을 드러낸다. 순식간에 오래된 숲은 대지의 동물원으로 둔갑해 버리는 것이다. 한 발 더 나아가 수렵인들이 무플론이나 다마사슴을 방사한다면 어떻게 될까? 생물종의 다양성은 그야말로 정점에 다다를 것이다.

사실 혼합림 조성을 탐탁지 않게 여기는 산림경영 전문가들은 이 사안에 대해서도 산림경영을 정당화할 때와 같은 주장으로 맞선다. 하지만 이렇게 해서 늘어나는 것은 눈에 보이는 동물들뿐이다. 숲의 바닥, 그러니까 사람들 눈에 보이지 않는 곳에서는 톡토기와 쥐며느리, 딱정벌레가 점차 사라지기 때문이다. 결과적으로 그들이 살던 땅은 가난해진다. 땅 위에 뒤엉켜 살고 있는 수많은 동물종이 마치 이곳이 이상적인 서식지인 양 사람들을 속이고 있는 사이에 말이다.

다시 말해 우리가 목표로 해야 할 것은 온갖 대가를 감수하면서까지 얻는 생물종의 다양성이 아니라, 현재 살아가고 있는 생물종의 보존이어야 한다. 그렇다면 중부 유럽이 책임져야 할 것은 기린이나 불개미, 무플론이 아니라 향토 너도밤나무숲에 살던 동물종이다. 문화에 적응하며 생존해 온 동물종들과 달리, 너도밤나무숲의 생태계는 핵심 분포 지역인 중부 유럽을 포함해 번식을 이어 갈 수 있는 지역이 제한적이기 때문에 우선 보호 대상이 되어야 하는 것이다. 이를 위해 우리가 할 수 있는 일은 단 하나다. 너도밤나무 원시림을 조성하고 보존하는 것. 그러나 우리가 살고 있는 이곳에는 너도밤나무 원시림이 단 1제곱미터조차 남아 있지 않은 것이 현실이다. 아직 희망은 있다. 우리가 변화시킬 수 있다.

원시림을 지켜라!

한 번 더 여러분을 브라질로 안내하려 한다. 요즘 브라질에서는 또다시 불길한 소식들이 들려오고 있다. 아마존 열대우림 화재 이후 몇 년이 흐르면서 서서히 개발에 속도가 붙고 있는 것이다. 농장주들은 콩과 사탕수수를 재배하기 위해 노골적으로 미개발 우림을 노리고 있다. 더 안타까운 일은 브라질 정부의 지원까지 가세했다는 사실이다. 환경단체들은 최소한 일부라도 브라질 열대우림을 지키기 위한 온라인 서명에 동참해 줄 것을 촉구하고 있다. 혹시 너무 늦은 것은 아닐까? 인도네시아의 섬들이 무자비하게 개벌당할 때만 해도, 보르네오섬의 정글이 기름야자수로 뒤덮일 때만 해도 브라질의 열대우림은 비교적 안전했다. 기계톱과 화전에 희생된 우림은 20퍼센트에 '불과'했고, 대부분은 훼손되지 않은 채 아마존강과 그 지류를 따라 보존되고 있다.

그렇다면 우리가 사는 곳의 자연은 어떨까? 예전에 고산지대까지 지배하던 너도밤나무숲은 모조리 사라져 버리고 없다. 1제곱미터조차 없다. 그나마 가장 유사한 것이 160년이 넘은 활엽수림이다. 이곳에서는 미미하게나마 여전히 너도밤나무숲의 흔적이 남아 있고, 원시림에 살던 생물종도 일부 생존하고 있다.

2007년 연방자연보전청은 독일 전체 면적의 70~80퍼센트를 차지하던 고령의 너도밤나무들이 불과 1.6퍼밀(0.16퍼센트)밖에 남지 않았다는 사실을 확인했다.[41] 그리고 이 얼마 되지 않는 너도밤나무의 서식지는 대부분 개벌되어 햇빛에 노출되고 장비의 출입으로 땅이 손상된 숲이었다. 튀링겐주 하이니히 국립공원 등의 보호 지구에 살고 있는 너도밤나무조차 지극히 일부만 제외하고는 모두 평범한 나무처럼 사용되고 있다는 뜻이다. 그렇다면 이 너도밤나무들은 아무리 늦어도 180살에는 벌목 대상이 되어 제재소로 판매될 것이다. 줄기의 일부는 수출을 하는데, 주 수입국은 단연 중국이다. 막대한 가치를 지닌 생태계를 약탈하고, 그 원료를 전 세계에 팔아 넘기고 있다는 점에서 개발도상국과 우리의 임업에는 별 차이가 없어 보인다.

환경단체와 정치인 들이 어떤 숲을 폐쇄할지를 두고 싸움을 이어가는 동안 나무들이 뿌리를 내린 땅속에서는 또 다른 비극이 펼쳐진다. 개벌이 이루어진 곳의 토양이 완전히 손상된다는 사실을 고려할 때 우리가 가장 주목해야 할 것은 단연 훼손되지 않은, 과거 원시림 상태의 토양일 것이다. 실제로 지난 수천 년 동안 한 번도 나무가 꺾이지 않고 중세시대에도 간벌된 적이 없으며 장비들로 짓이겨지지 않은 숲은 극히 일부나마 우리 곁에 남아 있다. 물론 원시림으로 분류하기는 어려운 곳들이다. 유럽을 통틀어 나무가 베어진 적이 없는 숲은 하나도 없기 때문이다. 다만 그토록 오랫동안 향토의 너도밤나무와 참나무가 훼손되지 않고 살아남은 곳이라면 최소한 이곳의 토양은 대부분 원시림의 상태와 유사할 것이라고 볼 수 있다. 다시 말해 자연스럽게 원시림이 형성되기를 기대할 수 있는 최적의 기회가 아직 그곳에 남아 있는 것이다.

보존할 가치가 있는 서식지를 지정할 때는 이처럼 오래된 토양을 가장 우선적으로 고려해야 한다. 하지만 안타깝게도 현실은 그렇지 못하다. 아니, 오히려 심각하다. 이와 같은 숲이 어디에 있는지를 모르기 때문이다. 이와 관련해 아직까지 단 한 번도 체계적인 조사가 이루어진 적이 없고, 알려진 것들도 우연히 발견된 터라 해결책은 여전히 부재한 상황이다. 어디에 있는지조차 모르는 것을 보호할 방법은 없다. 그리고 훼손되지 않은 토양은 지금 이 시간에도 어딘가에서 훼손되고 있을 것이다. 아무것도 모르는 산림경영 전문가들이 그 토양 위로 장비의 출입을 허락하고 있을 테니 말이다.

나는 정말 우연히 원시 상태의 토양이 남아 있다는 사실을 내 관리 구역에서 직접 확인할 수 있었다. 휨멜 지역에는 1제곱킬로미터 규모의 오래된 활엽수림이 살아 있다. 이 활엽수림의 대부분은 너도밤나무인데, 나는 평범한 숲을 순식간에 자연 속의 대성당으로 바꿔 놓는 너도밤나무의 반들거리는 은회색 줄기를 너무나도 사랑한다. 라인란트팔츠주의 계획에 따르면 지난 20년간 점진적으로 베어 냈어야 할 나무들이다. 하지만 나는 그 계획이 마음에 들지 않았다. 그래서 이 너도밤나무들을 기계톱으로부터 구할 목적으로 고민을 거듭한 끝에 한 가지 해결책을 마련했다. 바로 수목장으로 활용하는 것이다.

수목장을 운영하려면 유골함을 묻을 만큼 땅을 파낼 수 있는지를 먼저 확인해야 했다. 나는 이 구역 토양에 대한 지질학적 감정을 요청했고 여러 지질학자를 찾아가 특이사항이 없는지 재차 확인했다. 지질학자들이 내린 결론은 그야말로 놀라웠다. 정말로 훼손되지 않은 토양이었다. 우리는 탄성이 강한 표토를 통해 한 번도 훼손된 적이 없는 숲의 역사를 추정할 수 있었다. 추정 결과, 이곳의 너도밤나무들은 무려 수천 년 동안 한자리를 지키고 있었다. 물론 약 300년 전쯤 한 숯장이가 목탄 작업을 한 흔적은 남아 있었다. 숯을 굽는 가마가 놓여 있던 것으로 추정되는, 동그랗고 평편한 숯판 자국을 찾아낸 것이다. 또한 지난 몇십 년간 산림노동자들이 택벌* 작업을 통해 일부 나무를 연료용 목재로 활용한 적이 있다. 하지만 개벌, 더 나아가 육중한 중

* 성숙목을 벌채하고 불량한 어린나무를 제거하여 숲의 모습을 유지하는 방법.

장비에 의한 피해는 전혀 없었던 것만은 분명했다.

이 너도밤나무들은 반드시 살려야 한다! 이 구역의 일부는 수목장으로 활용할 수 있을 것 같았다. 그런데 고령의 너도밤나무 대부분은 도로와 숲길에서 벗어난 가파른 경사면에 자리 잡고 있었다. 어떻게 해야 할까? 수백 년 전의 지도는 이곳에 너도밤나무가 있었음을 증명해 주고 있었다. 게다가 경사가 심한 곳이라 장비가 지나간 적이 분명 없었을 것이다. 하지만 최근 등장한 기계들은 경사면에서도 목재를 수확할 수 있다. 애초부터 나는 이 구역에 있는 너도밤나무들에게 손가락 하나 대지 않을 계획이었지만, 장기적으로 보면 소용없는 일일 수 있다는 생각이 들었다. 갖은 애를 써서 이들을 보호한들 먼 훗날 나의 후임자가 다른 선택을 한다면 이게 다 무슨 소용이 있겠는가. 책임기관의 권한으로 여전히 산림경영을 감시하고 있는 주 산림청은 안 그래도 최종적인 소비에 대한 압박을 가하고 있었다. 이제는 고령의 나무들을 베어 내라는 것이다. 시간이 없었다. 그때 우리에게 행운이 찾아왔다.

나는 본 출신의 한 금융서비스회사 대표에게서 연락을 받았다. 이미 열대우림의 생태학적 사용을 위해 투자했을 정도로 산림 보존에 관심을 갖고 있는 이 기업 대표는 직원들과 함께 우리 숲을 둘러보고 싶다며 안내를 부탁해 왔다. 프로그램을 마치자마자 대표는 반드시 우리가 공동으로 무언가를 기획해야 한다며 잔뜩 흥분한 채 말을 이어 갔다. 이 우연한 만남으로 탄생한 프로젝트가 바로 '야생 너도밤나무'다.[42] 이는 기업들과 50년 단위로 계약을 맺고 고령의 너도밤나무 숲을 보존하는 프로젝트로, 숲에서 일어나는 모든 일을 자연에게 위임하는 것을 목적으로 한다. 휨멜 지역은 나무를 베어 내지 않고도 해당 구역을 목재의 가치로 환산해 수익을 올리고, 참여 기업은 기업 이미지를 관리하며, 숲은 최소 50년 동안 아무런 개입 없이 보존되는 일석삼조의 프로젝트인 것이다.

첫 번째 계약은 우리에게 희망을 주었다. 문구회사 에딩은 새로운 펜 시리즈를 만들어 그 판매 수익 일부를 너도밤나무 서식지에 투자할 것을, 그리고 사무용품 생산회사인 츠벡포름은 내가 사는 관사 뒤편의 작은 숲에 투자할 것을 약속했다.

내가 고안해 낸 아이디어에 대부분의 산림경영 전문가들은 고개를 젓는다. 산림경영 전문가가 나서서 숲을 보존하는 것을 모순이라고 여기기 때문이다. 목재 수확이 금지되고, 딱따구리와 진드기·살쾡이가 지배권을 갖는 숲에서는 산림경영 전문가가 신뢰를 잃게 된다는 것이 그들의 생각이다. 하지만 내 생각은 다르다. 이제야 비로소 나는 깊은 만족감을 느낀다. 물론 이런 내 모습이 내가 속한 집단의 전형이라고는 할 수 없지만 개의치 않는다. 어차피 나는 산림경영 전문가라는 직업에 대한 오해로 이 일을 선택하게 되었으니까.

8

숲에 개입하는 사람들

브라질의 열대우림을 보살피는 것은 누구며,
끝없이 펼쳐지는 시베리아를 관리하는 것은
또 누구란 말인가?
자연은 스스로 조절할 수 있는 능력이 있고
그 능력으로 늘 최적의 상태를 유지한다.

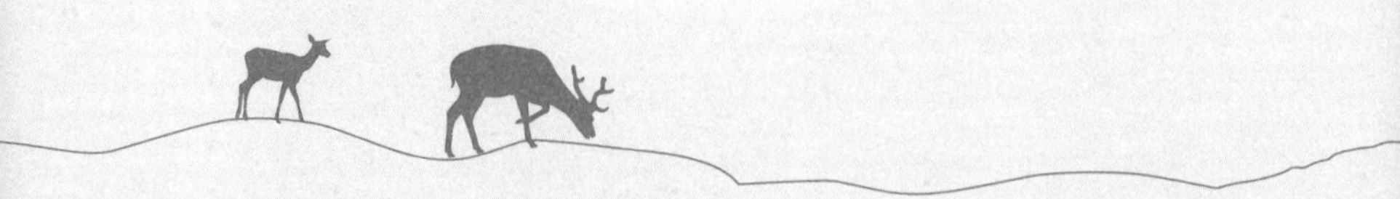

이제 여러분은 이렇게 물을 것이다. 그동안 숲이라는 무대 뒤에서 어떤 일이 일어나고 있으며 우리의 숲이 어떻게 운영되고 있는지, 왜 아무런 이야기도 듣지 못한 것이냐고 말이다. 그 뒤에는 산림청의 치밀한 전략이 숨어 있다. 그뿐만 아니라 〈실버발트의 산림감독관Der Förster im Silberwald〉이라는 제목의 영화가 산림경영 전문가의 이미지를 잘못 각인시킨 것도 한몫했다고 생각한다. 사실 산림경영 전문가만큼 긍정적인 이미지를 가진 직업군도 없을 것이다. 실제로 산책객들에게 숲을 안내하다 보면 이런 이야기를 종종 듣는다.

"저도 원래 꿈이 산림경영 전문가였어요."

환경보호가, 나무를 지키는 목자, 야생동물 지킴이……. 나와 내 동료들을 상징하는 말들이다. 심지어 환경청도 그렇게 믿고 환경과 관계 있는 규정 마련과 준수에 대한 감시 책임을 우리에게 위임한다. 그뿐인가. 숲과 관련해서는 산림경영 전문가가 하는 말이라면 거의

100퍼센트 믿는다. 하지만 사실은 이렇다.

숲과 관련해 이 직업군을 홍보할 때는 숲이 돌봄을 필요로 하는 연약한 환자와 같다는 주장을 내세운다. 산림경영 전문가의 도움이 있어야만 숲이 질병과 훼손으로부터 안전할 수 있다는 것이다. 어떤 나무가 어떤 장소에서 이상적으로 성장할 수 있는지를 가장 잘 아는 것은 자연이 아니라 산림청이라고도 한다. 산림경영 전문가는 생태계가 온전히 기능할 수 있도록 고령의 나무들을 적기에 베어 내고, 혈기 왕성한 어린나무들로 대체하는 일을 담당한다. 이들이 없으면 숲도 없는 것이다. 바로 이것이 산림경영 전문가에 대한 보편적인 인식이다.[43]

예상했겠지만 그야말로 난센스다. 그렇다면 브라질의 열대우림을 보살피는 것은 누구며, 끝없이 펼쳐지는 시베리아를 관리하는 것은 또 누구란 말인가? 자연은 스스로 조절할 수 있는 능력이 있고 그 능력으로 늘 최적의 상태를 유지한다. 이는 이미 증명된 사실이 아니던가? 반면 우리 인간은 단순림이 어떻게 기능하는지조차 제대로 알지 못한다.

그런데도 동료들 중에는 모든 사정을 알고 있다고 주장하는 이들이 있다. 예를 들어 2012년 4월 생태학적 산림경영 실무연합회의에 참석한 한 사람이 그랬다. 그는 생태학적 산림경영을 추구하는 수백 명의 산림경영 전문가들 앞에서 숲 보호 지구로부터 더 이상 배울 것이 없다며, 모든 것은 이미 다 알려져 있는 사실이라는 주장을 펼쳤다. 그렇기 때문에 자연보호 지구를 추가로 지정하는 것은 지나치다는 결론을 내린 다음 단상에서 내려왔다. 대부분이 생태학적 산림경영 전문가들인 참석자들의 큰 박수를 받으며 말이다. 그도 그럴 것이 최근 들어 소위 생태학적 산림경영 전문가들이 모였다는 집단에서조차 경제적 측면을 우선시하는 추세가 나타나고 있다. 그 결과 이들은 산림경영 전문가로 일하는 내내 200살이 넘어서 시작되는 나무들의 생애 후반을 거들떠보지도 않는다. 질병을 앓고 있거나 죽음의 단계에 이른 나무들은 고려의 대상에서 제외된다. 이에 대한 비판의 목소리라고는 나를 비롯한 소수의 환경보호가들이 내는 것이 전부였다.

이와 같은 사고방식이 행동에 어느 정도까지 영향을 미치는지 내 관리구역에서 10년 전에 직접 경험한 적이 있다. 그때 나는 숲에 있는 활엽수림 구역을 보존하자고 제안한 상태였다. 120년 전쯤 식재된 참나무들이 자연적으로 뿌리를 내린 너도밤나무에 밀리면서 끝내 죽음에 이르는, 아주 놀라운 현상이 발견되었기 때문이다. 어린 너도밤나무들은 늙은 참나무들의 수관을 뚫고 자라나며 햇빛을 차단했다. 매우 적대적인 세대교체이기는 했지만 속도가 빠르지 않았다. 나는 너도밤나무들이 이곳을 지배하기까지는 적어도 200년이 더 걸릴 것이라고 추정했다. 200년 후에는 참나무 조림지가 들어서기 전 원시 상태 그대로의 너도밤나무숲이 다시 제자리를 찾게 되는 것이다.

단 이것은 인간의 개입이 없을 때만 이루어질 수 있는 현상이다. 인간이 끼어들어 벌목을 하는 순간 게임의 규칙은 바뀌어 버릴 테고, 햇빛 부족으로 죽을 위기에 처해 있던 개체목들이 보존될 수도 있다. 나는 우리가 절대로 개입하지 말고 숲이 스스로 모든 것을 조절하도록 내버려 두어야 한다는 확신을 갖고 있었다. 지역 공동체 또한 같은 생각이었다.

문제는 내 상사였다. 그는 너도밤나무는 기본적으로 관리가 필요한 개체라 간벌을 해야 하며 지금 상태로는 너도밤나무를 보존할 수 없다고 주장했다. 유감이었다. 간벌이 이루어지면 자연적인 변화의 키를 숲에 맡기려던 프로젝트는 몇십 년 뒤로 밀려날 것이다. 명령은 명령이었으므로 나는 할 수 없이 고개를 끄덕였지만 속으로는 그렇게 하지 않겠다고 생각했다. 그리고 마침내 내 고용주와 상사가 바뀌었다. 나는 휨멜 지역의 산림경영 전문가가 되었고, 루돌프 피텐 시장이 상사가 된 것이다. 시장과 나 사이에는 이 숲을 절대 건드려서는 안 된다는 데 이견이 없었다. 덕분에 참나무와 너도밤나무의 치열한 경쟁은 여전히 진행 중이다.

자연보호 지구와 국립공원에서 목재를 수확하게 된 이유도 바로 이 같은 사고방식에 기인한다. 숲은 기본적으로 관리를 필요로 하고, 관리를 해주지 않으면 이내 병이 들 것이라고 생각하는 것이다. 이에 대해 환경단체가 반발하면 자연에게서 배울 수 있는 것은 이미 다 배웠다며 노골적으로 맞받아친다. 자연의 순리를 파악했으니, 임업을 통한 관리가 숲을 위한 최선이라는 것이다.[44·45] 그리고 이 공식적인 입장을 홍보하는 데 돈을 들인다. 수많은 팸플릿들은 물론이고 지역의 여러 기관을 통해 이를 홍보하며 산림경영 전문가와 주민 사이의 친밀도를 높이는 행사들을 연다. '만나는 곳 - 숲'이라는 키워드를 검색하면 아마도 숲과 관련한 프로그램들이 수도 없이 등장할 것이다.[46] 횃불 산책, 클래스, 새둥지 만들기, 휴가지에서 즐기는 취미 등 자연이라는 주제와 관련해서라면 없는 것이 없다.

독일 연방산림청은 www.treffpunktwald.de라는 사이트를 운영하고 있는데, 이를 위해 얼마나 많은 예산이 소비되는지 모른다. 평균적으로 산림경영 전문가의 업무시간 중 10퍼센트는 이미지 관리에 사용되고 있다. 동료 3천 명에게 지급되는 1인당 임금 6만 유로를 기준으로 볼 때, 산림경영 전문가의 이미지 관리를 위해 소비되는 예산이 독일에서만 1억 8천만 유로에 달한다. 행정적으로는 이를 '환경교육'이라는 카테고리로 분류한다. 말하자면 대중을 계몽하는 데 이바지하는 사업인 것이다. 비판적인 질문들에 대해서는 현실을 상당히 미화하는 답변으로 대중을 안심시킨다. 목재 수확에 투입되는 대형 장비들이 숲에 큰 피해를 가져올 수 있다는 사실이 비전문가인 주민들의 눈에도 들어온 모양이다. 산림경영 전문가들은 이 모든 것이 숲의 건강을 유지하기 위한 작업이라는 답변으로 궁금증을 가라앉힌다.

어린 손님들의 마음을 사로잡는 행사도 있다. 일명 '숲에서 놀자' 프로그램인데 인근 학교의 전교생이 초대를 받아 그림 그리기, 만들기, 게임, 퀴즈풀이 따위를 즐긴다. 그뿐인가. 그릴에 소시지를 구워 먹고 레모네이드와 콜라를 마신다. 물론 전부 공짜지만 그 위에는 가격표와 제공처가 붙어 있다. 어린 손님들은 즐거워한다.

목재산업계 역시 영향력을 행사한다. 국립공원과 관련한 문제에 개입하는 것에서 한 발 더 나아가 숲의 설계 자체를 통제하려 드는 것이다. 이들이 어떤 목적을 가지고 있는지를 이해하려면 과거로 돌아가야 한다.

유럽의 산림업계는 100년 이상 침엽수를 선호했다. 그리고 시장경제의 논리가 그렇듯, 목재산업도 정확하게 이 원료 공급량에 맞춰 움직였다. 목재 수확에서 가장 높은 비율을 차지하는 것이 독일가문비나무와 구주소나무이므로, 대부분의 제재 공장들은 이 수종을 가공하는 데 최적화되어 있다. 그런데 비바람은 이 수종들이 나이를 먹고 두꺼운 줄기를 만드는 것을 방해한다. 따라서 기계는 침엽수의 가는 줄기를 수확하기에 편리하도록 제작되며, 대부분의 제재산업이 이외의 다른 수종을 가공할 능력을 갖추지 못한 것이다.

그러다 최근 대부분의 주 산림청들이 보다 신중하게 산림을 경영하겠다고 공언하기 시작했다. 물론 나는 이 약속을 믿지 않았다. 신중한 산림경영에는 숲 고령화의 용인이 반드시 포함되어야 하는데, 그렇게 되면 두껍고 큰 줄기를 가진 나무들이 생길 수밖에 없다. 숲의 고령화는 곧 예외 조항이 되어 버리고 말았다. 제재 공장에서 처리가 어렵다는 이유에서다. 제재산업의 바람대로 된 셈이다. 산림청의 계획이 공식적으로 발표되자, 현장에서는 곧바로 억센 나무줄기를 처리하는 문제로 소문이 돌기 시작했다. 실제로 제재 공장에서는 두꺼운 줄기의 목재 값을 낮게 책정한다. 즉 1제곱미터당 목재 가격이 가는 줄기의 목재에 비해 낮은 것이다. 괴물과도 같은 거대한 줄기를 베어 낼 능력이 없어서다.

숲은 수명이 길지만 제재 공장은 그렇지 못하다. 10년만 지나도 변화된 상황에 맞춰 새로운 장비를 들여야 한다. 하지만 제재 공장의 불편을 알아서 해결해 주는 산림경영 전문가들 덕분에 이는 큰 문제가 되지 않는다. 게다가 이들은 나무의 줄기가 공장에서 처리하기에 딱 좋은 상태에 이르렀을 때 벌목하는 과잉충성까지 보인다. 침엽수 구역에 남아 있는 개체목들은 태풍이 처리한다. 엄청난 괴력으로 구획 전체를 뒤집어 놓아서 줄기를 사용할 수밖에 없도록 만드는 것이다.

얼핏 보기에는 편리한 시스템 같지만 실상은 그렇지 않다. 이는 업계 스스로 자신의 발목을 잡는 꼴이기 때문이다. 생각해 보라. 가는 줄기만 판매가 되니 목수는 억센 줄기를 다루지 않는다. 그렇다면 팔기 어려운 두꺼운 줄기는 생산하지 말아야 한다. 그래서 산림경영 전문가는 일찍부터 나무를 베어 낸다.

업계의 편리성을 따지지 않고 숲의 나무들을 고령으로 자라게 하는 산림기업들도 분명 있다. 독일가문비나무와 구주소나무, 너도밤나무가 성숙할 수 있도록 두었다가 자연적인 죽음을 눈앞에 두었을 때에야 비로소 목재를 수확하는 기업들이다. 하지만 이 작업에 투입할 수 있는 목수가 몇이나 될지 의문이다. 최근 들어 고령의 나무를 수확하고 가공해 수익을 내는 제재 공장들은 거의 사라져 버렸다.

독일에서는 반드시 침엽수를 생산해야 한다는 잘못된 인식 또한 문제다. 2009년 1월 연방자연보전청의 초대로 베를린 농수산물박람회의 '녹색주간'에 강연자로 참석했을 때의 일이다. 그 자리에서 나는 산림경영을 주제로 내 생각들을 풀어냈는데 물론 여기에는 너도밤나무숲의 회복에 대한 이야기도 포함되어 있었다. 강연 도중 농림부 소속의 한 공무원이 일어나 마이크 앞에 섰다. 그는 만일 모든 산림경영 전문가가 나처럼 '그런 일'을 한다면, 건축용 목재는 어디에서 생산하며 제재산업을 위한 원료는 어떻게 공급하느냐고 질문했다. 물론 무의식적으로 튀어나온 것이겠지만, '그런 일'이라는 단어를 언급할 때의 어감 때문인지 '그런 일'은 마치 '어리석은 일'처럼 들렸다. 관습적인 경제 주체들은 활엽수를 지지하는 주장이라면 어떤 말도 들으려

하지 않는다. 하지만 우리가 침엽수를 고집해야 할 이유는 전혀 없다. 나는 이에 대한 몇 가지 이유를 들며 그 질문에 답했다.

“무역의 세계화로 독일 내에서 모든 것을 생산해 낼 필요는 없습니다. 바나나처럼 침엽수 목재를 침엽수의 고향에서 수입해 오면 되니까요.”

독일에서 침엽수를 생산하지 않아도 되는 두 번째 이유는 중세시대 도시를 보면 명확해진다. 기회가 된다면 중세시대의 낡은 목골구조 가옥들을 유심히 살펴보길 권한다. 특히 풍화를 겪은 발코니를 집중적으로 관찰해 보라. 이 섬세한 작품들의 원료는 대부분 활엽수다. 당시 중부 유럽에는 알프스 지대를 제외하고는 독일가문비나무나 구주소나무가 없었다. 그래서 건축 자재로 쓰인 것이 참나무, 너도밤나무, 물푸레나무, 느릅나무, 단풍나무다. 가끔은 중부 유럽 원시림의 너도밤나무 옆에 자라던 전나무가 사용되었다. 이 목골구조 가옥들은 오늘날까지 굳건히 서 있다. 이로써 활엽수가 건축용 목재로도 적합하다는 사실이 증명된다. 시대가 바뀌었다고 해서 활엽수 목재로 건축을 못할 이유가 대체 뭐란 말인가?

수요를 결정하는 것은 공급이다. 200년 전만 해도 숲에서는 바르고 곧게 자란 줄기들을 찾아볼 수 없었다. 약탈의 대상이었기 때문이다. 성숙할 기회를 얻은 몇 안 되는 활엽수들은 낭만적이지만 건축용 목재로 쓰기에는 전혀 적합하지 않은 거친 형태로 자라났다. 늘씬한 줄기는 당연히 밀집도가 높고 방해받지 않는 환경에서 자라는 개체목을 통해서만 얻을 수 있었다. 벌목으로 어딘가에 일조량이 늘어나면 너도밤나무나 참나무는 햇빛이 떨어지는 방향을 향해 자라난다.

인근 나무를 베어 내면 이와 같은 일이 발생하는 것이다. 활엽수에게서 좋은 품질의 목재를 기대하기 어려운 이유가 바로 여기에 있다. 간벌이 빈번하게 이루어지면 지표면이 받는 햇빛의 양이 늘어나고, 햇빛을 향해 구부러진 줄기들은 서로 얽힌다. 그리고 이 과도한 일조량은 19세기 무자비한 숲의 약탈이 불러온 결과였다.

이제 수렵인들의 이해관계에 따라 승전보를 울리게 된 침엽수들이 등장한다. 독일가문비나무와 구주소나무, 낙엽송의 공급량이 갑자기 치솟은 것이다. 그 나무들은 참나무만큼 뛰어난 내구성을 자랑하지는 못하지만, 충분한 공급량 덕분에 훨씬 저렴하다는 장점을 가지고 있었다. 더 저렴하다고? 숲 주인은 숲을 활용하여 최대한 높은 수익을 올리기를 원한다. 그렇다면 저렴한 침엽수보다는 활엽수를 식재해야 하는 것 아닐까? 정확하게 계산하자면 대량생산 제품인 침엽수가 아니라 활엽수가 훨씬 많은 돈을 벌 수 있게 해줄 것이기 때문이다!

침엽수가 금세 인정을 받은 데에는 고유의 특성이 한몫했다. 침엽수는 대부분 너도밤나무나 참나무만큼 햇빛을 좋아하지는 않아 직선으로 자란다. 이들은 공간의 밀집도나 일조량에 상관없이 하늘을 향해 곧게 뻗어 나가는 것이다. 목재 수확이 쉬워지니 산림경영 전문가들 역시 편하다. 숲에 구멍이 생겨도 휘지 않고 계속해서 하늘을 향해 곧게 자라니까 여러 개체목을 한꺼번에 베어 내도 상관없다. 산림경영의 측면에서만 보면 활엽수에 비해 실수에 관대한 수종인 셈이다. '문제가 많은' 활엽수보다 침엽수 단순림이 산림경영에 더 잘 맞는 이유가 바로 여기에 있다. 활엽수를 포기하면 수렵인들과의 갈등 또한 쉽게 해결된다.

그러니까 너도밤나무나 참나무가 밀려난 배경에는 경영상의 이유나 생태학적 문제 때문이 아니라 관리하기가 좀 더 까다롭다는, 정말 단순한 이유가 있었다. 결국 관리 차원의 용이함이 지난 몇십 년에 걸쳐 숲을 개조한 원인인 셈이다. 사람들이 이 사실을 눈치 채지 못하고 있는 것 같다면, 심지어 인공적인 타이가 산림지대를 보며 만족감을 느끼는 듯하다면 굳이 먼저 나서서 이들을 계몽할 이유가 없지 않겠는가? 그렇게 하면 비난의 목소리가 높아지고 일만 더 늘어날 테니 말이다.

9

허술한 산림경영 평가

제삼자의 감시 없이 운영이 가능한 산업 분야는
산림업이 유일할 것이다.
그리고 산림의 현장은 여러 과정을 거쳐 매우 투명하고
객관적으로 운영되는 것처럼 눈속임을 하고 있다.

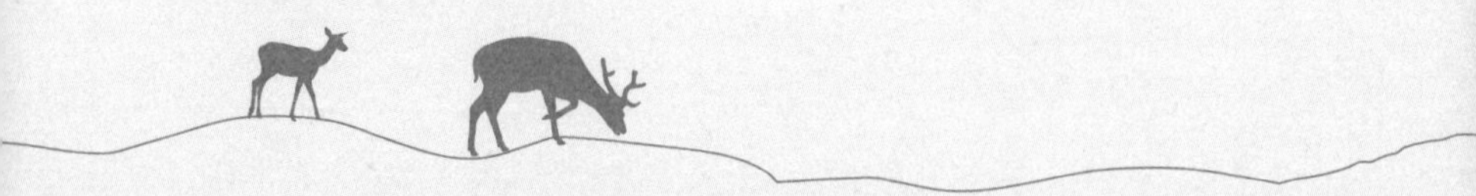

우리는 감시의 수준이 매우 높은 곳에 살고 있다. 모든 것에 규범과 규정이 있기 때문이다. 심지어 바나나나 콘돔을 생산하고 판매하는 등의 과정에서조차 감시가 이루어진다. 수천 명의 담당 공무원들은 규정의 준수 여부를 철저히 살핀다. 이것이 동반하는 몇 가지 폐해만 제외하면 이를 비판할 이유가 없다. 공공의 삶이 지금처럼 평온하고 신뢰할 만한 상태를 유지할 수 있는 배경에는 모두에게 평등하게 적용되는 이 규칙이 있기 때문이다.

하지만 이 규정이 개인에게 적용되어 원하는 것에 제약을 가져온다면 어떨까? 규정을 바라보던 보편적인 관점이 조금은 달라지지 않을까?

예를 들어 우리가 개인의 소득을 직접 감시해 소득세를 신고할 수 있다면 얼마나 좋을까? 물어볼 필요도 없이 우리 가운데 대부분은 추가로 납부해야 할 세금이 없다고 신고할 것이다. 자신의 행위를 스스로 감시하며 살아가는 낙원과도 같은 세상은 평범한 국민에게는 존재하지 않지만, 평범한 산림경영 전문가에게는 존재하는 듯하다. 산림청은 숲의 계획·경영·감시, 이 세 가지 모두를 책임진다. 지속가능하고 환경친화적인 산림경영에 있어서도 관련 규정의 준수 여부를 스스로 증명한다. 이처럼 제삼자의 감시 없이 운영이 가능한 산업 분야는 산림업이 유일할 것이다. 그리고 산림의 현장은 여러 과정을 거쳐 매우 투명하고 객관적으로 운영되는 것처럼 눈속임을 하고 있다.

지역에 따라 조금씩 차이는 있지만, 0.5제곱킬로미터 이상의 제법 큰 숲의 소유자는 산림경영 계획을 실행에 옮기기 전에 10개년계획과 함께 재고 목록을 제출해야 한다. 이를 이른바 산림경영 평가라고 하는데, 전문 평가업체나 산림청 산하 부서에서 담당한다. 평가 대상은 숲의 현재 상태다. 수종과 구획별 연령, 토양의 손상 정도, 야생동물에 대한 먹이 살포 문제, 줄기의 품질 등을 조사해 평가를 내리는 것이다.

산림경영 평가는 두 과정으로 이루어진다. 표본평가와 통계다. 표본평가는, 가로세로 각 200미터 크기로 표본채취구역을 정한 다음 토양검사기계를 땅속에 집어넣어 반경 12미터 이내에 있는 토양의 모든 정보를 얻음으로써 이루어진다. 산림경영 전문가는 측정 장소가 어디인지 사전에 알 수 없으므로 측정 결과를 조작하기 위해 해당 구역을 별도로 관리한다거나 하는 일은 불가능하다. 이렇게 최소 150곳 이상의 토양에 대한 측정을 마치고 나면 숲 전체의 상태를 정확하게 평가할 수 있다. 그리고 10년이 지난 후 한 번 더 평가를 진행하면 산림경영의 지속 가능성 여부까지 확인할 수 있다. 이전에 집어넣을 토양검사기계의 위치를 파악할 수 있기 때문에 10년 후의 평가도 정확히 같은 지점에서 이루어진다. 이렇게 하여 지난 10년간 이 숲에서 무슨 일이 일어났는지, 즉 관리는 잘되었는지, 숲의 가치는 상승했는지 혹은 훼손되었는지 등을 파악한다.

물론 많은 동료들이 이 평가를 꺼린다. 자신의 경영 계획을 낱낱이 파헤치는 것을 반길 사람이 어디 있겠는가? 엉망으로 처리한 일은 물론이고, 무분별하게 악용한 것까지 모두 드러날 텐데 말이다. 그래서 국가 공무원이 경영하는 숲에서는 조작이 일어나는 경우가 많다. 몇 군데만 대충 측정하고 끝내는 것은 말할 나위 없고 중요한 수치들은 아예 조사하지도 않는다.

측정이 이루어진 지점을 정확하게 찾아내는 것 역시 그들에게는 기대하기 어려운 일이다. 토양의 훼손과 나무의 손상 여부, 무분별한 착취의 흔적 등을 밝혀내는 것 또한 마찬가지다. 수박 겉핥기식으로 숲 전체를 한번 훑어보고 마는 감시자의 눈에 이 사실이 들어올 리가 없다. 하지만 공식적으로는 이 또한 표본조사 평가와 동일하게 여겨지기 때문에 법규정을 어겼다고 할 수 없다. 수많은 행정기관이 이 조사 방식을 그토록 열심히 변호하는 데에는 다 그만한 이유가 있는 것이다.

철저한 조사의 필요성을 강조하며 숲의 소유주를 설득해 놓은 내 관리구역에서도 산림청 감독관은 마찬가지로 조사를 진행했다. 행여 자신이 감시하는 구역에서 문제가 발생할 것을 두려워한 것일까? 하지만 그런 문제는 발생하지 않았다. 이처럼 허술한 평가는 대부분의 숲에 선택지로 주어지고 있다. 그리고 인간이 저지르는 자연에 대한 착취에는 눈감고 넘어가는 것이다.

10

비용 절감이 숲에 빚은 결과

문제는 비용 절감에서 끝나지 않았다.
수익 창출이라는 경영 목표를 세운 것이다.
사람이 빠진 자리에 다시 사람이 채워지는 일은 없었다.

숲을 관리하는 데에는 돈이 많이 든다. 지난 수십 년 동안 이것을 문제 삼는 사람은 없었다. 숲을 보존하려면 관리를 해야 한다는 거짓말을 많은 사람이 믿고 있어서다. 심지어 숲 '관리'를 위해 납세자들이 부담하는 금액이 1제곱킬로미터의 면적을 기준으로 1년에 1인당 1만 유로에 달한 적도 있다. 돈을 들이지 않으면 쓸모를 잃어버린다는 생각이 낳은 결과다. 그리고 이를 모토로 지난 수십 년간 숲에서는 나무가 심기고 관리되고 베어지는 일들이 이어져 왔다. 관리하는 방식만 보면 숲이라기보다는 공원이라는 생각이 들 정도다.

돈 문제가 해결되는 순간 구태의연한 태도는 빠르게 번져 나간다. 산림경영 전문가의 일이란 것이 사실상 통제할 수 없다는 특성을 가진지라 숲에서는 그런 태도가 쉽게 나타난다. 그도 그럴 것이 모든 숲은 유일무이하다. 같은 구역이 하나도 없으니 구역마다 해야 할 일도 다르다. 어떤 구역은 어린나무로만 이루어져 있어 수확할 목재가 없고, 또 어떤 구역은 굵은 줄기가 많지만 가파른 경사면이라 수확이 쉽지 않다. 한마디로 숲은 단순 비교가 불가능한 것이다. 이는 정말이지 머리가 지끈거릴 정도로 복잡하던 공공부문 산림업 종사자들의 임금 기준표가 몇 년 전에 폐지되는 결과로 이어졌다. 그리고 무책임한 이들에게는 또 하나의 든든한 핑곗거리를 제공했다.

휨멜 지역의 산림경영 전문가가 되어 아내와 함께 관사로 이사 온 1991년, 나이 지긋한 한 동료가 내게 한 말로 산림경영 전문가의 하루 일과가 어느 정도까지 무책임할 수 있는지를 알 수 있었다. 그는 마치 비밀 이야기를 꺼내듯 조심스럽게 말을 이어 갔다.

"아침 8시에 침대에서 일어나서 아래층 사무실로 가지. 책상 앞에 앉아서 면도를 하면 근무는 이미 시작된 걸세. 그리고 12시쯤 되면 짐을 챙겨서 밖으로 나가 가까운 식당으로 식사를 하러 간다네."

오후에는 무얼 하느냐는 내 질문에 그는 이렇게 대답했다.

"운동하는 시간이지."

산림경영 전문가가 원래 반일 근무직이었던가? 산림경영 전문가라는 직업에 대한 환상으로 가득 차 있던 시기라 내가 상상하던 모습과는 다소 어긋나는 데가 있었지만, 그의 말은 사실이었다. 평균적으로 네 시간이 지나면 업무가 끝나고 슬슬 지루해지기 시작했다. 심지어 겨울이면 더 했다. 첫눈이 내리기가 무섭게 산림경영 전문가들은 산림청에 전화를 걸어 산림노동자들에게 일을 시켜도 되는지 문의했다. 눈이 내리면 숲에서 작업할 수 없다는 사실을 확인받는 것이다. 여기에 노동청까지 가세했다. 당시 겨울이 되면 산림노동자들은 두세 달치의 실업급여를 받을 수 있어 다른 부업으로 가계 수입을 올렸다. 그렇게 되면 봄이 오기 전까지 산림경영 전문가가 할 수 있는 일이 없다. 책상 위에 쌓인 몇 가지 서류만 처리하면 되는 것이다.

그러다 20세기 말에 이르러 변화가 생겼다. 임금을 지급해야 하는 산림경영업체, 특히 숲 소유주들이 재정적 어려움을 호소하며 숲의 인력을 대폭 줄인 것이다. 하지만 문제는 비용 절감에서 끝나지 않았다. 수익 창출이라는 경영 목표를 세운 것이다. 사람이 빠진 자리에 다시 사람이 채워지는 일은 없었다. 구역을 재정비했고, 관리 면적이 늘어났다. 전에는 산림경영 전문가 한 사람이 자신의 관리구역을 걸어서 돌아볼 수 있었다면 이제는 하루 일과 중 평균 한두 시간을 지프차에서 보내야 한다. 이렇게 하면 경비를 절감할 수는 있다. 하지만 수익도 늘었을까? 생각해 보자. 자동차 제조업체가 비용 절감을 목표로 자동차에 바퀴를 세 개만 부착한다면 어떨까? 생산비용은 줄어들 것이다. 그렇다고 재정이 나아졌을까? 그렇지 않다. 바퀴가 세 개뿐인 자동차를 살 사람은 없다. 결과적으로 수익이 줄어드는 것이다.

숲의 상황도 마찬가지다. 인력을 줄이는 방법으로는 전체 상황의 개선을 기대하기 어렵다. 과거에 비해 거의 세 배 이상 커진 관리 면적은 그야말로 '관리'가 불가능하다. 목재 수확업체들이 있기는 하다. 그들은 벌목을 하고 장비를 이용해 숲 밖으로 줄기를 운반하는 일을 처리해 준다. 그런데 이렇게 되면 매일같이 감독해야 한다. 도급 계약으로 일하는 외부 업체들은 최대한 단순한 작업규정과 최대한 작은 면적 안에서의 많은 목재 수확을 선호하기 때문이다. 서 있는 나무들과 묘목까지 고려해 일하려면 시간도 돈도 더 든다. 나무들 사이로 난 목재운반로 경계선을 지키며 운반할 경우, 한 번에 옮길 수 있는 목재의 양은 그만큼 줄여야 한다. 먼저 케이블윈치나 말을 이용해 크레인 차량이 있는 곳까지 목재를 옮겨 놓는 작업을 추가적으로 해야 한다. 케이블 차량에 목재를 싣는 것은 그다음이다. 케이블윈치나 말을 이용하지 않고 곧장 케이블 차량에 목재를 실을 수 있다면 임도까지 운반하는 비용 또한 줄어들 것이다. 숲의 바닥이 차량 바퀴에 모조리 짓이겨지기는 하겠지만 말이다.

물론 계약서에는 이와 같은 작업규정을 준수하라는 내용이 명시되어 있다. 하지만 정작 감독하는 사람이 없다면 어떨까? 당연히 좀 더 편한 방식으로 일할 것이다. 결국 산림경영 전문가가 산림노동자들의 작업을 감독하는 데 소요되는 모든 업무시간은 장비의 사용과 토양의 보존이라는 측면에서 그만한 가치가 있는 셈이다. 그러나 현장에서는 하루에 한 번도 작업을 살피지 못하는 경우가 허다하다. 관리구역이 너무 넓어 구역의 한쪽 끝에서 작업이 진행되고 있기 때문이다.

인력 감축이 낳은 또 하나의 단점은 침엽수림을 통해 확인할 수 있다. 여름이 되면 침엽수림에는 독일가문비나무와 구주소나무를 습격하러 온 나무좀들이 득실거린다. 중부 유럽에 사는 독일가문비나무와 구주소나무는 특히 나무좀들의 공격에 속수무책이다. 물론 나는 이 나무들의 식재를 반대하는 사람이기는 하지만, 그렇다고 하루아침에 이 나무들을 잃는 불상사를 바라지는 않는다. 이 비극은 주로 태풍이나 나무좀의 공격으로 일어나는데, 숲의 토양이 비바람에 무방비 상태로 노출되고 개벌이 이루어졌을 때와 다름없는 피해를 입는다. 더군다나 침엽수는 그늘을 필요로 하는 어린 활엽수들에게 어미나무의 역할을 해줄 수도 있다. 그래서 몇 주 간격으로 나는 동료와 함께 침엽수림의 나무좀 피해 여부를 살핀다.

나무좀의 공격을 당한 침엽수는 잎이 붉어지고 줄기가 진득거리며 줄기의 껍질이 벗겨지는 증상을 보인다. 이런 증상이 나타나면 즉각 나무껍질을 벗겨 내는 작업을 의뢰한다. 나무좀의 알이 부화하는 것을 차단해 인근 나무로 피해가 번지지 않게 하는 것이다. 이렇게 독일가문비나무를 지킨다. 이로써 어린 너도밤나무들도 안전한 생장을 보장받는다. 다행히 12제곱킬로미터의 관리구역을 산림경영 전문가 두 명이 담당하고 있는 덕분에 우리에게는 이 같은 문제를 관리·감독할 시간이 충분하다. 그 대상이 산림노동자건 나무좀이건 말이다. 이와는 대조적으로 많은 동료들이 20제곱미터나 되는 넓은 관리구역을 혼자 돌보고 있다.

독일가문비나무나 구주소나무 관리는 대단히 중요하다. 나무좀은 6주에 한 번 알을 낳는 데다가 그 습격을 간과하기 쉬워 순식간에 한 구역의 나무들이 떼죽음을 당할 수 있어서다. 그러면 나무가 죽고 난 뒤 나무벌들이 찾아와 구멍을 내므로 목재로서의 가치마저 사라진다. 나무들로 굳건한 벽을 세우고 있던 숲이 빈틈을 보이기 시작하면 기회를 놓칠세라 겨울의 태풍이 공격을 해오고, 마치 도미노 게임을 하듯 인근 나무들을 모조리 휩쓸고 간다. 관리의 부재가 낳는 재정적 손실을 따진다면 인력 감축이 정말 유용한 것인지 자문하지 않을 수 없다.

숲이 입는 피해는 이 정도로 끝나지 않는다. 사실 산림경영 전문가는 건축가와 같다. 사회와 법이 정한 규정에 따라 숲의 틀을 만들고 경영해야 하기 때문이다. 최근 모든 공공기관 산하의 산림에 적용되는 규정이 하나 생겼다. 자연적인 상태의 복원을 목표로 경영해야 한다는 규정이다. 이에 따르면 활엽수는 돌아와야 하고, 어린나무들은 어미나무 아래에서 자라나야 하며, 침엽수는 밀려나야 한다. 이 회복의 과정을 보호하려면 전문가가 세밀한 것까지 고민해 전략을 세워야 한다. 모든 형태의 개입과 벌목은 그로 인한 결과를 고려해 신중하게 진행해야 하는 것이다. 바로 여기에 요구되는 것이 산림경영 전문가들의 상상력이다. 직접 표시해 놓은 나무가 베어진 후 숲은 어떻게 변할지, 남아 있는 나무들의 성장과 발전에 수십 동안 어떤 영향을 끼칠지 그려 봐야 하는 것이다. 생태학적으로 건강한 활엽수림의 조성은 100년 이상을 내다보는 일이므로, 여러 세대를 거치며 숲에 어떤 변화를 가져올지를 고려해야 한다.

하지만 산림경영 전문가들에게는 이와 같은 설계의 시간이 주어지지 않는다. 그래서 사무실 컴퓨터 앞에 앉아 온갖 데이터를 담고 있는 항공사진 속 가상의 숲에서 일을 처리한다. 산림경영연구소와 대학교 등에서는 나무의 성장을 예측할 수 있는 시뮬레이션 프로그램을 개발 중이다. 산림경영 전문가가 꼭 숲으로 들어가 나무 하나하나를 살펴봐야 하는 것일까? 그렇게 하지 않아도 모니터 화면에 숲을 불러와 설계하면 그만인데 말이다. 게다가 날씨가 궂을 때에는 말할 수 없이 편리할 것이다. 그러나 자연 속의 단순림을 생태학적 파라다이스로 바꿀 건축가를 과연 찾아볼 수 있을까? 슬프지만 대답은 '없다'이다. 벽돌공들에게 설계를 맡긴 셈이니 당연한 결과다. 이를 숲에 적용해 표현하면 벌목해야 할 나무에 스프레이로 표시하던 산림경영 전문가의 업무가 산림노동자들에게 넘어간 것이나 마찬가지다. 산림노동자들을 탓하려는 것이 아니다. 그들은 자신들의 업무 내용을 제대로 파악하고 있다. 하지만 숲을 관리하는 것, 나아가 그것을 생태학적으로 변화시키는 일은 결코 쉽게 이루어지지 않는다. 구체적인 전문 지식이 괜히 필요한 게 아니다. 산림노동자들에게는 이 같은 지식을 기대하기 어려우니 자신들이 맞는다고 생각하는 나무에 그냥 표시해 버린다.

이것이 숲이라는 건축 현장에 가져오는 결과가 무엇인지는 직접 택벌을 체험해 보면 보다 분명하게 알 수 있다. 택벌이란 품질이 좋지 않은 줄기들을 선별해 베어 내는 방식의 벌목을 의미한다. 이렇게 하면 상대적으로 좋은 품질을 가진 나무들, 특히 직선으로 곧게 자라는 나무들이 더 넓은 공간을 차지하게 되어 빠른 속도로 줄기의 두께를 키워 나갈 수 있다. 그리고 이들은 먼 훗날 성숙목이 되었을 때 높은 수익을 남기고 판매된다.

개벌 없이 생태학적 방식으로 산림을 경영하는 것이 목표라면 어린나무들을 택벌 대상에서 제외하는 것이 무엇보다 중요하다. 성숙목들이 떠나고 남은 빈자리가 언젠가는 채워져야 하기 때문이다. 숲의 건전한 생장을 위해 개체목들을 벌채할 계획이라면 모순처럼 들릴 수 있겠지만, 그 대상은 반드시 휘어 있는 나무들 중에서 골라야 한다. 그것도 반드시 줄기가 굵은 것이어야 한다. 그래야 인근의 건강한 나무가 수관을 형성할 수 있는 공간을 확보할 수 있는 법이다. 성숙목의 건강을 위해서라면 어린나무를 제거할 이유가 없다. 수관이 낮아 성숙목을 방해할 일이 없기 때문이다.

이런 전략으로 벌채를 이어 가다 보면 수십 년 후에는 소위 택벌림이라는 것이 형성된다. 대·소·노·유의 수목이 혼생하고 있는 숲으로, 이곳의 나무들은 크기와 연령이 제각각이다. 연령의 경우에는 목표연령대가 정해져 있어서 그 안에서만 생장이 가능하다. 고령의 나무들은 자식 나무 위에 서서 어린나무들을 키워 내는 동시에 일정한 습도와 온도가 유지되는 환경을 조성한다. 나무들이 잘 지낼 수밖에 없는 곳이다. 택벌림은 한 가지만 제외한다면 원시림과 가장 비슷한 임형을 가지고 있다. 그 한 가지란 늙어 가는 과정이다. 나무가 썩어 들어가기 전에 가장 굵은 줄기부터 베어 내기 때문이다. 그래서 생태학적 경영을 추구하는 산림경영 전문가들은 고령의 너도밤나무와 참나무 들을 일부 내버려 두기도 한다.

이처럼 택벌은 매우 어려운 작업이어서 언제나 고도의 집중력을 필요로 한다. 나무가 손상을 입지는 않았는지, 휜 곳은 없는지, 그 밖의 다른 이유로 설정해 둔 목표에서 벗어나지 않는지 등 개체목 하나하나를 사방에서 꼼꼼하게 관찰해야 하는 것이다. 1제곱킬로미터의 면적 안에 평가해야 할 나무만 해도 약 5만 그루에 이른다. 나는 이 작업을 하는 데 두 시간을 넘기지는 않는다. 그 이상은 눈앞에 수관이 아른거려 제대로 수행할 수 없어서다.

자연적인 방식과 거리가 먼, 관습적인 간벌 형태 중 하나가 선목사업이다. 우량목재로 자랄 가능성이 있는 나무들을 선정해 표시한 다음 이 목적수들이 단단한 줄기를 형성할 때까지 기다려 주는 방식으로, 이 과정에서 미래목 주변의 나무들은 미래목이 수관을 확장할 수 있는 공간을 확보해야 한다는 이유로 5년에 한 번 한두 그루씩 제거된다. 택벌 사업과 달리 선목 사업은 목적수 인근의 모든 나무가 점차 사라진다는 근본적인 문제를 안고 있다. 크건 작건, 어린나무건 아니건 관계없이 나무들이 사라지면 이윽고 숲에는 우수한 후보들만 남게 되는데 이들은 이미 성장한 상태여서 빠른 시일 안에 수확해야 하고, 숲은 나무가 한 그루도 남아 있지 않은 상태가 되고 만다. 결과적으로는 개벌을 한 셈이 되는 것이다. 그렇기 때문에 미래목을 선정하는 방식의 간벌을 선호하는 산림경영 전문가는 관습적인 산림조성 시스템에 사로잡혀 있다고 말할 수밖에 없다. 그가 생태학적 경영을 추구한다고 아무리 주장해 봐야 의미가 없다.

숲에 산책하러 갈 기회가 생긴다면 혹시 나무에 뭔가 표시되어 있지 않은지 잘 살펴보라. 색깔이 있는 네 개의 점이 줄기 주변에 퍼져 있고, 색 띠나 플라스틱 밴드를 둘러 놓은 나무가 있다면 미래목으로 선정되었다는 뜻이다. 반면 컬러 스프레이로 비스듬한 선이 그어져 있다면 제거해야 할 나무라는 뜻이다. 하지만 내가 관리하는 구역은 그 반대다. 택벌림을 목표로 하는 우리 숲에서는 베어 내야 할 나무에만 종이띠를 묶어 놓는다.

선목 사업은 자연적인 숲의 회복을 방해한다. 선목 사업이 진행되면 어느 순간 해당 구역에는 같은 두께와 같은 품질, 같은 연령을 가진 나무들만 남기 때문이다. 이를 전문용어로는 동령림同齡林이라고 한다. 나이가 똑같은 학생들로만 구성된 단일 연령 학급과 비슷한 상황이 되는 것이다.

생태학적 경영을 추구한다는 산림업체들이 이런 방식으로 숲을 관리하는 이유는 무엇일까? 대부분의 산림경영 전문가들이 택벌 사업을 어렵게 생각하기 때문이다. 반면 선목 사업은 어려울 것이 없다. 미래목에 표시만 해놓으면 나머지 간벌 작업은 식은 죽 먹기다. 때가 되면 미래목 인근의 나무 한두 그루에 컬러 스프레이로 선을 그어 놓는다. 그러면 산림노동자들이 알아서 나무를 베어 간다. 관리가 얼마나 단순한지, 최근에는 산림노동자들이 베어야 할 나무에 직접 표시를 하는 경우가 갈수록 늘고 있다.

왜 하필 산림노동자들에게 이 일을 맡겼을까? 이런 현상은 몇 년 전 니더작센주에서 시작된 후 유행처럼 번져 나갔다. 해당 주에서는 크게 문제 될 일이 없다는 이유로 시범 삼아 하베스터 운전기사에게 제거해야 할 나무의 선정 작업을 맡겼다.[47] 색깔이 있는 고리가 걸린 것은 미래목이고 이들을 제외한 나무들은 어차피 몇 년 안에 베어질 테니 순서는 크게 상관없다는 안일한 생각에서 말이다. 때로는 이 과정에서 보여주기용으로 키워 놓은 활엽수가 생을 마감하기도 한다. 침엽수 단순림을 혼합림으로 만들겠다며 식재한 어린 너도밤나무들이 운전기사들의 시야를 방해한 탓이다. 3미터 높이의 기계 위에서 작업을 하는 기사는 톱이 달린 기계의 집게팔을 나무 밑동을 향해 뻗어야 하는데 너도밤나무의 잎들이 시야를 가리자, 이 '말썽쟁이'를 그냥 베어 버렸다.

다시 건축가 이야기로 돌아가 보자. 산림경영이 그렇게 단순하다면 산림경영 전문가는 대체 왜 필요한 것일까? 전문가가 이따금 한 번씩 숲을 방문해 미래목을 선정해 놓고 가면 나머지는 산림노동자들이 알아서 처리할 텐데 말이다. 산림청의 생각이 실제로 그런 것 같다. 하지만 나는 이것이 돌이킬 수 없는 실수라고 생각한다. 이와 같은 단순한 간벌 사업으로 동령림을 유지한다 하더라도 숲에는 목재 수확 외에도 고려해야 할 일들이 쌓여 있다. 새들이 알을 낳고 맹금류가 둥지를 튼 나무가 어떤 나무인지는 누가 확인하며, 누가 이 나무의 벌채를 막는단 말인가? 민감하고 축축한, 보호의 대상인 희귀한 습지 비오톱은 누가 발견하며, 독일가문비나무의 바다에서 익사할 위험에 처해 있는, 이 경쟁으로부터 보호받아야 할 교목과 관목은 누가 선별할까?

경영 방식이 단순해지면 숲도 단순해진다. 산림경영 전문가의 도우미를 자처하는 산림노동자들은 대부분 숲의 예민한 특성을 파악하지 못한다. 어쨌거나 우리의 원래 목표는 숲을 최대한 원시 상태에 가깝게 생태학적으로 경영하는 것이 아니던가? 이것은 선목 사업을 택벌 사업으로 전환해야 한다는 것을 의미한다. 그런데도 산림경영 전문가들은 이처럼 소모적인 일에는 시간을 투자하기는커녕 그럴 의지도 보이지 않는다. 의지? 그렇다. 무엇보다 부족한 것은 바로 의지다. 몇 년이라는 재정비의 시간이 필요할 텐데, 이 사실 앞에 산림경영 전문가들은 좌절하고 있는 것이다. 그럴 만도 하다. 재정 문제로 책임져야 할 낯선 구역이 계속 추가되고 있는 것이 현실이다. 새로운 관리구역에 익숙해지는 데 2~3년의 시간이 걸리고, 그 시간이 지나고 나면 또 다른 변화가 기다리고 있는 것이다.

인력 감축이 빚은 심각한 단점은 또 있다. 인력이 줄면서 담당자가 사라진 관리구역을 인근 구역을 관리하는 산림경영 전문가에게 떠넘겨 버리는 것이다. 그러면 이제 갓 교육을 마치고 현장에 투입된 젊은 산림경영 전문가들에게는 아무 기회도 주어지지 않는다. 산림청은 고령화된다. 실제로도 산림경영 전문가의 평균연령은 55세를 넘긴 지 오래다. 이와 더불어 젊은이들의 에너지와 열정, 혁신에 대한 의지도 사라졌다. 나이가 지긋한 산림경영 전문가들의 관심사는 승진이나 연금에 머물 뿐, 산림경영의 개선을 고민하는 경우는 드물다.

1964년생인 나는 여전히 젊은 편에 속한다. 그러나 나는 내 업무능력이 과거에 비해 꽤 뒤떨어진다고 스스로 느낀다. 새내기 산림경영 전문가 시절 수렵인들과 산림청을 상대로 싸워 끝끝내 해결해 낸 일들을 지금 다시 해보라고 한다면 분명 중간에 포기해 버리고 말 것이다.

11

모든 우듬지 아래에는 영원한 안식이 있다

"정말 오랜만이네요.
이렇게 아름다운 날을 경험하는 게."
그리고 그해 가을 노부부는 유골함이 되어
다시 우리를 찾았고,
그들이 선택한 너도밤나무 아래에 안치되었다.

나의 관리구역 안에는 무려 190년 된 너도밤나무들의 서식구역이 있다. 도무지 베어 낼 수가 없어 지금까지 자리를 지키고 서 있게 된 나무들이다. 이들은 매년 벌목 대상에서 제외되었고, 힘차게 생장을 이어 가고 있다. 하지만 최근 들어 이 나무들을 베어 내라는 압박이 거세지기 시작했다. 이제 목재로 판매할 때도 되지 않았느냐는 경영 감시기관, 즉 산림청의 압박이 시작된 것이다.

일반적으로 산림경영 전문가가 160살 이상의 너도밤나무를 살려 두는 경우는 없다. 당시 지역 산림청에 소속된 공무원으로서 휨멜 지역의 숲을 관리하고 있던 나는 산림청장의 지시를 따라야 했으므로 난감한 상황이었다. 최후의 모히칸이나 다름없는 이 늙은 너도밤나무들을 지킬 방법이 필요했다. 그리고 우연한 기회에 해결책을 찾게 되었다.

2002년 자연림조성연구회는 슈바르츠발트에서 전문위원회 모임을 열었다. 동료들은 지난 1999년 12월 독일 남부와 알프스 지대를 강타한 태풍 로타로 엉망이 된 슈바르츠발트로 위원들을 안내했다. 우리는 하루 종일 파괴된 숲을 둘러보고, 또 둘러보았다. 부러지고 산산조각 난 나무줄기들이 곳곳에 숨어 있었다. 저녁이 되고 우리는 식사에 맥주 한 잔씩 곁들이며 각 지역과 관련한 새로운 정보들을 주고받았다.

그때 헤센주에서 온 산림경영 전문가가 놀라운 이야기를 꺼냈다. 헤센주 북부에 위치한 라인하르츠발트 전체에 유골함이 묻혀 있다는 이야기였다. 숲의 나무를 장지로 판매해 99년간 이용할 수 있도록 하는 수목장 사업을 하고 있는데 썩 괜찮다고 했다. 그 자리에 있던 사람들은 하나같이 코웃음을 쳤다. '산림경영 전문가가 무덤을 파는 사람도 아니고 웬 수목장?' 하는 반응이었다. 하지만 나는 전기에 감전된 것 같은 충격을 받았다. '바로 이거다!' 싶었다. 돈이 되는 사업일 것 같아서가 아니었다. 내가 그토록 사랑하는 늙은 너도밤나무! 우리 숲에 있는 너도밤나무 서식구역을 보호할 아이디어를 드디어 발견한 것이었다.

나는 집에 도착하기도 전에 우리 지역 숲의 경영과 관련해 결정권을 가지고 있는 루돌프 피텐 시장에게 나의 생각을 전했고, 시장은 얼마 후 열린 의원 회의에 이를 안건으로 올렸다. 심도 있는 논의 끝에 의원들은 긍정적인 결과를 이끌어 내 작업은 시작되었다. 하지만 나의 열정은 수많은 행정기관의 장벽에 부딪쳤다. 자연장지 조성을 승인받기까지 걸린 시간만 무려 1년이 넘었다. 어쨌거나 그렇게 우리는 수목장 사업을 가동하기 위한 준비에 착수했다.

가장 먼저 해야 할 일은 적절한 구역을 찾는 것이었다. 물론 고령의 너도밤나무 서식구역으로 정해져 있었다. 장엄한 모습으로 줄지어 서 있는 너도밤나무의 은회색 줄기는 마치 까막딱따구리와 분홍가슴비둘기 그리고 살쾡이가 서식하는 대성당의 거대한 기둥처럼 보였다. 나는 그 어느 때보다 행복했다. 주 산림청의 기준대로라면 활용가치를 잃어버린 숲이 앞으로 100년 동안 누구의 간섭도 받지 않고 보존할 수 있게 되었기 때문이다. 우리는 이 사실을 계약서에 명시해 수목장을 분양받는 모든 이에게 동의를 받기로 했다. 그리고 확실하게 해서 나쁠 것은 없으므로 토지등기부 등본도 신청하기로 했다.

너도밤나무들에 대한 적합도 조사가 이루어져 나무마다 작은 숫자판이 주어졌으며, 이 정보는 별도의 카드에 기입되었다. 울퉁불퉁하던 옛 목재운송로는 고르게 다듬어 자갈을 새로 깔았다. 걸음이 불편한 사람들도 부담 없이 방문해 수목장 분양을 문의할 수 있게 했다. 목재 창고가 있던 자리에는 주차장을 마련했고, 방문객들이 볼 수 있도록 정보 게시판을 설치했다. 마침내 2003년 가을 수목장 개관식이 열렸고, 얼마 후 첫 번째 유골함이 우리 숲에 안치되었다. 이렇게 해서 민간인의 재정으로 보호받는 최초의 너도밤나무 보호 지구가 탄생한 것이다. 우리가 숲의 일부를 구할 수 있었던 것은 당연하고 말이다. 하지만 나는 동료들의 경멸과 조롱의 대상이 되었다. 그들은 하늘이 무너져도 무덤을 파는 산림경영 전문가는 되지 않겠다고 했다.

수목장을 운영하기 시작한 후 업무 내용이 완전히 달라졌다는 측면에서 보면 동료들의 말에 일리는 있다. 업무시간의 반은 수목장에 대해 문의하는 고객들을 안내하고 계약을 원하는 사람들에게 나무를 분양하는 데 쓰고 있기 때문이다. 그러나 이는 기분 좋은 일이다. 수목장을 찾는 사람들은 대부분 나의 가치관을 공유할 수 있는, 무엇보다 자연을 사랑하는 이들이었다. 분양비용은 선택받은 나무의 목재 가치를 고려해 책정했다. 이로써 자신의 부채를 해결한 너도밤나무는 마음껏 늙어 갈 수 있었다.

수목장 분양은 간단하다. 수목장에 관심이 있는 사람이라면 아무 때나 찾아오거나 가족 중 누군가 세상을 떠나기 전이나 후 숲에 와 나무를 고르면 된다. 나무 주변 지름 2미터 범위 내에 유골함을 열 개까지 묻을 수 있으며, 99년 동안 가족이나 친구와 함께 또는 홀로 머물 수 있다. 기간을 연장하면 할머니부터 손주까지 3대가 한 나무를 사용하는 것도 가능하다. 원하는 경우에 한해서는 고인의 이름이 적힌 작은 묘석을 설치해 주기도 한다.

토양의 손상을 걱정할 필요가 없다. 생물분해가 가능한 유골함만 허용되기 때문이다. 유골함이 분해되면 골분은 자양분이 되어 나무의 생장을 돕는다. 그야말로 영원한 순환을 의미하는 아름다운 상징인 셈이다. 수목장 관리는 자연이 책임지기 때문에 지킬 사람이 따로 필요하지 않다. 고령의 너도밤나무숲은 이렇게 유골함 2,500개를 품은 채 살아가고 있다. 방문객들만이 아니라 동물들도 너도밤나무 줄기 사이에서 안식을 누린다.

이곳을 찾는 방문객들의 가슴 아픈 사연들만 제외한다면 수목장은 성공적으로 운영되고 있다. 대부분은 소중한 사람을 잃었거나 큰 병을 앓고 있다. 2004년의 어느 뜨거웠던 여름날, 우리 숲을 찾아온

한 노령의 부부가 그랬다. 그 부부는 이곳을 방문하기 전 우리 숲에 전화를 걸어 마지막 안식처를 찾고 있다며 여직원에게 수목장을 문의했다고 한다. 그러면서 걸음이 불편하다는 말을 덧붙였다.

나는 노부부가 타고 있는 소형차가 자갈이 깔린 수목장림의 주차장으로 들어오는 모습을 보고 지프차에서 내렸다. 다가가서 인사를 건네자 부인은 유리 창문을 서둘러 내리며 미소 띤 얼굴로 악수를 건넸다. 그녀는 자신이 10미터도 걷지 못한다며 미안함과 안타까움을 전했다. 나는 노부부를 내 지프차에 모시고 수목장까지 이동해 안내하고 싶다고 말했다. 그리고 얼마 후 우리는 함께 늙은 너도밤나무 숲을 달리고 있었다. 나는 너도밤나무 서식구역의 보존을 위한 것이라는 수목장의 조성 목적을 설명했고, 노부부는 얼마 지나지 않아 눈에 띄게 굵은 줄기를 가진 한 너도밤나무에게 마음을 빼앗겼다. 길가에 서 있던 터라 차에서 내리지 않고도 줄기를 만져 볼 수 있었다. 노부부는 미소 띤 얼굴로 서로를 바라보더니 짧게 고개를 끄덕이며 내게 말했다.

“이 나무로 할게요!”

내가 번호를 적자, 부인이 말했다.

“우리는 둘 다 말기 암이에요. 살 날이 겨우 몇 주밖에 남지 않아서 우리 두 사람이 같이 묻힐 자연 속의 장지를 끝내 찾지 못할까 걱정이 많았답니다.”

부인은 미소를 지으며 이렇게 덧붙였다.

“정말 오랜만이네요. 이렇게 아름다운 날을 경험하는 게.”

그리고 그해 가을 노부부는 유골함이 되어 다시 우리를 찾았고, 그들이 선택한 너도밤나무 아래에 안치되었다.

약의 부작용으로 퉁퉁 부어 있던 한 젊은 여성도 기억에서 잊히지 않는다. 그녀는 기쁨의 미소를 지으며 한 어린 너도밤나무에게 다가갔다. 늙고 거대한 나무들 아래에 서 있는, 키가 고작 8미터밖에 되지 않는 어린나무였다.

"이 나무는 제가 혼자 쓸 거예요."

그녀는 나무를 선택했다. 이 나무 아래에서 안식을 누릴 것을 생각하니 인생과의 이별이 조금은 수월해질 것 같다고 했다. 그리고 그녀 역시 지금은 늙은 너도밤나무숲에 묻혀 있다.

처음에는 정신적인 고통이 심했다. 어느 정도 균형을 찾기까지 여러 해가 걸린 것이 사실이다. 거의 매일같이 이러한 비극을 마주하는 것은 쉽게 익숙해질 수 없는 일이었다. 물론 끝내 생을 마감한 갓난아기나 사고로 목숨을 잃은 오토바이 운전자, 큰 질병을 겪고 죽음을 맞이한 노인들의 이야기를 들을 때면 여전히 마음이 무겁다. 이와 같은 만남으로 나는 이들에게 감정을 이입하게 되고, 그때마다 나라는 인간의 유한함을 깨닫는다. 특히 이토록 아름다운 곳에서 안식할 수 있다는 생각만으로도 현실의 고통이 조금은 덜어진다는 방문객들의 고백은 감정적인 동요를 정리하는 데 큰 도움이 되었다. 그들이 자신이 꿈꾸던 묘지를 더 이상 물질의 경쟁이 지배하지 않는 자연 속에서 찾을 수 있었다는 것을 생각하면 더욱 그렇다. 백만장자도 기초생활수급자도 이 숲에서는 똑같은 인간인 것이다.

수목장에는 기본적으로 꽃을 두는 일이 금지되어 있다. 숲을 최대한 자연 그대로 유지하는 것이 목적이기 때문이다. 유족들도 이 사실을 알고 있다. 하지만 때로는 고인을 찾아올 때 무언가를 가져오고 싶은 마음이 들기도 하리라. 그래서 우리는 고민 끝에 작은 추모관을 만들었다. 나무 십자가와 두 개의 벤치가 놓여 있는 그곳에서는 고인에게 꽃을 선물할 수 있다. 그럼에도 무덤 앞에 무언가를 놓고 가는 사람들이 있어 직원들은 정기적으로 그 물건들을 모아 나무 십자가 아래로 옮긴다.

이런 추모객도 있었다. 여름만 되면 수목장에서 얼음 덩어리가 발견되곤 했는데, 그때마다 대체 어디에서 생긴 것인지 의문스러웠다. 겨울이라고 해도 얼음 덩어리가 나온다는 건 이상한 일이었다. 수목장에는 물이 얼어붙을 만한 웅덩이가 없기 때문이다. 그러던 어느 날 나는 이 수수께끼의 답을 찾았다. 고인이 된 아내가 묻힌 나무를 찾은 한 노인이 직접 얼린 하트 모양의 얼음을 가져다 놓았던 것이다. 하트는 여름의 작열하는 태양 아래 서서히 녹아 땅으로 스며들었다. 나는 감동을 받았다. 숲을 해치지도 않는 데다 가게에서 사온 꽃다발보다 훨씬 정성이 들어간 선물이었기 때문이다.

슬픈 순간들만 있는 것은 아니다. 자신의 장지를 미리 보러 온 사람들을 대할 때가 그렇다. 그들은 농담을 즐기고 연습을 해보겠다며 나무 아래에 누워 보기도 한다. 탁 트인 자연이 죽음이라는 어려운 주제를 조금은 쉽게 받아들일 수 있도록 돕고 있음이 분명하다. 그런데 남자들에게는 유독 어려운 문제인 것 같다. 한 노부부의 경우가 그랬다. 어느덧 아흔 살을 향해 가고 있는 부부였는데, 죽음을 준비하고 싶었던 부인이 자식들의 부담을 덜어 주기 위해 장지를 미리 정해 놓자고 제안한 모양이었다. 부인과 달리 남편은 뭔가 불편해 보였다. 마지못해 아내를 따라온 남편은 끝내 거대한 너도밤나무들의 아름다움에는 눈길조차 주지 않았다. 노인은 계속 이렇게 중얼거렸다.

"이런 건 나중에 해도 되는 거잖아."

12

숲 서바이벌 체험이 준 깨달음

숲은 사람들이 가지고 있는
가장 좋은 점을 끌어내 주기도 한다.
이런 깨달음을 얻은 것은 루르 지역에서 온
10대 청소년들 덕분이었다.

독일은 숲에 관대한 편이어서 출입이 비교적 자유롭다. 국가, 지역, 민간 등 소유주가 누구냐와 상관없이 도로 옆으로 난 관목들 사이를 지나 숲으로 들어가는 것이 허용된다. 물론 경작지와 자연보호 지구는 예외다. 이곳은 규정상 도로 외에는 통행을 금지한다.

당연하게 여겨질지 모르겠지만 사실 자유로운 숲 출입은 절대 그렇지 않다. 숲을 드나드는 일에 제약이 많은 나라가 있는데, 미국이 그렇다. 특히 미국에는 민간 소유의 숲이 많다. 어마어마한 면적을 자랑하는 숲이라도 개인의 소유일 경우 출입이 불가하다. 광활한 경우라도 대부분 울타리로 둘러싸여 있다. 반면 독일은 집에서 요리해 먹기 위해 버섯을 따는 것도 가능할 만큼 자연을 이용하는 일에 한결 관대하다.

나는 이것이 매우 놀라운 일이라고 생각한다. 한번 생각해 보자. 낯선 사람이 딸기를 따겠다고 당신이 가꾸는 정원에 침입했다면 두 말할 나위 없이 갈등을 유발할 것이다. 하지만 숲을 소유하고 있다면 상황은 달라진다. 낯선 사람들이 들어와 허락도 없이 살구버섯이나 포르치니버섯을 따가도 참아야 한다. 법적으로는 이를 '재산권의 사회적 제약'이라고 하는데, 부유한 토지 소유자는 토지의 모든 것을 혼자 독점할 수 없다는 의미다.

중부 유럽에서는 숲을 찾는 사람들이 1제곱킬로미터당 수백 명에 이른다. 하지만 대개는 숲길에서 벗어나지 않기 때문에 나무 사이의 작은 골짜기는 경계를 잃지 않는다. 자신이 원하는 곳이면 어디든 갈 수 있다는 사실은 생각만으로도 자유로움을 준다. 하지만 그 이상을 시도하려는 순간 자유는 사라진다. 숲에서 불을 피운다거나 텐트를 친다거나 나무를 베는 일련의 행동들은 법적으로 금지되어 있다. 숲은 모두의 것이기 때문이다.

휨멜의 공유림 역시 관광을 목적으로 하는 지역 소유의 숲이다. 그래서 모험을 즐기는 사람들을 대상으로 체험 프로그램을 여럿 제공하고 있다. 지역의 동의를 받아 우리 숲을 자연림으로 바꾼 것은 1990년대 말이었다. 이제 더 이상 개벌을 하지 않으며, 수확 장비 또한 숲에 투입하지 않겠다는 의미였다. 물론 처음에는 불가피하게 수입이 줄어들 것이라고 예상했다. 자연림 프로젝트가 재정적인 문제로 실패하는 것을 막기 위해서라도 다른 곳에서 수입을 만들어 낼 필요가 있었다.

내 오래된 지프차에는 라디오가 없다. 운전하면서 기분 전환 삼아 들을 것도 없으니 늘 숲에 대한 생각만 한다. 그러던 어느 날 홀로 숲길을 달리다 떠오른 아이디어가 있었다. 바로 서바이벌 체험이다. 청소년 시절 나는 최소한의 장비만 가지고 모험을 즐기는 뤼디거 네베르크Rüdiger Neberg의 여행기를 읽으며 열광했었다. 본래 파티시에 학위를 가지고 있던 뤼디거 네베르크는 어느 날 갑자기 직장을 그만두고 지구상에서 가장 외진 곳으로 떠났다. 주식은 지렁이에 잠자리라고는 바람에 흔들리는 나무 아래 잔가지들을 쌓아 만든 나무 침대가 고작이었다. 이런 모험이 우리 숲에서도 가능하지 않을까? 루돌프 피텐 시장이 내 제안에 동의하자, 곧장 주말 프로그램 구상에 들어갔다. 홍보에 쓸 작은 전단지도 제작했다. 공유림에서 서바이벌 체험이라……. 지역신문은 한 정신 나간 산림경영 전문가에 대한 기사를 기꺼이 실어 주었다. 그 덕분인지 다섯 명으로 제한해 놓은 참가 신청은 금세 마감되었다. 시작은 5월의 주말로 계획되었다. 이제 남은 것은 날이 따뜻해지기를 바라며 기다리는 것뿐이었다.

날짜가 다가올수록 초조해지기 시작했다. 나 역시 맨몸으로 야생을 체험해 본 적이 없었던 것이다. 게다가 서부독일방송에 이 정보를 알렸더니 설상가상으로 방송국에서는 토요일 오후 카메라팀을 보내 촬영하겠다는 답변을 보내온 터였다. 돈을 들이지 않고 가장 효과적으로 홍보할 수 있는 방법이라 생각해서 벌인 일이었지만, 만에 하나 잘못되기라도 한다면 그때는 어떡해야 할지 걱정이 앞섰다. 시청자 수만 명이 나의 실패를 목격하게 될 테니 말이다.

그래서 나는 프로그램이 계획된 날짜보다 며칠 앞서 동료인 옌스와 테스트 겸 미리 체험해 보기로 했다. 최소 하룻밤은 숲에서 보내기로 한 것이다. 준비물은 참가자들에게 안내한 그대로 최대한 간단하게 챙겼다. 가방에 넣은 것은 침낭 하나, 스테인리스 컵 하나, 사냥칼 하나가 전부였고 여기에 법랑 주전자와 냄비, 무쇠 프라이팬 등 몇 가지 조리도구가 더해졌다. 불을 붙이는 데 쓸 부싯돌 하나와 불꽃을 잘 일게 할 철검도 하나 챙겼다. 마지막으로 식용유와 밀가루 한 봉지, 소금을 담은 작은 유리병 하나를 준비했다. 숲에서 수확한 먹을거리에 입맛을 살려 줄 비장의 무기였다.

우리는 참가자들에게 공지한 대로 움직였다. 인적이 드문 숲 안쪽으로 들어가 외딴 곳에 야영지를 마련했다. 가는 길에는 먹을 만한 것들을 조금씩 모았다. 그러나 이것이 첫 번째 실패였다. 숲에서의 생존과 관련한 수많은 조언이 얼마나 터무니없는 것인지를 그제야 깨달은 것이다.

보통 숲에서의 생존이라고 하면 곰의 습격에 대비하기, 헬리콥터 착륙 공간 만들기, 권총 사용법 등을 주제별로 다루면서도 정작 중요한 먹을 것에 대해서는 아무도 언급하지 않았다. 그나마 꽤 먹을 만한 허브 몇 가지를 알고 있었기에 망정이지, 그렇지 않았다면 내내 쫄쫄 굶었을 것이다. 여기에 건강한 단백질을 가진 애벌레까지 포함하면 우리에게 메뉴를 고를 선택권이 아예 없지는 않았다. 쓰러진 독일가문비나무의 껍질 아래에서 하늘소 애벌레 몇 마리를 발견했다. 하얀 몸통에는 뾰족한 집게를 가진 갈색 머리통이 달려 있었고, 몸집이 큰 것은 4센티미터나 되어 씹을 때 터져 나오는 즙을 즐길 수도 있었다. 말하자면 약간의 고소함과 흙이 뒤섞인 맛이었는데, 퍽 역겹게 느껴지는 것까지는 어쩔 수가 없었다.

그래도 우리에게는 민들레와 황새냉이 꽃잎이 있으니 괜찮다고 스스로 위로했다. 어떤 맛일지 기대하며 뜨겁게 달군 프라이팬에 기름을 두른 뒤 꽃잎을 넣었다. 하지만 처음으로 입에 넣은 순간 우리는 서로를 바라보기만 했다. 옌스는 끝내 참지 못하고 입에 있던 것을 뱉었고, 나는 씩씩하게 씹고 또 씹었다.

"세상에! 진짜 쓰다, 이거."

옌스가 말했다. 고개를 끄덕이며 내가 덧붙였다.

"게다가 완전 질겨."

식사 후 우리는 꼬르륵거리는 배를 움켜잡고 침낭 안으로 기어들어 갔다. 말할 수 없이 피곤했지만 밤새 잠을 이루지 못했다. 얼마 후면 진짜 프로그램이 시작된다. 대체 어떻게 해야 하지? 지금이라도 취소해 버리는 것이 낫지 않을까? 차라리 내가 아파 버리면 어떨까?

주말은 마치 여름 같은 기온에 하늘은 청명했다. 5월 8일, 아이펠 지역이라고 하기에는 이례적일 만큼 좋은 날씨였다. 나는 좋은 징조로 여기기로 했다. 서바이벌 체험에 참가 신청을 한 토르스텐, 하인츠, 클라우디아, 디터, 슈테판이 잔뜩 들뜬 모습으로 숲에 도착했다. 슈테판은 처음부터 컨디션이 별로 좋지 않다고 했다. 한계를 경험하기에 좋은 조건은 아니었다.

야생을 조금 더 강력하게 느끼도록 나는 야영지까지 진군하는 경로를 일부러 불편하게 구성했다. 우리는 통행이 어려운 지대와 덤불숲, 나무들이 빽빽하게 들어선 보호 지구들을 거쳐 작은 골짜기에 이르렀다. 유난히 고요해서 밤이 되어도 도로나 마을의 소리가 전혀 들리지 않는 곳이었다. 작은 골짜기에서는 식수로 사용할 물을 얻을 수 있었고, 독일가문비나무숲에서는 장작을 구할 수 있었다.

참가자들은 나무 아래 짐을 풀고 먼저 도끼를 꺼냈다. 요란한 기합

소리와 함께 나무줄기들이 조각났다. 가장 많이 필요한 것은 녹색 가지였다. 가지들을 침낭의 길이만큼 욕조 형태로 쌓으면 부드럽고 푹신한 매트리스 역할을 해줄 뿐 아니라, 훌륭한 은신처를 제공해 주기 때문이다. 각자 자신의 잠자리를 준비하느라 한 시간 정도가 지났다. 이때까지만 해도 모든 것이 계획대로 착착 진행되었다. 저녁거리를 구할 때에도 참가자들은 즐거워했다. 참가자들은 내가 특별히 준비해 온 작업용 장갑을 끼고 쐐기풀을 뜯어 무명 자루에 넣었다. 분홍바늘꽃도 땄다. 그리고 가장 중요한 애벌레를 잡는 일도 잊지 않았다. 나는 죽은 나무의 껍질 아래를 칼로 찔러 보면 애벌레와 지네, 지렁이를 찾을 수 있다고 알려 주었다. 하인츠와 토르스텐, 클라우디아는 매우 용감했다. 기어다니는 벌레를 산 채로 먹어 볼 정도였다. 반면 슈테판은 속이 좋지 않다고 했고, 디터는 구운 다음에 맛을 보는 쪽을 택했다. 클라우디아가 두꺼운 집게를 가진 하늘소애벌레에게 혀를 물리면서 분위기는 한층 고조되었다. 방어 능력을 갖춘 음식의 등장이었다!

철검과 부싯돌을 이용해 불을 피우는 것은 서바이벌 체험에서 누릴 수 있는 또 하나의 하이라이트였는데, 내가 믿음직스러운 가이드라는 것을 증명하게 된 기회이기도 했다. 단 한 번에 불을 붙이는 데 성공한 것이다.

우리는 쐐기풀을 끓인 다음 물기를 짜 미트볼처럼 뭉쳤다. 여기에 소금을 치고 기름에 구우니 꽤 먹음직한 음식이 완성되었다. 프로그램 며칠 전 시험 삼아 체험해 본 것이 효과를 발휘한 순간이었다. 손에 가득 담아 온 벌레들은 프라이팬 위에서 동물성 칩스로 바뀌었다. 이날의 미식 하이라이트였다. 모두들 어느 정도 배가 부른 것 같았으므로 기분 좋게 캠프파이어를 시작하면 되겠다고 생각했다. 이제 와서 고백하자면 나는 어느 정도 배를 채워 놓기 위해 출발 전 집에서 너트 초콜릿바 한 개를 먹어 두었었다. 이곳까지 오느라 점심을 걸러야 했던 대부분의 참가자와는 달랐다.

날이 저문 뒤 참가자들은 불 앞에 앉거나 누워 휴식을 취했다. 이때를 위해 나는 일부러 자기소개를 미뤄 두었었다. 참가자들은 각자 이 주말 프로그램에 참여하게 된 이유를 설명했다. 숲에서의 하룻밤, 캠프파이어, 한계 체험 등 숲이 참가자들을 이곳으로 이끈 이유는 서로 비슷했다. 우리는 제비뽑기로 밤에 보초를 설 사람을 정한 다음 침낭에서 잠이 들었다.

나는 칠흑 같은 숲속에서 동물들의 소리를 들을 수 있기를 바랐다. 야영지의 배경음악이 되어 줄 소리를 기대했던 것이다. 하지만 야영지에서는 아무 소리도 들리지 않았다. 심지어 우듬지에 바람이 스치는 소리조차 들리지 않았다. 그때까지 내가 모르고 있는 사실이 있었다. 저녁이 되면 대개는 산들바람마저 잠이 들고 아침이 되어야 다시 상쾌하게 움직이기 시작한다는 것을 말이다. 숲의 밤은 적막 자체였다.

아침이 되니 집단 본능이 발휘되었다. 슈테판이 침낭에서 빠져나오기가 무섭게 참가자들 모두 일어났다. 커피가루가 없었으므로 모닝커피는 생략하는 대신 독일가문비나무 가지를 뜨거운 물에 우렸다. 어딘지 레몬과 흡사한 맛이 나는 것도 같았지만 설탕과 빵이 없으니 허전한 것은 어쩔 수 없었다.

“아침 메뉴는 뭔가요?”

하인츠가 물었다.

"먹다 남은 쐐기풀 미트볼, 그리고 숲에서 찾을 수 있는 먹을거리들이죠."

내가 대답했다. 그러니까 아무것도 없다는 소리였다. 식어 빠진 쐐기풀 미트볼은 전혀 구미에 당기지 않았다.

우리는 개암나무 가지를 이용해 양치를 했다. 곧게 자른 가지의 끝부분을 계속 씹어 섬유처럼 만들어 놓으니, 치아를 문지를 수 있는 브러시가 완성되었다. 하지만 입속에 퍼지는 텁텁함까지는 어떻게 할 도리가 없었다. 아침식사를 포기해야 한다는 것을 깨달았을 즈음에는 점심에 먹을 뿌리와 식물 들을 찾아나섰다.

그런데 민들레 꽃잎으로 뒤덮인 노란 초원에서 문제가 터졌다. 갑자기 클라우디아가 구토를 했고, 그 모습을 본 슈테판도 구토를 시작한 것이다. 토르스텐과 하인츠, 디터는 두통을 호소했다. 참가자들은 먹을 것을 찾을 의지를 상실한 듯 다 같이 풀 위에 주저앉았다. 나는 마치 궁지에 몰린 사냥감이 된 것 같았다. 대체 어떻게 해야 할지 당혹스러웠다. 오후 2시쯤에는 방송국 카메라팀이 온다고 했다. 서바이벌 프로그램이 한창 진행 중인 주말에 참가자들의 의욕이 사라져 버린 것이다.

우리는 기진맥진하여 야영지로 돌아왔다. 두통을 호소하는 참가자들에게 조금이나마 도움을 주려고 메도스위트를 우려 차를 건넸다. 작은 골짜기 근처에서 자라는 이 허브는 아스피린 성분인 아세틸살리실산을 함유하고 있다. 실제로 두통은 가라앉았고, 덕분에 참가자들의 기분도 나아진 듯했다.

방송국 직원들이 도착했을 때는 분위기가 회복된 상태였다. 하인츠는 독일가문비나무 송진으로 만든 껌을 씹으며 즐거워했고, 미소 띤 얼굴로 그 느낌을 카메라에 전했다. 디터와 클라우디아는 커피를 만들어 보겠다며 민들레 뿌리를 볶아 갈았고, 토르스텐도 무언가 특별한 것을 해보고 싶었는지 내가 준비해 온 밀가루 반죽을 만들고 프라이팬에 구워 검은 과자를 만들어 냈다. 원래 숲에서 찾은 먹을거리들을 튀겨 먹으려 챙겨 온 밀가루였다.

하지만 슈테판은 카메라 앞에서 자신은 체험을 중단하고 돌아가겠다고 했다. 모두가 이런 고통을 감내할 수 있는 것은 아니라고도 덧붙였다. 인터뷰를 마친 슈테판은 실제로 야영지를 떠나 마을 쪽으로 향했다. 촬영팀은 신이 나 보도에 필요한 모든 내용을 카메라에 담았다. 방송 결과물은 내 걱정을 날려 줄 만큼 괜찮았고 전체적으로 내용이 좋아 홍보용으로 사용하기에 적절했다.

이듬해에는 대형 방송사들이 전부 나서 이 독특한 프로그램을 소개했다. 《슈피겔*Der Spigel*》과 《프랑크푸르터 알게마이네 차이퉁》에 기사가 실린 뒤로는 프로그램 참가 신청이 폭주할 정도였다. 프로그램을 도입한 첫해에만 총 열두 번의 서바이벌 체험을 진행했는데, 사실 다소 무리이긴 했다. 특히 나에게 그랬다. 공교롭게도 서바이벌 체험은 우리 사회가 텔레비전의 영향을 얼마나 크게 받고 있는지를 깨닫게 해주었다. 우리는 저녁이 되면 한 손에 리모컨을 들고 이리저리 채널을 돌려 가며 전 세계를 누비는 데 익숙해져 있다. 그와 동시에 다른 한 손으로는 감자칩을 즐기는 재미를 놓치지 않는다. 나는 참가자들에게서 이 리모컨을 빼앗고 싶었다. 그러나 거의 모든 참가자들은 숲에서조차 그저 가만히 있으면서 자신의 눈앞에 프로그램이 저절로 펼쳐지기만을 기대했다. 서바이벌 체험을 진행하며 가장 많이 들은 질문은 이것이다.

“그러면 이제 어떻게 해야 하죠?”

야영장에 물이 떨어지면 누군가가 골짜기에 가서 물을 떠와야 한다. 하지만 그 누구도 지시 없이는 자발적으로 움직이지 않는다. 불이 꺼지려고 하면 장작을 베어 오라고 알려 줘야 한다.

이런 성향이 유난히 두드러지던 한 그룹이 있었는데, 심지어 해가 빨리 떨어지는 겨울이었다. 어둠이 빨리 찾아오는 만큼 민첩하게 움직여야 했다. 그러지 않으면 긴 밤을 버티게 해줄 장작이 부족해지기 때문이었다. 하지만 그렇게 경고를 했건만 참가자들은 모닥불 근처에서 꼼짝도 하려 들지 않은 채 자신의 인생 이야기를 늘어놓을 뿐이었다. 그 덕에 자정이 되기 훨씬 전에 불꽃은 사그라졌다. 설살가상으로 진눈깨비까지 내리면서 추위에 떠는 사람들이 하나둘 나오기 시작했다. 나는 괜찮았다. 영하 20도에 대비해 미리 준비해 놓은 따뜻한 침낭이 있었다. 다음 날 아침 결국 한 참가자는 감기몸살로 하차를 선언했다.

이 프로그램을 이끌면서 얻은 가장 큰 깨달음은 다른 데 있다. 위가 가득 찬 상태여야만 먹을 것과 관련한 모험을 해볼 수 있다는 점이다. 많은 사람은 위기 상황이 닥치면 지렁이라도 먹어 배고픔을 해결할 것이라고 생각한다. 과연 그럴까? 여러분도 오늘 당장 직접 시험해 보라.

주말 프로그램을 운영하며 나는 참가자들이 하나같이 금요일 첫

점심시간에만 하늘소의 애벌레와 지네를 먹는다는 사실을 발견했다. 배고픔이 극에 달하는 둘째 날에는 집에 갈 시간이 되기만을 기다렸다. 어떤 제안을 해도 야영지로 돌아가 잠시라도 피곤한 몸을 누이기 위해 마른 가지를 쌓아 만든 매트리스로 향했다. 분위기가 가라앉으면 이색적인 것에 대한 관심은 사라졌고, 몸이 피곤하면 아무리 배가 고파도 움직이려 하지 않았다. 게다가 하룻밤만 더 자면 음식이 가득 채워진 냉장고가 있는 집으로 돌아갈 수 있다는 희망이 보이면 더욱 그랬다. 나은 내일에 대한 희망은 위급한 상황에서조차 사람들을 무기력하게 만들고 결국 굶주리는 쪽을 선택하게 했다.

숲이 우리에게 가르쳐 준 것은 또 있다. 음식 맛에 대한 우리의 기준이 얼마나 낮아졌는지에 대한 깨달음이다. 오늘날 먹을거리는 차고 넘친다. 슈퍼마켓에 가서 식품의 종류가 얼마나 많은지 한번 살펴보라. 빵만 해도 종류가 수십 가지다. 먹고 싶은 것은 언제 어디에서든 손에 넣을 수 있다. 연어든 돼지고기 필레든 딸기든 바나나든 감자칩이든 초콜릿이든 상관없다. 다양한 선택지가 존재한다는 것은 사람들의 입맛이 다양하다는 사실을 의미한다고 생각하는 사람이 있을 게다. 하지만 놀랍게도 현실은 정반대다. 대부분의 사람들이 꺼리는 맛, 즉 질기거나 시거나 쓴맛을 숲에서 경험하다 보면 우리가 먹는 음식들이 독특한 진화 과정을 거쳤다는 사실을 알게 된다. '맛있는 것', 즉 조미된 것만 판매되고 있는 것이다. 그리고 무의식적으로 지방과 소금, 설탕을 탐하는 인간의 특성에 맞게 모든 식품에 그것들이 들어간다. 식품업계의 목적은 결국 판매일 테니 그들이라고 다른 방도가 있겠는가. 신 사과나 쓴 채소는 외면당할 것이고, 조미

되지 않은 감자칩이나 설탕과 지방이 들어가지 않은 초콜릿에는 유통기한이 지나도록 사람들의 손길이 닿지 않을 것이다.

숲에서는 다르다. 아무런 맛을 내지 않는 것만으로도 우리의 관습적인 입맛을 자극한다. 숲에서는 달거나 지방이 많은 먹거리를 찾아볼 수 없다. 우리가 느끼지 못하고 있을 뿐, 자연이 만들어 놓은 인간의 입맛은 원래 그랬던 것이다. 하지만 유감스럽게도 일상에서는 조미되지 않은 음식들을 더 이상 만나지 못한다.

또한 중부 유럽에 매우 많은 인구가 밀집되어 있다는 사실을 깨달았다. 숲에서 자연적으로 얻을 수 있는 먹거리들로 배를 채우려면 한 그룹에 여섯 명도 많다. 불과 몇 킬로미터 행군하는 것만으로도 야영지 주변은 순식간에 착취를 당한다. 거의 모든 애벌레들은 인간에게 들켜 먹잇감이 되고, 얼마 안 되는 야생의 채소들은 순식간에 뿌리 뽑힌다. 하지만 굶지 않기 위해서는 어쩔 수 없이 이동하고 또 이동해야 한다. 농업과 축산업이 시작되기 전에는 한 사람당 몇 제곱킬로미터에 달하는 면적이 필요했을 것이라는 뜻이다.

한편으로는 이렇게 표현할 수 있다. 중부 유럽은 10만 명 이상을 먹여 살리지 못할 것이라고 말이다. 현재 1제곱킬로미터당 독일이 229명, 오스트리아가 100명, 스위스가 184명이 살 수 있는 것은 화석연료가 간접적으로 식품으로 전환된 덕분이다.[48] 인공비료·살충제·디젤엔진을 사용하는 중장비는 식품저장고를 빼곡하게 채워 주었고, 과거에 그랬듯이 인간의 개입 없이 자연에서 주어지는 것들만으로 먹고살 수 있다는 착각을 하게 만들었다.

이 모든 깨달음과 더불어 즐거움도 얻었다. 숲에서 시간을 보내면서 조금씩 변화하는 사람들의 모습을 관찰하는 것은 정말 흥미로웠다. 숲에서는 누구나 자기 자신을 돌아보기 마련이다. 교육 수준도 출신도 중요하지 않다. 극한의 상황에 처한 자신 그리고 함께하는 이들과의 관계만이 남는다.

한번은 한 부자가 프로그램을 신청했다. 아들은 열네 살이었는데, 15세 이상 대상으로 프로그램을 진행해 온 터라 처음에는 조금 난감했다. 물론 그럴 만한 이유는 있었다. 아이들은 특성상 배고픔을 잘 참지 못한다. 그런데 아버지 안드레아스는 자신의 아들이 자연을 매우 좋아하며, 아무런 사고도 발생하지 않도록 자신이 잘 챙기겠다는 말로 나를 설득하는 바람에 결국 부자의 예약을 받았다.

그런데 막상 프로그램이 시작되자 문제는 아들이 아니라 아버지라는 사실이 드러났다. 아들이 애벌레를 먹으며 즐거워하는 동안, 아버지는 불과 두 시간 만에 자신이 가장 좋아하는 음식에 대한 이야기를 하기 시작했다. 좋지 않은 신호였다. 숲에 와 있는 내내 음식 생각을 하고, 심지어 맛있는 음식을 먹을 때의 기쁨에 사로잡혀 있으면 서바이벌 체험은 순식간에 지옥 체험이 되어 버린다. 실제로 둘째 날 안드레아스는 이따금씩 "집으로" 혹은 "그만하고 싶어" 같은 말을 중얼거렸다. 안드레아스는 정말로 포기하고 싶었을까? 결국 신나게 서바이벌을 즐기던 아들이 안드레아스의 완주를 도왔다.

요제프라는 이름의 참가자 또한 그랬다. 호의적이긴 했지만 처음부터 다소 의욕이 없어 보였다. 그래서인지 프로그램에 있는 많은 것을 불필요하다고 여겼다. 모닥불 앞에서 불침번을 서는 일에 대해서도 그랬다. 모닥불 지키기는 화장실에 가더라도 불빛이 있어야 하기에 정해 놓은 일이었다. 참가자들을 설득하기 위해 나는 깜깜한 밤에 불이 없으면 자칫 야생동물들이 침낭을 밟고 지나갈 수도 있다고 설명했다. 하지만 요제프는 아침까지 깨지 않고 자고 싶다며 그러거나 말거나 상관없다고 했다. 나도 우리가 진짜 위기 상황에 처해 있는 것은 아니니 괜찮겠지 싶었다.

그러나 새벽 2시경 우리 모두를 잠에서 깨우는 일이 벌어졌다. 마른 나뭇가지로 만든 요제프의 침대에서 불과 몇 걸음 떨어진 곳에서 날카로운 멧돼지 소리가 들려온 것이다. 사람이 침낭에서 그렇게 빨리 빠져나올 수 있는지 그때 처음 목격했다. 공포에 사로잡힌 요제프는 남은 불씨를 살리기 위해 재빨리 장작 한 움큼을 던져 넣었다. 완전히 패닉에 빠진 모습이었다. 몇 분 후 불꽃이 살아나 주변을 비췄고 사람들이 모여들었다. 나는 참가자들을 진정시켰다. 멧돼지들은 진작에 사라지고 없었다. 겁에 질리기는 멧돼지들도 마찬가지였을 것이다. 불침번을 서는 문제로 더 이상의 논란은 없었다. 교훈을 얻은 것이다.

서바이벌 체험 프로그램을 진행하면서 벌레 때문에 어려움을 겪은 적은 딱 한 번밖에 없었다. 하필 나에게 닥친 불행이었다. 어느 날 아침 침낭에서 잠이 깨었는데 귀에서 이상한 소리가 들렸다. 아무래도 모기가 들어간 것 같았다. 나는 참가자에게 귓속을 살펴 모기를 잡아 달라고 부탁했다. 하지만 아무것도 안 보인다고 했다. 아무래도 아주 깊숙이 들어간 모양이었다. 나는 하루 종일 모기 소리에 시달렸고, 밤에는 신경이 쓰여 눈조차 감을 수가 없었다. 집에 돌아오자마자 의사를 찾았다. 내 귀를 들여다본 의사가 말했다.

"고막에 진드기가 앉아 있네요."

의사는 핀셋을 이용해 내 고막을 꽉 물고 있는 진드기를 제거했다. 어찌나 아프던지! 자연을 경험하다 보면 이렇게 아픈 일도 있기 마련이다.

숲은 사람들이 가지고 있는 가장 좋은 점을 끌어내 주기도 한다. 이런 깨달음을 얻은 것은 루르 지역에서 온 10대 청소년들 덕분이었다. 그들은 1년간의 직업준비교육을 마치고 온 학생들이었다. 직업준비교육이란 초·중등 과정을 마치지 못한 청소년들이 직업학교에 진학하기 위해 이수해야 하는 과정을 말한다. 인솔 교사는 엄격하게 다루지 않으면 도무지 통제가 안 되는 아이들이라며, 단 며칠이라도 핸드폰과 술이 없는 세상을 경험해 보라는 차원에서 일종의 신병 훈련을 신청한 것이라고 했다. 학생들의 숙소는 평범한 식사를 제공하는 낡은 오두막이었다.

학생들과 숲을 거닐 때마다 '너희는 왜 지금 여기에 와 있는 거니?'라는 질문이 떠올랐다. 아무런 흥미도 보이지 않은 채 그저 내 뒤를 따라오기만 할 뿐이었기 때문이다. 인솔 교사가 금지한 핸드폰도 손에서 놓으려 하지 않았다. 서로에게 험한 욕설을 퍼붓는 것은 예사였고, 내게는 전혀 관심이 없었다. 그래서 나는 애벌레와 허브를 맛보는 프로그램은 생략하는 편이 낫겠다고, 그런 먹을거리에는 손도 대려 하지 않을 테니 굳이 그럴 필요가 없겠다고 생각했다. 오두막으로 돌아가면 빵과 소시지를 먹을 수 있으니 말이다. 처음에는 참 문제가 많은 아이들로 보았다.

하지만 사흘 만에 분위기는 반전되었다. 정말 수수께끼 같은 일이었다. 인솔 교사가 이 학생들은 곧 퇴학을 당할 것이고 이러이러한 사건이 있었다고 이야기해 주는 사이 아이들은 조금씩 바뀌어 가고 있었다. 그들은 숲과 자연 속으로 깊이, 더 깊이 들어갔다. 마지막 날에는 자연에 완전히 적응해 자신들의 한계를 넘어서 있었다. 나는 털과 가죽을 제거하지 않은 노루 두 마리를 준비했고, 학생들은 직접 털을 뽑아 저녁을 준비했다. 생존을 위한 숲의 먹을거리를 더 이상 거부하지 않았다. 심지어 살아 있는 거미를 경쟁하듯 먹어 치웠다.

야영지에 피운 모닥불 앞에서 우리는 긴 시간 이야기를 나눴다. 그리고 나는 이 학생들이 모두 좋지 않은 사회환경에서 성장했으며, 그럼에도 매우 똑똑한 친구들이라는 것을 알게 되었다. 몇 주 후 나는 아이들로부터 감사 편지를 받았다. 그리고 학생들이 다시 평범한, 아니 절망적인 일상으로 돌아갔다고 생각하면 여전히 마음이 무겁다.

13

어린이에게 알려 주고 싶은 것

나무가 어떤 언어를 사용하는지,
나무에게도 부모와 자식이 있는지,
사회적으로 어떻게 관계를 맺는지 등을
우리의 명랑한 어린이들에게 알려 주고 싶었다.

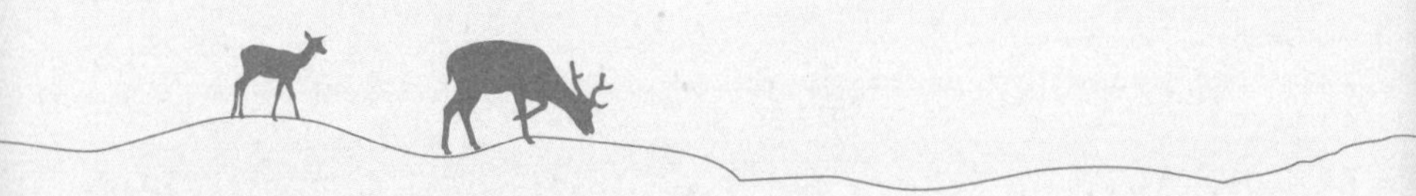

1997년 여름 나는 가족과 함께 미국 남서부로 여행을 떠났다. 누이 안네 키르스텐이 로스앤젤레스의 총영사관에 발령을 받아 그곳에서 일하고 있어 누이를 만날 겸 휴가를 즐기기로 한 것이다. 어린 시절 나는 카를 마이의 책에 열광했다. 특히 미국 서부개척시대를 배경으로 한 대표작인 《비네투와 올드 섀터핸드*Winnetou und Old Shatterhand*》에 빠져 인디언들의 몰락을 애도했다. 이 소설의 영향 때문인지 나는 미국 서부의 황량한 원주민 보호 구역들을 꼭 한 번 둘러보고 싶었다.

누이의 집에서 하룻밤을 묵은 뒤 커다란 캠핑카를 빌려 함께 네바다에서 콜로라도, 애리조나, 뉴멕시코까지 끝도 없이 이어지는 대지를 달렸다. 정말 숨이 멎을 정도로 아름다운 광경이었다. 무엇보다 사람의 흔적이 보이지 않는 것이 놀라웠다. 이동하는 내내 차 한 대 마주치지 않을 정도였다. 과거에 그토록 열심히 찾아보던 사진집이나 다큐멘터리 영화 속 아름다움을 뛰어넘는 현실이었다. 다만 한 가지 아쉬운 점은 유럽과 달리 이곳에서는 외진 지역에서조차 출입을 금지한다는 것이었다. 철조망이나 가시울타리가 둘러쳐진 곳에는 저마다 "민간 소유지! 출입 금지!"라는 팻말이 붙어 있었다. 그토록 갈망하던 곳에 정작 자유는 없었다.

인디언 보호 구역은 나를 실망시키지 않았다. 아니, 오히려 그렇게 많은 유산이 오늘날까지 보존되어 있는 것을 보고 놀라움을 감출 수 없었다. 아이들도 즐거워했다. 여행을 시작하기 몇 달 전 우리는 인디언들의 노래에 심취해 있었다. 여행에 대한 기대감을 높이라고 누이가 선물해 준 CD였는데, 하도 많이 들어 어느 순간부터는 모두가 따라 부를 수 있을 정도였다. 지프차로 나바호족 보호 구역을 돌아보던 중 세 살, 다섯 살이던 토비아스와 카리나가 갑자기 노래를 부르기 시작했다. 인디언 가이드들은 우리 아이들이 나바호족 노래를 부르고 있다는 사실을 알아차리고는 서로의 옆구리를 쿡쿡 찌르며 기쁨을 감추지 못했다.

며칠 후 우리는 그랜드캐니언으로 향했다. 이곳은 환경교육의 방법과 관련해 나에게 큰 깨달음을 주었다. 그 공원을 방문한 어린이들을 대상으로 공원관리소에서 운영하고 있는 주니어 순찰대 프로그램 덕택이다. 이틀에 걸쳐 공원 내의 쓰레기를 줍고 동물이나 그들이 남긴 흔적을 찾아보며 진짜 공원 순찰대원과 대화를 나누는 프로그램이었는데, 아이들이 어찌나 열심히 참여하던지 옆에서 지켜보는 것은 감동적이었다. 심지어 영어로 진행되는 순찰대와의 대화 시간에도 우리 아이들은 언어의 장벽과 긴장을 이겨 냈다. 프로그램에 참여한 어린이들에게는 인증서와 소속 배지, 와펜이 주어졌다. 물론 우리

아이들도 어린이 순찰대원으로 임명되었다.

이 경험을 통해 아이들이 자연과 가까워질 수 있는 교육이 필요하다는 교훈을 얻었다. 휨멜로 돌아온 나는 곧장 라인란트팔츠주 산림청의 커뮤니케이션과 마케팅을 담당하고 있는 콤마KOMMA에 전화를 걸어 자초지종을 설명했다. 내가 받은 감동을 전하고, 독일에도 그런 프로그램이 필요하지 않겠느냐고 제안한 것이다. 하지만 콤마는 이 제안을 거절했다. 이미 어린이들을 위한 교육 프로그램이 진행되고 있으므로 새로운 프로그램을 개설할 필요는 없을 것 같다는 답변이었다. 안타까운 일이었다.

그렇다고 그 아이디어를 그냥 버릴 수는 없었다. 당시 둘째 카리나는 이웃 지역인 베르스호펜Wershofen의 작은 초등학교에 입학을 앞두고 있었다. 교사가 네 명뿐인, 그마저 한 사람은 교장, 한 사람은 그의 아내가 일하고 있는 학교였다. 나는 학교의 교장에게 연락해 내 아이디어를 소개했다. 다행히도 교육에 열정을 가지고 있던 교장은 즉각 반응을 보였다. 나는 교사들과 함께 숲에서 수업을 진행할 수 있는 프로그램을 기획했다. 아이들은 이 프로그램을 통해 본래 교실에서 배워야 할 내용들을 숲에서 배우게 될 터였다. 그랜드캐니언과는 다르게 모든 학급을 대상으로 한 해에 두 번, 4년간의 초등학교 과정과 함께 마무리되도록 커리큘럼을 짰다. 물론 인증서와 소매에 달 수 있는 와펜도 잊지 않았다. 그리고 몇 주 뒤 일명 '주니어 산림경영 전문가'라는 이름의 프로그램이 완성되었다.

그렇게 딸아이 카리나는 같은 반 친구들과 함께 이 프로그램을 누리는 첫 번째 학생이 되었다. 사실 그 즐거움은 우리 모두를 위한 것이기도 했다. 우리는 어린이들과 함께 다양한 실험을 했고, 젖은 나뭇잎 위를 기어 가며 무당벌레와 거미를 찾았다. '박쥐와 나방', '겨울 다람쥐' 같은 놀이를 즐기며 야생동물들의 삶을 배웠다. 당연히 캠프파이어를 빼놓지 않았다. 모닥불 위에서 소시지도 구웠다. 나는 이런 환경교육이 그랜드캐니언에서처럼 우리가 사는 곳에서도 이루어지고 있다는 사실이 무척 기뻤다. 더 반가운 일은 덕분에 내 관리구역에 속한 마을의 어린이들을 알게 되었다는 것이다.

나는 암기를 싫어한다. 암기보다 중요한 것은 해야 할 일을 제대로 이해하는 것이라고 생각하기 때문이다. 아이들도 다르지 않다고 본다. 그래서 주니어 산림경영 전문가 프로그램에서는 숲을 안내할 때 일방적인 정보 전달은 다루지 않는다. 생물종에 대한 지식은 전혀 중요하지 않다. 이 꽃의 이름이 무엇인지, 이 풀은 어떤 이름을 가지고 있는지 하는 것들이 우리가 환경을 이해하는 데 무슨 역할을 한단 말인가? 오히려 나는 나무가 어떤 언어를 사용하는지, 나무에게도 부모와 자식이 있는지, 사회적으로는 어떻게 관계를 맺는지 등을 우리의 명랑한 어린이들에게 알려 주고 싶었다. 식물학적인 지식을 전달하는 것보다 더 중요한 것은 어린이들이 자연의 연결고리를 이해하고, 무언가 문제가 발생했을 때 그 원인을 찾아내는 것이라고 생각한다.

우리 프로그램에 참여한 주니어 산림경영 전문가들은 4년이 지나고 나면 원시림을 조림지와 구분하고, 야생동물이 어린나무를 먹었는지 여부를 육안으로 파악하는 능력을 갖추게 된다. 하지만 무엇보다 아이들에게 알려 주고 싶은 것은 스스로가 숲의 주인이라는 인식이다. 1학년 때만 해도 숲의 주인이 산림경영 전문가라고 생각하던 어린이들이 어느덧 4학년이 되면 자신들 스스로가 그리고 자신들의 가족이 숲의 주인이라는 사실을 알게 된다. 그뿐만 아니라 산림경영 전문가의 경영 방식이 마음에 들지 않을 때는 언제든지 이의를 제기할 수 있다는 사실도 알게 된다.

물론 생물종에 대한 지식을 어느 정도 갖추고 있어서 나쁠 것은 없다. 내가 궁금한 것은 '꼭 눈으로만 보고 알아야 하는 걸까?' 하는 것이다. 그래서 우리 학생들은 나무의 맛을 본다. 용감하게 독일가문비나무의 새싹과 너도밤나무 잎을 먹어 보는 것이다. 라인란트팔츠주에는 숲과 함께하는 청소년 게임이 있다.[49] 일종의 학교 대항전인데, 한번은 수종을 맞혀야 하는 퀴즈가 나온 모양이었다. 그때 3학년 중 한 그룹이 출제자가 가리킨 가지를 향해 달려가 맛을 보았다고 한다. 학생들을 인솔하던 산림청장이 말했다.

"분명 볼레벤 씨가 가르친 애들일 거야."

14

숲의 미래

예방책을 쉽게 포기하는 인간의 욕심은
우리의 환경 그리고 또다시 뒷전이 되어 버린
우리의 숲을 위협하고 있다.

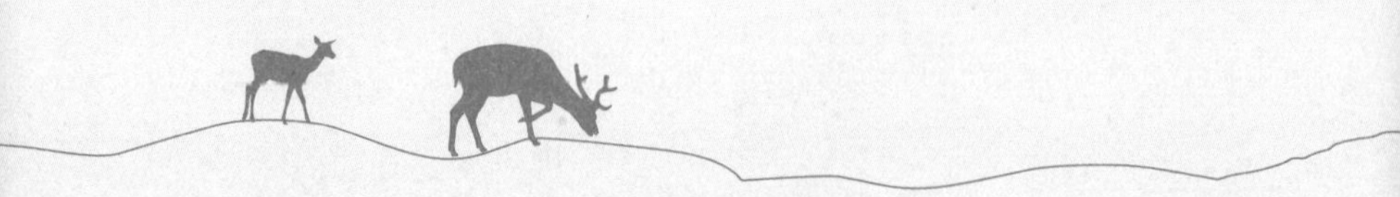

석탄과 석유, 가스가 에너지전쟁에서 승전보를 울리면서 유럽의 숲에도 휴식이 찾아왔다. 하지만 이는 벌써 과거의 일이 되었다. 지난 10년, 또 다른 먹구름이 자연을 뒤덮으며 여러 문제를 야기하기 시작했다. 대기오염, 기후변화 그리고 숲의 남용은 우리의 생태계를 또다시 위협하고 있다.

숲의 죽음

내가 산림청에 처음 발을 디딘 1983년 숲의 상태는 암울 자체였다. 사회가 급속도로 산업화되고 교통량과 함께 증가한 배기가스가 산성비를 만들어 냈으며, 이것이 숲의 나무들을 심각하게 오염시켰던 것이다. 가장 먼저 경고장을 날린 것은 전나무였다. 하지만 얼마 지나지 않아 모든 수종이 같은 피해를 호소하고 있다는 사실이 드러났다. 벌거벗은 가지, 바싹 말라 버린 뿌리, 여기에 더해 낮은 지대에 사는 개체군이 전부 죽어 버리는 경우마저 있었다. 나무들의 죽음은 이후 산 아래로 유행처럼 번졌다. 전문가들은, 2000년이 되면 푸르른 중간 산악지대도 대부분 황폐한 민둥산이 되어 버릴 것이라고 예측했다. 방송국에서 제작한 다큐멘터리는 온통 활기를 잃은 풍경과 부식된 토양, 생존에 적대적인 생태계의 모습을 담으며 자연의 암울한 미래를 그렸다. 문명의 종말이 코앞까지 다가온 것처럼 느껴졌다. 이제 막 산림경영 전문가를 준비하고 있던 나에게는 좋은 신호일 리 없었다. 내가 교육과정을 마친 후에도 숲이 과연 살아 있을지 우려스러웠다.

하지만 이러한 소식들은 대중을 충격에 빠뜨렸고 근본적인 변화의 물결을 불러일으켰다. 산업 현장에서 배출되는 배기가스 문제를 해결하기 위해 탈황 작업이 의무화되었고, 차량에는 배기가스를 줄이는 촉매장치를 설치하도록 했다. 가정에서 사용하는 난방시스템도 점차 개선되었다. 그 결과 이제는 빗물의 산성도가 거의 산업화 이전 수준으로 회복될 정도에 이르렀다. 환경을 위해 쟁취한 진정한 승리였다! 그러나 숲은 갈수록 심해지는 대중의 무관심 속에서 병들어 갔다. 나는 최근 들어 나타나고 있는 나무들의 병약함에는 다른 원인이 있다고 생각한다. 이를 설명하기에 앞서 먼저 나무가 병들어 가는 과정과 병든 나무가 보이는 증상들을 짚고 넘어갈 필요가 있을 것 같다.

'숲의 죽음'이라는 개념은 매우 다양하고 복잡한 원인을 가진 현상을 포괄한다. 비가 내리면 대기 중에 머물고 있던 배기가스의 산 성분이 씻겨 내려가 토양에 쌓이면서 문제를 야기한다. 대기오염물질이 토양수로 흡수되면 토양의 pH값이 완전히 바뀌며, 이는 결과적으로 양분유효도에 큰 영향을 미친다. 양분유효도란 토양을 통해 식물이 흡수해 이용할 수 있는 양분의 공급량을 말하는데, 이렇게 되면 특정 양분은 아래층으로 이동하는 빗물을 따라 토양에서 씻겨 내려가고, 또 어떤 양분은 더 깊숙이 침투하는 바람에 나무가 이용할 수 없게 된다. 이는 우리와 전혀 상관없는 일이 아니다. 같은 과정을 거쳐 씻겨 내려간 많은 성분이 식수에서도 발견되기 때문이다. 그중 대표적인 것이 바로 알루미늄이다.

문제는 나무가 양분을 흡수하지 못하는 데에서 끝나지 않는다. 양분과 수분을 직접 흡수하는 미세뿌리들이 공격성을 띤 비를 견디지 못하고 죽음을 맞이하며, 이로 말미암아 나무의 뿌리곰팡이, 즉 균근을 잃게 되기 때문이다. 뿌리에서 공급되는 양분이 충분하지 않으면 토양 위의 나무는 온전할 수 없다. 그래서 나무는 수관부터 뿌리까지 양분이 고르게 분포될 수 있도록 가지 일부를 스스로 제거하는데, 그로 인해 외관이 병약해 보이게 된다. 나뭇잎 또한 직접적인 피해를 입는다. 산성화된 잎에 나타난 노란색 반점들이 그 증거다. 그렇게 되면 보통 몇 년 동안 잎을 떨어뜨리지 않는 독일가문비나무와 구주소나무마저 일찍부터 침엽을 버린다. 그 결과 내부가 어두울 정도로 촘촘하던 수관이 텅 비어 버리는 것이다.

게다가 이것으로도 충분하지 않다는 듯, 두 가지 물질이 등장해 숲의 건강에 영향력을 행사한다. 하나는 공격성이 매우 강한 산소의 동소체 오존이다. 오존은 대부분 자동차 배기가스로 발생하는 것으로, 날이 더워지면 매우 심각한 대기오염을 일으켜 더욱 위협적이 된다. 오존이 공격하는 것은 나뭇잎만이 아니다. 인간의 폐에도 손상을 입힐 수 있다. 그래서 기상청에서는 오존의 농도가 특정 수준을 넘어서면 오존주의보를 발령한다. 오존주의보가 내려졌을 때는 밖에서 운동을 하지 않는 것이 좋다. 건강에 해로운 혼합물질들이 호흡을 통해 폐 깊숙이 들어갈 수 있기 때문이다. 그러나 지층과 가까운 대기 중의 오존은 보통 오존구멍이 줄었다는 내용의 기사에서 자주 언급되는 상층권의 오존층 감소와는 상관이 없다.

또 하나의 유해물질은 암모니아다. 암모니아는 주로 농업, 그중에서도 공장식 축산업을 통해 발생한다. 소변과 오물이 뒤섞인 가축의 배설물은 매년 100만 톤씩 농장에서 처리된다. 이를 퇴비로 밭에 주면 재정적으로도 이득을 볼 수 있기 때문이다. 하지만 이 배설물의 늪에서 토양생물들이 질식당하고 있다는 사실을 고려하는 사람은 없다.

가축분 퇴비를 뿌리는 과정에서 엄청난 양의 암모니아 가스가 발생한다. 이 가스는 지독한 냄새는 물론이거니와 바람을 타고 숲에까지 들어간다. 숲에 들어간 암모니아 가스는 토양을 산화시키고 일종의 거름이 되어 나무의 성장을 촉진한다. 실제로 지난 20년간 숲은 과거에 비해 훨씬 많은 양의 목재를 공급했다. 얼핏 긍정적인 효과처럼 보이지만, 사실은 그렇지 않다. 이미 약해질 대로 약해진 나무로 하여금 더 많은 에너지를 소모하게 만들기 때문이다. 모든 에너지를 생장에 소진해 버린 나무는 질병을 방어하지 못한다.

더욱이 빠른 속도로 자란 나무는 크고 공기가 많은 세포를 갖게 되는데, 이는 목질의 영양분을 앗아 가는 버섯이 기생하기에 유리한 환경을 만든다. 말하자면 버섯이 선호하는 나무가 되는 것이다. 그러면 나무줄기는 몇십 년도 안 되어 썩고 난로의 연통처럼 속이 비고 만다. 가축분 퇴비의 역효과는 계속 이어지고 있으나, 전반적인 대기오염도는 크게 낮아지고 빗물의 산성도 역시 수용 가능한 수준으로 줄어들었다.

그러나 자연적인 순환에 대한 산림업계의 이해의 폭은 여전히 좁은 것 같다. 그렇지 않고서야 숲의 죽음이 오늘날까지 끊임없이 논란의 중심에 있는 이 상황을 달리 설명할 길이 없다. 우리가 학창 시절 화학 시간에 배운 대로 석회는 산도를 중화시킨다. 그래서 산성화로 인한 피해를 줄이기 위해 숲에 석회를 뿌린다. 정확히 20년 전부터 수천 제곱킬로미터에 달하는 우리의 숲에서 일어나고 있는 일이다. 심지어 접근이 불가능한 구역이 많다는 이유로 석회를 뿌리는 데 헬리콥터까지 동원한다. 석회 자루를 매단 헬리콥터가 나무 위를 날며 '치료제'를 살포하는 것이다. 안타깝게도 처음에는 나 역시 숲에 석회를 뿌렸다. 그렇게 하면 토양이 훼손된다는 사실을 최근에야 알았기 때문이다.

농업에 종사하는 사람이라면 이 말을 알고 있을 것이다.

"석회를 쓰는 집안은 아버지는 부자가 되지만 아들은 거지가 된다."

석회를 비료로 사용하면 당장은 큰 이익을 얻을 수 있지만, 이는 결국 미래의 토양을 담보로 얻는 이익에 불과하다는 뜻이다. 그도 그럴 것이 석회는 토양생물의 활성화에 영향을 주어 박테리아와 버섯이 부식토를 빠르게 소비하게 할 만큼 매우 독한 물질이다. 석회를 통해 넘치는 영양분을 갖게 된 토양은 식물들의 화려한 생장을 촉진한다.

하지만 이는 일시적인 현상일 뿐이다. 부식토가 분해되는 즉시 정반대 현상이 나타나기 때문이다. 양분을 잃은 부식토는 또 한 가지 중요한 기능인 수분 보유 능력을 상실한다. 그 결과 토양은 급속도로 건조해져 작물 상태를 한층 악화시키는 것이다. 숲이라고 다르지 않다. 그래서 장기적으로 볼 때, 숲의 죽음을 막기 위해 석회를 사용하는 것은 숲의 죽음을 가속화하는 일이다. 그러나 나무가 빠르게 생장하기 때문에 단기적으로는 그렇게 보이지 않는다. 석회는 가축분 퇴비와 암모니아를 통해 급격하게 이루어지는 숲의 비정상적 생장을 촉진할 뿐이다.

헬리콥터를 동원하는 데에는 기후변화를 위해 편성된 국가예산 일부가 투입된다. 산림 토양의 탄소 저장 기능을 보존해야 한다는 명분으로 국가는 유엔기후변화협약에서 발급하는 탄소배출권을 기업에 판매하고 수익을 얻는다. 그렇게 얻은 수익을 숲에 석회를 살포하는 데 쓸 수 있는 것은, 나무가 생장 과정에서 대기 중의 이산화탄소를 목질과 토양에 흡수·저장해 준다는 사실에 기반한다. 하지만 부식토가 파괴되면 그 안에서 생장하는 미생물이 죽고 그 과정에서 도리어 이산화탄소가 만들어진다. 토양에 뿌려진 석회 때문에 부식토가 완전히 사라질 경우, 1제곱킬로미터당 대기 중에 배출되는 이산화탄소의 양만 무려 2만 톤이다. 기후변화를 방지하기 위해 마련한 예산을 이보다 더 허투루 쓸 수 있을까?

석회로 인한 부정적 결과는 여기에서 끝나지 않고 생태계 파괴로까지 이어진다. 자연에는 본래 산도가 강한 토양이 있다. 다시 말해 그 토양에서 발전한 특수한 생태계가 존재한다는 뜻이다. 그러나 헬리콥터가 석회를 뿌리면 이 특수한 생태계에 살던 동식물들은 모두 사라지고, 결국 생태계 자체가 파괴되어 버리는 것이다.

이를 하루아침에 바꿀 수 있는 방법은 없다. 본래 행정기관이란 제동거리가 매우 긴 대형 탱크와 같아서, 새로운 학문적 발견이 행정기관 특유의 복잡한 체계를 뚫고 책임자에게까지 이르는 과정이 매우 지난하고 길기 때문이다. 그래서 숲의 석회화는 현재도 활발하게 진행 중이다.

앞에서 최근에 나타나고 있는 나무들의 병약함에는 다른 원인이 있으리라고 의혹을 제기한 것을 기억할 것이다. 나는 우리 모두가 대대적인 홍보의 영향을 받고 있다고 생각한다. 그리고 내가 이 같은 의구심을 갖는 데에는 이유가 있다. 독일 전체에서 이를 목격했고, 이는 하나같이 같은 방향을 가리키고 있었기 때문이다. 초반만 해도 숲을 병들게 하는 주원인은 분명 강한 산성이었다. 하지만 오늘날 대기질은 눈에 띄게 개선되었다. 그런데도 나이 든 너도밤나무와 참나무, 독일가문비나무는 병들고 있다. 내가 그 원인으로 임업을 꼽는 것은 바로 그 때문이다.

숲에 사는 나무들에게 영향을 주는 요인은 다양하다. 손상된 토양은 당연하고 재배와 식재를 거쳐 변형된 뿌리, 유전적 단순화, 화학비료 사용 등을 생태계 파괴의 주범으로 든다. 그러나 나는 건조한 가지와 축 늘어진 잎을 유발하는 진짜 원인은 개체군의 해체에 있다고 생각한다. 몇 년에 걸쳐 기계톱으로 이런저런 나무들이 베어지고 나면 나무 집단은 끝내 해체된다. 동료로부터 분리되고, 자식들은 부모를 빼앗기는 것이다. 그렇게 되면 해당 구역의 환경적 조건이 변한다. 남아 있는 나무들 사이로 스며드는 바람은 토양을 건조하게 만들고, 햇볕은 기온을 상승시켜 나뭇잎을 메마르게 한다.

어린나무들처럼 유연하지 못한 고령의 나무들은 이런 환경의 변화를 견디지 못한다. 그 결과 작은 나뭇가지들이 말라죽기 시작하고, 나뭇잎은 더 이상 자라지 못해 점차 시들해지다가 누렇게 변한다. 독일가문비나무의 경우에는 자라나는 침엽보다 떨어지는 침엽이 더 많아진다. 전에는 그토록 거대하던 나무들이 털 뽑힌 닭처럼 대지 위에 서 있는 모습이 연출되는 것이다.

나는 내 관리구역 안에 있는 고령의 너도밤나무 서식구역을 통해 이런 풍경이 정상이 아니라는 사실을 관찰할 수 있었다. 그곳의 너도밤나무들은 평균연령이 200살 이상으로, 목재로서의 가치로 보자면 임업이 규정하는 유용한 연령대를 이미 40년이나 넘겼다. 하지만 우리는 오래전부터 그 구역에 손을 대지 않았고, 그곳의 나무들은 인간의 개입으로부터 벗어나 거의 완전무결하다고 할 수 있는 상태의 토양에서 살아가는 기적 같은 일을 경험하고 있다.

그리고 그토록 나이가 많은데도 불구하고 여전히 건강하다는 사실을 육안으로 확인할 수 있다. 죽은 나뭇가지도 없고, 나뭇잎이 빈곤하지도 않다. 오히려 여전히 원기왕성한, 최상의 품질을 자랑하는 나무들로 빽빽하게 숲을 이루고 있다. 이는 다른 구역에서도 나타나는 현상이다. 우리 숲에는 같은 현상을 보이는 구역이 여럿 있는데, 여기에는 공통점이 하나 있다. 더 이상 임업이 이루어지지 않고 있다는 사실이다.

물론 단 한 번도 너도밤나무를 베지 않은 것은 아니다. 젊은 시절 나는 산림경영 전문가의 권한으로 일부 구역의 굵직한 나무줄기에 손을 댔고, 이를 중국에 비싸게 팔아 넘겼다. 과거의 이야기이긴 하지만 놀라운 것은 그 흔적이 지금도 남아 있다는 사실이다. 임업의 용도로 사용된 구역에서 살아남은 너도밤나무들은 숲의 죽음을 암시하는 전형적인 증상을 보이고 있다.

하지만 정작 책임기관들은 나무들이 병약해지는 원인을 찾는 데 조금도 관심을 보이지 않는다. 임업이 어떤 결과를 초래하는지를 구체적으로 조사하려 하지 않기 때문이다. 그 기관들은 나무의 수관을 살펴보는 것만으로 모든 감정을 끝내 버리고, 그 조사 내용으로 매년 산림현황보고서를 작성하는 것이다. 나무들의 건강 상태를 잎이 얼마나 많은지, 가지가 말라죽지는 않았는지, 잎의 색이 누런색으로 변하지는 않았는지 등에 따라 총 다섯 단계로 분류한다. 이 방식으로는 별것 아닌 나뭇잎의 손실조차 나무의 건강 이상으로 간주하기 쉬운데, 그것이 얼마나 큰 오류를 일으키는지는 다음 두 사례로 확인할 수 있다.

2011년 독일연방 식품·농업소비자보호부는 너도밤나무의 손실이 컸다고 발표했다. 실제로 그해 여름 독일 전역의 너도밤나무들은 유독 나뭇잎이 빈약한 현상을 보였다. 원인은 꽃이 많이 피고 열매를 많이 맺은 데 있었다. 말하자면 이미 주인이 따로 있어서 나뭇잎이 차지할 자리가 많지 않았던 것이다. 그와 같은 현상이 나타났다고 해서 나무의 건강에 이상이 생겼다는 결론을 내리는 것은 대단히 무모하다. 2003년과 2011년 잎이 적은 나무가 많았지만, 유난히 건조한 탓에 수분이 빠져나가는 면적을 줄이기 위한 나무의 생존전략에서 나타난 현상이었다. 그런 나무들의 건강에 이상이 있다고 판단하는 것은 목이 마른 사람을 병원에 보내는 것과 다름없는 일이다.

정말로 경종을 울려야 할 순간은 수관 위쪽의 가지들이 말라죽었을 때다. 가장 젊고 가장 활기차야 할 위쪽 가지들에 양적인 손실이 나타나면, 그 나무는 죽어 가고 있다고 말할 수 있다. 이런 나무는 해가 갈수록 부피가 줄어든다. 죽은 가지들이 폭풍을 견디지 못하고 부러져 떨어지기 때문이다. 수관은 갈수록 보잘것없어지고, 얼마 남지 않은 가지들은 거대한 줄기에 양분을 공급하지 못한다. 그렇게 나무는 죽음에 이르는 것이다.

원인을 찾기 위해서는 전체적인 상황을 고려해야 한다. 장비의 투입으로 토양이 손상을 입지는 않았는지, 최근 주위의 나무가 베어지지는 않았는지까지 살펴봐야 하는 것이다. 조사하기 어려운 일이 아니다. 지금이라도 담당 부서의 책임자를 보내 보고서에 기입할 수 있는 내용들이다. 나는 대부분의 나무들이 임업 때문에 병들었다고 확신한다. 주변 상황을 고려하지 않으면 문제를 일으킨 원인에 대한 평가가 제대로 이루어질 수 없다. 그렇게 하면 병든 나무들에 대한 책임을 농업이나 산업에 미루면 그만일 테니 임업 책임자의 입장에서는 편하겠지만 말이다.

문제는 기후변화에 대처하는 방식

진치히에 위치한 김나지움에 다니던 학창 시절을 떠올리면 인간이 야기한 환경오염 문제를 자주 다룬 지리학 시간이 기억난다. 인류의 미래는 과연 어떤 모습일까? 인류에게 미래라는 것이 과연 주어지기나 할까?

우리는 1977년 당시 미국 대통령이던 지미 카터가 의뢰한 '글로벌 2000 리포트'를 놓고 열띤 토론을 펼쳤다. '글로벌 2000 리포트'는 다가올 2000년에 나타날 변화들을 예측한 보고서로, 이 보고서에서 전문가들은 앞으로의 20년이 암흑과도 같을 것이라는 전망을 내놓았다. 과도한 어업으로 텅 빈 바다, 나무가 사라진 열대우림, 아사에 이르는 인류, 기온 상승 그리고 황무지의 확산 등 이 보고서가 그리는 2000년은 말 그대로 공포 자체였다.

이 보고서는 자연을 바라보는 나의 시각과 행동에 큰 영향을 미쳤다. 모든 것이 보고서의 예측대로 흘러가지는 않았지만, 방향성만큼은 틀리지 않았다. 숲의 죽음과 열대우림의 파괴, 비어 버린 바다. 여기에 몇 년 전부터는 기후변화까지 등장했다. 하지만 나는 못내 아쉬움을 느낀다. 기후변화를 바라보는 우리의 시선이 우리를 잘못된 방향으로 이끌고 있기 때문이다.

짚고 넘어갈 필요는 있겠다. 기온 상승이 인류를 위협한다는 데 나 역시 이견이 없다. 대책이 필요하다고도 생각한다. 지구의 기온이 정말로 평균 2~4도까지 상승한다면 우리와 후손들은 우리가 알던 지구의 모습을 더 이상 볼 수 없게 될 것이다. 문제는 오히려 기온 상승을 부추기는 현재의 대책들이다. 기본적으로 잘못된 생각에 근거한 전략인 탓이다. 적어도 내 생각에는 그렇다.

에너지는 우리 인간이 가진 자연적인 힘, 즉 근육의 성능을 키우기 위해 필요한 물질이다. 소와 말을 이용하던 시기의 농부들은 오전 내내 일하면 밭 2,500제곱미터를 일굴 수 있었다. 그 이상은 농부에게도 가축에게도 무리다. 하지만 350마력을 자랑하는 최신식 트랙터는 같은 시간 동안 100배에 달하는 면적을 처리할 수 있다. 이와 같은 수행 능력을 가능케 하는 '마법의 물질'이 바로 석유다. 석유는 현대를 살아가는 인간에게 날개를 달아 주었다. 오늘날 석유가 사용되지 않는 곳은 없다. 굴착기, 불도저, 승용차, 화물차, 비행기, 배, 어딜 봐도 마찬가지다. 인간은 더 강해지고 더 빨라지고 있으며, 갈수록 많은 상품을 생산해 내고 있다. 그리고 독일을 예로 들면 매년 뮌헨만 한 면적의 토양이 아스팔트로 덮이고 있다.

결과적으로 인간의 에너지 소비는 환경의 변화를 야기한다. 그럼 가장 좋은 해결책은 에너지 소비를 줄이는 것이 아닐까? 그렇게만 된다면 우리는 두 마리 토끼를 동시에 잡을 수 있다. 배기가스의 배출도 줄이고, 환경을 파괴하는 행위도 멈출 수 있는 것이다. 하지만 여전히 이 대책이 시대에 맞지 않는다고 생각하는 사람이 많다. 증권시장과 환율이 불안정한 지금은 경제가 안정을 찾고 성장을 이어 가야 한다고 주장한다. 모든 사람, 심지어 녹색당조차 대체 가능한 에너지에 목을 매는 이유가 바로 여기에 있다.

태양과 바람, 물을 이용해 전기를 생산하는 것은 말할 나위 없이 가치 있는 일이다. 결과적으로만 본다면 이러한 대체에너지 생산의 생태 균형도 나쁘지 않다.[50] 관련 설비를 마련하고 유지하는 데에만 온실가스가 배출되기 때문이다. 그렇다면 '녹색' 에너지만을 소비하게 하는 것이 잘못된 일일까? 물론 나쁠 것 없다. 탄소 발자국을 줄이기 위해서는 석유와 석탄과 가스를 대체할 무언가를 찾아야 한다는 것을 의미하기 때문이다. 하지만 풍력발전소를 가동해 전기 1킬로와트를 생산한다면 화석연료가 1킬로와트만큼 줄어들어야 마땅하다.

문제는 현실이 그렇지 않다는 데 있다. 말하자면 녹색 에너지는 국제 에너지시장에서 거래되는 또 하나의 선택지가 되어 석유·석탄·가스 에너지를 더 많은 사람이 이용할 수 있게 할 뿐이다. 태양전지와 수력발전소가 하나 추가될 때마다 시장에서 거래되는 에너지의 총량이 증가한다. 여기에 에너지 생산 환경의 전면적인 교체를 위해 설비를 추가하는 과정에서 에너지가 소비되는 점을 감안하면, 결과적으로 1킬로와트의 녹색 에너지는 환경 파괴에 기여한다고 볼 수 있다.

환경보호를 위해 대규모 석유 매립지 개발을 포기한 곳이 있다. 내가 알고 있는 유일한 곳이다. 대규모 석유 매립지가 총 세 군데 있다고 알려진 에콰도르의 야수니 국립공원이다. 하지만 에콰도르는 기후변화를 막기 위해 공원 내에 있는 열대우림을 파괴하지 않는 조건으로 국제사회에 지원을 요청했다. 이곳에 묻혀 있는 석유의 가치를 추정해 그 가치의 절반을 지원해 준다면 석유 개발을 하지 않겠다고 제안한 것이다.[51]

기후변화에 대처하는 방식은 이래야 한다. 친환경 전기에너지를 생산하는 동시에 석유와 가스의 개발을 멈춘 땅의 주인들이 태양과 풍력 에너지 생산에 기여할 수 있도록 재정적으로 지원해야 하는 것이다. 독일 연방의회는 에콰도르의 이 같은 계획을 반겼지만, 정작 관련 책임기관인 독일 연방경제협력개발부의 디르크 니켈Dirk Nickel 장관은 이를 거절했다.[52] 기후변화를 막기 위한 우리의 싸움은 이렇게 더 많은 에너지의 생산으로 이어지고 있는 중이다. 그뿐이면 다행이겠지만, 이로써 숲은 더욱 심각한 상처를 입고 있다. 그 상처는 우리가 녹색 에너지라며 칭송해 마지않는 풍력발전소에 기인한다.

나무의 자리에 들어서는 풍력발전기

풍력 에너지에 반대하는 것이 아니다. 공장 설립이나 도로 건설에 반대하는 것도 아니다. 다만 생태계에 개입하는 문제를 피할 수는 없는지, 생태계를 보호하면서 이 모든 일을 해나갈 수는 없는지를 따져 묻고 싶을 뿐이다. 하지만 후쿠시마원전 폭발 사고 이후 대체에너지 개발산업은 너무 빠르게 발전하고 있다. 마치 미국의 서부개척시대를 보는 것 같다. 하루빨리 대체에너지를 늘려야 하니 마음이 급한 것이다. 하지만 마음이 급하면 선택에 실수가 있기 마련이고, 지나치게 빨리 달리면 결승선을 지나치는 법이다. 그렇게 급하게 달리던 풍력발전 사업의 선택지가 바로 숲이었다.

숲은 풍력발전소를 가동하기에 여러모로 좋은 조건을 가지고 있다. 먼저 숲이 가지고 있는 소유 형태를 보자. 풍력발전소는 특정 규모 이상을 가질 때만 유용하다. 인프라를 구축하는 데 비용이 많이 들기 때문이다. 풍력발전기 사이의 간격은 최소 500미터 이상이어야 한다. 그렇지 않으면 풍력발전기가 만들어 내는 회오리바람이 서로를 방해한다. 상황이 이렇다 보니 풍력발전소의 규모는 수 킬로미터 이상에 달할 때가 많다. 그래서 풍력발전소 사업을 하려는 사업자는 관련 부지를 매입하고 임대하는 과정에서 보통 수백 명에 이르는 토지 주인들과 협상을 진행하는데, 더러는 몇 년이 걸리기도 한다. 물론 이렇게 지지부진하게 사업을 진행하고 싶은 사람은 없을 것이다.

그 결과 선택된 것이 숲이다. 적어도 공공림의 경우에는 대규모의 면적이 지역이나 국가의 소유인 경우가 많아 협상 대상이 줄고, 신속하게 계약을 처리할 수 있기 때문이다. 대개 숲은 산의 언덕이나 산등성이에 형성되어 있어 농업이나 주거의 목적으로는 사용하기가 어렵다. 그리고 지대가 높아 바람이 강하게 분다. 마지막으로 숲의 나무들도 풍력발전소 건설에 긍정적인 역할을 한다. 자연경관을 해치는 거대한 풍력발전 설비가 산책객들의 눈에 띄지 않도록 가려 주는 역할을 하기 때문이다.

숲 대부분이 임업으로 인한 피해를 줄이기 위해 여러 등급의 보호지구로 지정되어 있다. 하지만 풍력발전소를 설립한다고 하면 녹색당조차 문제를 제기하지 않는다. 심지어 녹색당이 집권하고 있는 라인란트팔츠주와 바덴뷔르템베르크주의 조류 보호지에서도 풍력발전소 건설은 문제 되지 않았다. 풍력발전기의 날개로 새들이 피해를 입을 수 있는데도 말이다.

내게는 아직 산림청의 업무 회의에 참석해야 할 의무가 있는데, 최근 그 자리에서 알게 된 정보가 하나 있다. 라인란트팔츠주 산림청이 어떻게 해서든 풍력 에너지의 생산량을 현재의 다섯 배 수준으로 늘리겠다는 계획을 세운 것이다.[53] 그러자 아름다운 산과 숲을 가진 바이에른주도 여기에 뒤지기 싫었는지 집권당인 기독사회당이 나서서 풍력발전소 건설 계획을 세웠다. 녹색당과 마찬가지로 너무 노골적인 결정이었다.[54] 이를 걱정하는 주민들의 목소리는 사회 진보의 발목을 잡는 습관성 반대 정도로 치부해 버렸다. 이런 일은 모든 것이 불안정한 개발도상국에서나 일어날 수 있다는 게 지금까지의 내 생각이었다. 개발도상국가에서는 자연보호 지구가 의미를 갖지 못할뿐더러 오히려 대부분 약탈의 대상이 되기 때문이다. 그러나 우리가 사는 곳, 중부 유럽에서 이런 일이 일어나고 있다는 사실을 여러분은 어떻게 생각하는가?

많은 지역에서 주민들의 반발이 이어졌다. 육중한 풍력발전기가 코앞에서 돌아가는 것을 반길 사람은 없을 테니 당연했다. 실제로 풍력발전소는 주민들을 불편하게 할 수 있다. 예를 들자면 풍력발전기가 서쪽이나 동쪽에 세워질 경우, 아침에 해가 뜰 때마다 풍력발전기 날개에 반사된 빛이 문제를 일으킬 수 있다. 날개가 돌아가면서 만들어지는 빛과 그림자가 침실이나 거실에서 매초 어른거릴 것이기 때문이다. 풍력발전기의 소음이 정원에서의 휴식을 방해할 수도 있다. 겨울에는 풍력발전기 날개에 얼음이 얼기도 하는데, 날개가 돌아가면 그 얼음은 수백 미터나 날아갈 수 있다. 말 그대로 생명을 위협할 수 있는 얼음총알인 셈이니, 누가 탁 트인 자연으로 산책하러 나오겠는가? 동물들도 피해를 입을 수 있다. 날개에 부딪쳐 목숨을 잃고 타워 아래에서 발견되는 박쥐와 새 들은 어떻게 할 것인가? 물론 풍력 에너지만 문제삼는 것은 아니다. 가벼운 침해에서 큰 피해까지 모든 유형의 에너지는 생산 과정에서 좋지 않은 문제를 야기할 수 있다. 그러니 굳이 다른 방법을 찾아가면서까지 에너지 소비를 이어 가는 것보다 더 확실한 방법은 에너지 소비를 줄이는 것 아닐까?

산림의 확대로 풍력발전소를 주거지에서 멀리 떨어진 곳에 건설할 수도 있다. 그렇게 되면 주민들을 방해하는 일이 없을 것이다. 유일하게 방해받는 것이 있다면 먼 곳을 바라볼 때의 전망 정도다. 애초에 풍력발전소가 토지 이용 계획에 포함되어 있지 않았기 때문에 풍력발전기 타워가 나무들의 수관 사이를 뚫고 나올 가능성도 있다. 물론 그 정도는 용인할 수 있다. 다만 공유림이 풍력발전소로 가로막히는 것을 원하는 주민은 없다. 그런데도 투자자들은 풍력발전소의 건설을 밀어붙인다. 이들을 볼 때마다 나는 수렵인들을 떠올린다.

얼마 전 평범한 지역 주민들과의 협상이 어떻게 이루어지는지를 직접 경험할 기회가 있었다. 인근 지역에서 열린 그 회의는 원래 의회 의원들만 참석할 수 있는 자리였는데, 풍력발전소 건설업체의 대표들이 자리를 함께했다. 그 지역 시장의 초대를 받아 참석하게 된 나는 상황을 지켜만 볼 뿐 발언할 수는 없었다. 하지만 회의가 진행될수록 발언할 수 없다는 사실은 나를 무척이나 괴롭혔다.

지역 의회를 대표하는 의원들 앞에 두 남자가 섰다. 무자비한 사업가와는 거리가 멀어 보이는 남자가 먼저 참석자들 앞에 나섰다. 남자는 "저는 여러분과 같은 입장을 가진 사람입니다"라는 말로 인사를 건넸다. 자신은 이 지역에서 자랐으므로 자신의 말을 믿어도 좋다는 의미였다. 해당 건설업체가 풍력발전소의 설계와 건설에 풍부한 경험을 가지고 있다고도 했다. 그리고 무엇보다 자신은 지역 주민들과 수익을 나누는 것을 가장 중요하게 생각한다고 했다. 이와 같은 이유에서 조합을 설립할 예정이며, 이 조합에 투자하는 주민들은 풍력발전소의 지분을 갖게 된다고 설명했다. 솔직히 솔깃한 발언이었다. 그 말대로라면 풍경을 해친다고 생각하던 풍력발전소에 대한 분노는 날개가 한 바퀴 돌아갈 때마다 기쁨으로 바뀔 테니까 말이다.

아니나 다를까 남자는 풍력발전기 한 대당 1년에 3만 유로의 프리미엄이 지급될 것이라는 말로 미끼를 던졌다. 실제로 군침을 삼킬 만한 액수였다. 대부분의 지방정부들이 재정적인 어려움에 시달리고 있고, 사실상 파산 상태에 이르렀다는 점을 감안하면 더욱 그랬다. 화단에 꽃을 심는 데 필요한 400유로의 예산조차 감당할 수 없는 상황에서 공유림에 풍력발전기 여러 대를 세우면 지역예산은 분명 안정을 되찾을 것이다.

의원들 가운데 일부는 이미 미끼를 덥석 문 듯했다. 하지만 발언의 기회를 갖지 못한, 그 자리와 무관한 참석자인 나로서는 답답해 미칠 지경이었다. 3만 유로라고? 나는 그보다 두 배가 넘는 프리미엄을 받는 지역이 있다는 것을 알고 있었다. 최소한 프리미엄을 높이는 협상이라도 해야 하는 것 아닌가? 하지만 소용없었다. 어차피 그럴 수 있는 분위기가 아니었다. 남자는 모든 건설업체가 같은 금액을 지불하고 있다며 프리미엄에 대한 협상은 불가하다고 말했다.

머리색이 빨간 한 사람이 손을 들었다. 그는 거주지에서 풍력발전기가 보이는지, 시야를 방해하지는 않는지 물었다.

"아뇨. 당연히 보이지 않습니다!"

남자가 서둘러 대답했다. 풍력발전기는 공유림의 가장 높은 지대에 들어설 예정이지만, 인근 지역과의 접경지이므로 괜찮다는 답변이었다. 적어도 그쯤 되면 정신을 차렸어야 한다. 그 말은 눈속임 그 이상도 이하도 아니기 때문이다. 물론 거짓말은 아니다. 그러나 다음과 같은 정확한 답변을 했어야 한다.

'이 지역에 세워진 풍력발전기는 보이지 않아요. 다만 인접 지역에서 세운 풍력발전기는 보이겠죠.'

다른 지역에서도 풍력발전소 건설을 계획하고 있으니 당연한 일이다. 단 조건은 주거지에서 최대한 멀리 떨어진 곳에 지을 것. 생각해 보라. 모두가 접경 지역에 발전소를 건설한다면 어떻게 될까? 자신이 살고 있는 지역에 세워진 것은 보이지 않겠지만, 다른 지역에서 건설한 풍력발전기는 보일 것이다. 결과적으로 풍력발전소에 시야가 가로막히기는 매한가지다. 이는 지역 간의 협의가 없기 때문에 발생하는 일이다. 풍력발전소 건설을 기껏 막았더니 다른 지역에 세워진 풍력발전기가 보인다면 얼마나 허탈하겠는가.

결국 지역 간에 갈등이 일어날 것이 불 보듯 뻔하다. 하지만 이를 해결할 방법도 미리 마련되어 있다. 조망권을 침해받거나 풍력발전소가 건설되는 모든 지역에 보상금이 지급된다는 사실을 알리는 것이다. 물론 보상금의 수준은 피해 정도에 따라 다르다. 풍력발전소와 가까운 지역일수록 '피해보상금'이 많아지는 것이다. 그러나 공격적으로 추진되는 풍력발전소 건립은 이러한 해결책을 무색하게 만든다. 가장 먼저 발전기를 세운 지역에서 인근 지역에 대한 피해 보상

없이 편의대로 일을 처리해 버리면, 그것이 선례가 되어 나머지 지역도 똑같이 일을 처리하기 때문이다. 보상을 둘러싼 지역 간 조정은 그렇게 실패하고 만다.

이처럼 경쟁적으로 풍력발전소를 조성할 경우 가장 큰 피해를 입는 대상은 누구일까? 아무런 보호도 받지 못한 채 갈기갈기 찢기는 숲이다. 피해가 나무들에게 고스란히 안기는 것은 당연하지 않을까? 이런 우려에 대해서도 건설업체 대표들은 확실한 변명거리를 가지고 있었다. 장기적으로 보면 풍력발전소 건립으로 손실되는 면적은 약 5천 제곱미터인데, 사실상 이는 그렇게 심각한 피해라고 볼 수 없다는 주장이다. 하지만 높이가 200미터에 이르는 풍력발전기 한 대를 건립하는 데 필요한 타워크레인을 세우려면 해당 면적의 두세 배에 이르는 나무들을 베어 내야 한다는 사실에 대해서는 입도 뻥끗하지 않는다.

여기에서 끝이 아니다. 일반적인 숲길의 폭은 약 5미터다. 문제는 이것이 풍력발전소 설비를 옮기기에 충분한 넓이가 아니라는 데 있다. 풍력발전기의 날개 하나만 해도 길이가 50미터가 넘는 데다 운전실과 상판까지 따라온다. 모퉁이를 돌아가며 이 거대한 풍력발전기를 운반하기에는 숲길의 폭이 너무 좁다. 그래서 불도저를 투입한다. 임시로 숲길의 폭을 10미터까지 넓혀 코너링 각도를 확보하는 것이다. 이 과정에서 몇 헥타르가 추가로 또 피해를 입는다. 그 자리에 서 있던 나무들은 영원히 사라지는 것이다. 확장 공사 없이 발전기를 옮길 수 있을 정도로 폭이 넓은 숲길은 극히 드물다. 목재를 운반하는 화물차의 출입만으로도 피해가 발생하기 때문에 그 경우에도 확장 공사가 필요하다.

숲길의 역사는 대부분 말을 이용해 목재를 운반하던 과거로 거슬러 올라간다. 그만큼 오래된 것이다. 비가 오기라도 하면 차량이 지나가는 것만으로도 숲길은 질퍽해져 산책객들이나 자전거의 통행에 불편을 초래한다. 풍력발전기를 운반하면 숲길이 받는 압력은 2.5배나 상승한다. 운반 차량의 무게에 헤비급인 발전기의 부품들이 더해지면 100톤 이상의 중압이 생긴다. 이는 한 업무 회의에 참석했다가 알게 된 사실이다. 건립 계획에 명시된 시간에 맞춰 정해진 장소까지 이 부품들을 운반하려다 보니, 숲속에 도로를 건설할 수밖에 없는 것이다. 물론 보호의 대상이던 숲은 그 안에 살던 생명들과 함께 다시 깊은 잠에서 깨어난다.

어쨌든 의회 의원들의 우려는 모두 해소되었다. 높은 수익을 올릴 수 있는 데다 조망권이 침해당할 일이 없으니 기회를 잡아야 하지 않겠는가? 이로 인한 위험 부담은? 어떤 위험 부담? 건설업체 대표라는 두 남자는 위험 부담에 대해서는 굳이 설명하지도 않았고 이를 묻는 사람도 없었다. 그들의 말에 귀 기울이고 문장 사이에 숨은 진짜 의도에 집중하는 사람만이 건립 계획의 실체를 파악할 수 있었다. 그들은 설계와 건설을 담당할 것이고, 그 두 가지를 처리하고 나면 전문 업체를 선정해 풍력발전소의 운영을 맡길 예정이라고도 했다. 이 과정을 통해 지역사회는 이익을 얻게 될 것이고, 주민들의 풍력발전소가 탄생할 것이라고 덧붙였다. 두 대표는 자신들이 시설 관리를 책임지고 싶다고 덧붙였다. 자신들은 이 분야의 전문가이고 조금 전에 언급한 대로 이 지역에 연고를 가지고 있다는 이유에서였다.

어느 회의 자리에서 이 분야를 훤히 꿰뚫고 있는 한 변호사가 해준 말이 있다. 풍력발전소 사업을 추진하는 이들은 사실상 발전소를 조성하는 것만으로도 큰돈을 거머쥘 수 있다. 운영을 누가 하는지는 크게 중요하지 않다. 어차피 제조업체에서 사들인 발전기의 영수증은 운영업체에 그대로 넘어갈 것이기에 발전기를 사들이는 과정에서 이미 수익을 낸 것이나 마찬가지라는 것이다. 다시 말해 그들은 풍력발전소 가동으로 감수해야 할 위험 부담에는 관심이 없으며, 시설 관리에 대한 명목으로 보수를 받으면 그만인 사람들이라는 소리다.

풍력발전소가 운영에 들어가면 문제는 또 다른 국면으로 접어든다. 예측한 것만큼 바람이 불지 않으면 전기 생산량이 적을 수밖에 없고 수익이 낮아진다. 실제로 이는 몇 년 동안 끊임없이 골칫거리가 되고 있는 부분이기도 하다. 예상 수익을 달성하지 못하면 풍력발전소 운영은 통제 불능 상태가 되고 마는데, 아니나 다를까 그런 어려움을 겪는 운영업체가 속속 등장하고 있다. 운영업체가 지급 불능 상태에 빠지면 지역사회의 자랑거리던 수입원은 고갈된다. 마지막에 가서는 건설업체만 웃게 되는 상황이 벌어지는 것이다.

재정 상태를 개선할 수 있는 기회만 보이면 즉각 달려드는 산림청이 있는 한 국유림이라고 이 문제에서 자유로울 수 없다. 소형 오토바이를 타고 들어가기만 해도 규정 위반이라며 벌금을 부과하는 국유림에 정작 장기적인 생태계 파괴로 이어질 수 있는 거대한 장애물을 설치하는 일이 아무런 문제가 되지 않는다니, 이 얼마나 아이러니한 일인가? 알 만하다. 결국 돈이 문제다. 다시 말하지만 풍력발전소에 반대하는 것이 아니다. 풍력발전소는 분명 전기에너지 공급에 기여하는 바가 크다. 그렇지만 그 풍력발전소를 고속도로와 철도, 산업단지 혹은 송전선을 따라 조성할 수는 없는 것일까? 이미 많은 지역이 원거리 조망권을 잃은 상태이므로, 그런 곳에서 풍력발전기가 돌아간다 해도 큰 문제는 되지 않을 테니 말이다.

우리가 잊고 있는 사실이 있다. 환경보호의 상징으로 미화된 풍력발전기가 사실은 주변 환경에 피해를 주는 거대한 산업 시설에 불과하다는 점 말이다. 자신의 집 옆에 공업단지가 들어서는 것을 반길 사람이 어디에 있으며, 대로나 쓰레기 소각장이 들어서는 것을 찬성할 사람은 또 어디에 있겠는가? 그런데 유독 풍력발전소를 조성하는 문제에서만큼은 융통성을 발휘해 재빨리 동의하는 사람들을 도무지 이해할 수가 없다. 풍력발전소 역시 다른 건설 계획들과 마찬가지로 신중하게 검토해야 한다는 점을 잊지 말아야 한다.

그보다 더 좋은 방법이 있다. 환경청이 세운 에너지 절약 계획을 실천에 옮기는 것이다. 환경청은 2009년 우리가 유의미한 수준의 에너지 절약을 실천한다면 2015년까지 총 1,100억 킬로와트시의 전기를 아낄 수 있다는 전망을 내놓았다. 이를 풍력 에너지로 환산하면 총 21기가와트로, 최신식 기술이 적용된 풍력발전기 7천 대가 필요 없어지는 양이다.[55]

숲에 대한 걱정도 걱정이지만, 무엇보다 나는 이 엄청난 광경 앞에 말문이 막힌다. 돈이 나올 만한 구석이 보이면 정부기관과 정치인들이 부패한 바나나 공화국*의 국민들처럼 달려들기 때문이다. 자연보

* 바나나 등 한정된 자원의 수출에 절대적으로 의존하는 작은 나라를 가리키는 말. 부정부패로 정국이 불안하고 대외 의존도가 높은 국가를 낮춰 부르는 말이다.

호, 국민들의 반발, 지속 가능성? 그들은 여기에 개의치 않는다. 중요한 것은 국가의 금고를 채우는 일이고, 이로써 부족한 예산을 메우면 그만이다. 하지만 숲을 생태학적으로 경영하고 수렵 문제를 해결할 수만 있다면, 풍력발전소를 통해 얻는 수익은 임업을 통해서도 충분히 얻을 수 있다. 유감스럽게도 훨씬 어렵고 더 많은 이해관계가 뒤엉켜 있는 문제지만 말이다.

녹색 에너지라 부르는 바이오매스의 실체

숲을 가장 위협하는 것은 숲에서 만들어지는 에너지, 즉 목질 바이오매스 에너지다. 바이오매스 에너지의 사용이 확대되고 있기 때문이다. 이 에너지가 각광받게 된 배경에는 석탄과 석유를 바이오매스로 대체해 기후변화에 대처하려는 정치권의 목표가 있다.

목질 연료는 연소가 되더라도 입목 상태에서 흡수한 것 이상의 탄소를 방출하지 않는 탄소 중립 에너지원으로 여겨지다 보니, 생산 과정에도 문제가 없다고 생각하는 사람이 많은 것 같다. 20년 전 석유 난방장치를 없애고 목질 연료를 사용하기 시작한 이유도 바로 거기에 있다. 전력은 그린피스가 만든 그린피스 에너지를 구입해 사용하고 있으니,* 여기에 석유와 석탄을 목질 연료로 대체하기만 하면 가정에서 소비되는 에너지 또한 사실상 탄소 중립을 유지하게 된다고 보는 것이다.

하지만 목질 연료의 명성은 매우 단순한 가정에 기초한다. 나무는 생장 과정에서 이산화탄소를 흡수한다. 그리고 햇빛과 물의 도움을 받아 나무의 목질을 구성하는 당과 섬유소, 고분자물질인 리그닌을 만드는 데 이산화탄소를 사용한다. 죽은 나무는 벌레와 박테리아·균사를 통해 분해되며 이산화탄소를 배출하는데, 이때 배출되는 이산화탄소의 양은 입목 상태에서 흡수한 양과 동일하다. 그래서 사람들은 자연적으로 분해되기 전 나무를 베어 내 토막을 내고 연료로 사용한다면, 자연적으로 분해되는 과정에서 배출되는 이산화탄소와 동일한 양을 유지할 수 있을 것이라는 결론을 내렸다. 대기오염 수치를 '제로'로 만들 수 있을 것이라는 발상인 셈이다.

조림지의 경우에는 한 발 더 나아가 나무를 베어 낸 자리에 즉각 새로운 묘목을 심는다. 새로 심은 나무가 목질이 연소되며 배출한 이산화탄소를 흡수해 줄 것이므로, 이산화탄소 배출량을 영원히 '제로' 상태로 유지할 수 있을 것이라는 생각에서다. 그야말로 영원한 선순환인 것이다! 대체에너지를 대표할 수 있는, 이보다 더 아름다운 에너지가 또 어디 있겠는가! 최대한 많은 사람이 같은 방식으로 난방을 한다면 분명 바람직한 결과를 얻을 수 있지 않을까?

이 고전적인 목재 연료와 관련해 이런 말이 있다.

"나무는 두 번 따뜻하게 해준다. 한 번은 나무를 벨 때, 그리고 또 한 번은 장작을 땔 때."

* 1998년 전력자유화가 단행된 독일에서는 소비자들이 전력판매사와 요금제를 골라 쓸 수 있다. 특히 환경단체 그린피스가 만든 그린피스 에너지, 지역 협동조합이 운영하는 쇠나우 등 재생에너지 전력을 전문적으로 판매하는 회사들이 등장하면서 고객과 직거래를 하고 있다.

나도 장작을 이용해 난방을 했었다. 하지만 어느 날 갑자기 허리를 움직이지 못하게 되었고, 당장 디스크 수술을 받아야 한다는 진단을 받았다. 더 이상 장작을 팰 수는 없게 되었지만 우리 관사의 탄소 중립은 유지하고 싶었다. 그래서 선택한 것이 바로 펠릿보일러였다.

펠릿은 나무를 톱밥으로 분쇄한 후 높은 온도와 압력으로 압축한 작은 원통형 조각인데, 이를 대량 구매해 트럭으로 운반한 뒤 지하 벙커에 저장해 놓으면 펠릿을 연료로 한 난방이 가능하다. 난방이 필요할 때는 자동 스크루 컨베이어가 일정한 양의 펠릿을 버너로 옮기고, 버너가 펠릿을 태우면서 물을 데우고 이를 통해 난방하는 원리다. 기본적으로 석유나 가스보일러 못지않게 편리하다는 것이 펠릿보일러를 홍보하는 관련 업계의 주장이다. 손가락 하나 까딱하지 않고 목재로 난방할 수 있다고? 내 허리의 상태를 고려했을 때 최선의 선택이라 2009년 봄 우리는 관사 지하에 펠릿보일러를 설치했다. 하지만 막상 사용해 보니 홍보만큼 편리하지는 않았다. 수시로 재를 치워야 하고 와이어브러시를 이용해 배기라인을 세척해야 했다. 검은 먼지를 뒤집어써야 하는 일이다. 하지만 한 가지 사실을 알아내지 못했더라면 그 정도 수고쯤은 기꺼이 감수하고 계속 펠릿보일러를 사용했을 것이다.

나는 책을 준비하는 과정에서 많은 환경보호 운동가, 연구원 들과 만났다. 그 가운데 한 사람인 독일 예나의 막스플랑크연구소 소속 연구원이 보내 준 탄소순환 관련 보고서를 여러분에게 소개하고자 한다. 2009년 말 공개된 이 '카보유럽 IP'는 유럽 17개국, 61개 연구소, 전 세계 400여 명의 학자가 5년간 진행한 프로젝트의 결과물로,[56]

전 세계 탄소순환 과정에서 유럽의 역할을 중심에 두고 토지 이용 유형에 따라 어떤 기후변화가 나타나는지를 정리한 보고서다. 여기에는 숲과 관련한 장도 있었는데, 바로 이 부분에서 완벽하다고 생각한 나의 탄소 중립적인 삶은 무너져 내리고 말았다.

보고서는 숲이 결코 영원한 탄소순환의 장소가 될 수 없다고 이야기하고 있었다. 원시림에서는 나무가 죽으면 미생물에 의해 분해되지만, 완전하게 분해되지 않고 남은 일부는 오랜 세월에 걸쳐 목재 성분을 잃어버리면서 광물 성분을 흡수해 화석화된다. 나뭇잎이 햇빛을 차단하는 숲의 토양은 춥고 어둡기 때문에 마치 금고에 넣은 귀중품처럼 갇히고 마는 것이다. 이렇게 수천 년이 흐르면 석탄의 전 단계라 할 수 있는 화석연료가 만들어진다. 이렇게 생태계의 지하에 저장되는 숲의 유기물은 전체의 절반에 달한다.

하지만 이는 인간이 개입하지 않았을 때의 이야기다. 벌목이 진행되면 햇빛과 온기가 토양에 닿아 박테리아와 균사의 상태를 최상으로 끌어올리고, 토양에 저장되어 있던 화석연료는 분해된다. 금고가 약탈을 당해 토양이 머금고 있던 이산화탄소를 대기 중으로 흩뜨리는 것이다. 이것이 다가 아니다. 동일한 면적을 가진 원시림과 비교하면 조림이 이루어지는 숲에 사는 토양유기물은 원시림의 3분의 1 정도에 불과하다. 특히 나무의 경우가 그렇다. 나무가 굵직한 줄기를 만들기도 전에 베어 버리니 그리 놀랄 일도 아니다. 끊임없이 이어지는 간벌로 나무들은 뻥 뚫린 환경에서 과도한 햇빛에 노출되고, 이로써 유기물과 같은 현상을 겪는다. 이산화탄소 흡수량이 원시림의 3분의 1 수준에 머무는 것이다.

우리 숲에서는 산림경영을 공부하는 학생들을 대상으로 주기적으로 인턴십 프로그램을 제공하고 있다. 그들에게 주어지는 과제 중 하나는 탄소순환율을 측정해 일반인들이 알기 쉽게 설명하는 것인데, 놀랍게도 나무의 탄소순환율이 가스나 석탄의 탄소순환율보다 결코 높지 않다는 결과가 나왔다. 물론 나무는 계속 자라기 때문에 재생 가능한 에너지라고 봐야 한다. 하지만 인간에게 이용되는 숲은 기본적으로 이산화탄소 흡수율이 낮기 때문에, 나무의 탄소순환율을 측정할 때는 연료용 목재의 총량에서 이 부족분을 제해야 한다. 목질 바이오매스 에너지를 킬로와트시로 환산하면 심지어 화석 에너지의 탄소 배출량이 더 적다는 결과가 나온다. 소위 녹색 에너지라고 부르는 목질 바이오매스 에너지의 실체가 이런 것이다.

이것이 우리 관사에서 펠릿보일러를 치우게 된 결정적인 이유다. 내가 사는 곳에서 탄소 중립을 유지하려는 꿈은 버렸지만 문제는 또 있었다. 우리 관사의 지하에서 일어났던 일이 발전소에서도 똑같이 벌어지고 있기 때문이다. 종이든 가구든 장작이든 목재로 활용되는 모든 나무에 해당하는 한 가지 사실이 있다. 과거에 벌목이 이루어진 숲이라 하더라도 몇 년이 지나면 다시 줄기가 자라고 이산화탄소를 흡수한다는 사실이다. 그러나 간벌이 지속되어 햇빛이 그대로 떨어지는 숲의 경우에는 이야기가 다르다. 장기적으로 보면 이곳의 토양에서는 같은 양의 이산화탄소가 최소한 한 번은 더 배출되기 때문이다.[57]

이산화탄소가 소리를 낼 수 있다면 얼마나 좋을까. 쉬쉬거리는 소리도 좋고 휘파람 소리도 좋으니 어떤 소리든 내주었으면 좋겠다. 그렇게만 된다면 목질 바이오매스 에너지를 칭송하는 목소리가 사라질 테니 말이다. 내 계산에 따르면 목재 수확의 가장 극단적인 방법인 간벌이 한 번 이루어질 때마다 중부 유럽의 대기 중에 흩어지는 이산화탄소의 양은 1제곱킬로미터당 무려 10만 톤에 달한다.

현재 목질 바이오매스 에너지는 기후변화와의 싸움에서 매우 중요한 역할을 하고 있다. 하지만 이 에너지가 더 이상 탄소 중립적이지 않다는 사실이 드러난다면 10개년을 목표로 수립한 계획을 실행에 옮길 정부는 하나도 없을 것이다. 어찌 보면 정부의 조언자 역할을 하는 일부 학자들의 의견이 정책에 반영되지 않는 것도 이상하지 않다. 그렇게 되면 우리가 숲을 어떻게 사용하고 있는지가, 다시 말해 녹색에너지라는 미명하에 이루어지고 있는 토지 약탈의 실체가 적나라하게 드러날 것이기 때문이다.

결국 화석연료를 목질 바이오매스로 전환하는 것의 긍정적인 효과는 현대판 동화에 불과하다. 물론 일부에 한해서지만 석유와 석탄의 소비보다 임업이 자연을 파괴할 때가 많다. 환경보호는 대기오염을 줄인다고 해결되는 것이 아니다. 생태계 전체를 보호하는 것이 진정한 환경보호인 것이다. 그리고 바로 이 지점에서 나는 다소 극단적인 질문을 던져 보고 싶다. 엄밀히 따지면 화석연료의 사용은 두 배의 효과를 가져오지 않을까? 나무 대신 화석연료를 사용하면 나무는 숲에 머물 수 있으니 말이다. 여기에 "말 대신 트랙터, 거름 대신 인공비료를"이라는 슬로건을 내세워 경작을 이어 간다면 어떨까? 이렇게 하면 1헥타르당 생산량이 늘어날 것이고, 이에 따라 농업용 부지가 줄어들 것이다. 물론 소비를 늘리지 않는다는 전제하에서 말이다. 이는 토양의 피해를 줄이는 결과로도 나타날 것이다.

반면 발전의 바퀴를 거꾸로 돌려 화석 에너지를 나무 에너지로 대체한다면 어떨까? 우리와 더불어 사는 생명들이 고통을 호소할 것이다. 2009년 베를린 그린위크에 참석했을 당시 환경청의 한 직원에게 전해 들은 바에 따르면, 독일에서는 2008년 한 해에 경작지 외곽과 보호 지구가 약 3천 제곱킬로미터나 사라졌다고 한다. 바이오매스 에너지를 얻기 위해 옥수수와 유채 등을 심는 데 이용한 것이다.

석탄, 석유, 가스의 소비를 촉진하자는 것이 아니다. 오히려 그 반대다. 나는 이 에너지들을 사용하지 말아야 한다고 생각한다. 하지만 석유 대신 나무, 가스 대신 옥수수를 사용하자는 것은 결국 자연이 제공할 수 있는 제한된 자원의 양에 우리의 생활수준을 맞추자는 목소리를 외면하는 것이다. 우리의 경제가 1960년대 수준으로 돌아가는 일이 꼭 그렇게 나쁜 것일까? 그렇게 되면 자연도 숨을 돌릴 수 있다. 1년에 세 번씩 비행기를 타고 이탈리아로 여행을 떠났다면 한 번으로 줄이는 게 그렇게 힘든 일일까? 우리에게는 먹을 것도 입을 것도 충분하다. 의료복지 또한 그대로 유지될 것이다. 그리고 무엇보다 우리가 누리는 것들을 우리 아이들도 누릴 수 있게 될 것이다. 하지만 경제가 성장해야 한다는 논리가 앞서면 답이 없다. 복리 계산을 통해 이런 식으로는 계속 갈 수 없다는 것을 증명하고 또 증명하고 있는데도 우리는 도무지 멈출 생각을 하지 않는다.

오늘날의 경제 수준을 유지하며 성장과 환경보호를 동시에 이루려는 것은 미안하지만 불가능한 꿈이다. 두 가지를 모두 이루고자 한다면 하나는 희생해야 한다. 그리고 우리 모두는 지금 어느 쪽이 희생하고 있는지 확실히 알고 있다. 그런데도 우리가 양심의 가책 없이 발을 뻗고 잘 수 있는 이유가 있다. 식물로 만든 깨끗한 녹색 에너지가 주인공으로 등장하는 '잠자리 동화책'을 읽어 주는 정치인들이 있기 때문이다.

나무라고 다르지 않다

말이 나왔으니 기후변화에 대한 이야기도 짚고 넘어가 보자. 기온이 상승하면 나무들은 어떤 영향을 받을까? 이에 대해서는 내가 가장 사랑하는 수종인 너도밤나무를 예로 들어 설명하고 싶다. 너도밤나무의 유전적 특성은 저마다 다르다. 같은 너도밤나무종이라도 각각 성향이 매우 다른 것이다. 15세기 초부터 약 1900년에 이르는 소빙하시대에 너도밤나무가 생존할 수 있었던 이유도 바로 여기에 있다. 각자의 특성이 다르기 때문에 한꺼번에 멸종하지 않고 기후변화에 적응한 개체목들을 통해 지금까지 살아남을 수 있었던 것이다. 물론 이는 앞으로도 변함이 없을 것이다. 모든 너도밤나무가 높아진 기온을 견뎌 내지는 못하겠지만, 분명 일부는 살아남을 것이라는 뜻이다.

최근 바이에른주에서 진행된 한 연구에서는 설령 지금보다 기온이 더 상승하더라도 너도밤나무는 생존할 수 있을 것이라는 결과가 나왔다.[58] 정확히 몇 도까지 견뎌 낼 수 있을지는 예측하기 어려우나, 이들의 생존을 좌우하는 요인이 다양하기 때문에 가능한 시나리오라는 것이다.

기온 상승이 야기하는 최악의 문제는 아마도 여름마다 찾아오는 물 부족 현상일 것이다. 기온이 오르면 수분이 빠르게 증발하기 때문이다. 기온이 오른 만큼 나무들은 더 많은 수분을 필요로 한다. 여기에 강수량이 적은 것도 영향을 줄 것이다. 무거운 장비들이 드나들며 숲 바닥을 짓이겨 놓은 것에 대한 대가도 치러야 한다. 이로 인해 토양의 물 저장량이 최대 95퍼센트까지 줄어들 수 있어서다. 그렇게 되면 겨우내 저장할 수 있는 물의 양은 줄어들고, 겨울에 아무리 비가 많이 온다 해도 여름까지 버티지 못한다.[59] 이 같은 토양을 가진 숲이 기후변화로 겪는 피해는 현재진행형이다. 지금보다 기온이 2도 올랐을 때의 이야기가 아닌 것이다. 숲은 이미 견딜 수 없는 더위로 갈증을 호소하고 있지만, 이에 대한 책임은 오롯이 온실가스 효과가 떠안고 있는 것이다.

반면 토양이 훼손되지 않은 숲은 훨씬 많은 변화를 견딜 수 있다. 이와 관련해 소개하고 싶은 두 가지 사례가 있다. 교육생 시절 프랑켄 지역의 구주소나무숲에서 실습을 한 적이 있다. 유난히 강우량이 적은 지대의 숲이었다. 그곳의 기후는 모래땅과 포도 재배에 적합할 뿐, 숲의 입장에서는 늘 굶주려야 하는 환경이었다.

그 숲은 자연림으로 조성할 목표를 가지고 오래전 구주소나무 아래에 너도밤나무 묘목을 심어 놓은 상태였다. 산성의 침엽을 가진 나무들 사이에 너도밤나무가 몇 그루라도 심어져 있으면 최소한 지렁이를 비롯한 토양생물들이 먹잇감을 찾을 수 있을 것이고, 품질 좋은 부식토가 만들어질 것이라고 생각한 것이다. 사실 처음부터 실패가 예견된 일이었다. 너도밤나무는 건조한 환경을 견디지 못하기 때문이다. 하지만 너도밤나무의 성장은 사람들의 예측을 빗나갔다. 몇십 년에 걸쳐 자라고 또 자랐으며, 끝내 이들은 뿌리를 내린 토양을 건강하게 만들었다. 그러더니 어느 순간부터 너도밤나무가 구주소나무를 밀어내기 시작했다. 침엽수림이 활엽수림으로 탈바꿈한 것이다.

이로써 우리가 알 수 있는 사실이 있다. 숲은 자신이 필요로 하는 환경을 스스로 만든다는 것이다. 새로운 부식토가 생기면서 토양은 이전보다 많은 물을 저장할 수 있게 되었고, 나무들은 더 이상 물 부족에 시달리지 않고 여름을 날 수 있었다.

두 번째 사례는 내가 관리하고 있는 구역의 이야기다. 그리고 이번에도 고령의 너도밤나무 서식구역이 주인공이다. 기록적인 더위가 독일을 강타한 2003년 여름, 무려 반년간 만족할 만한 양의 비가 내리지 않아 나무들은 여기저기에서 고통을 호소했다. 간벌이 진행된 구역에서는 8월부터 나뭇잎을 떨이뜨리는 활엽수들이 등장하기 시작했다. 나뭇잎을 통한 수분 증발을 줄여 죽음을 피하려는 전략이었다. 하지만 인간의 손이 닿지 않아 훼손된 적이 없었던 숲의 상황은 달랐다. 원시림의 토양을 가진 구역에는 초록색 나뭇잎들이 무성했고 너도밤나무들은 더위의 공격에 끄떡없었다.

이는 자연 전체에 해당하는 현상이다. 여러분도 나도 마찬가지다. 정신적으로도 균형을 이루고 육체적으로도 건강하며 편안한 상태일 때는 아플 일이 없다. 하지만 직장이나 가정 내에서 스트레스를 받는다면 질병 앞에 취약해질 것이다. 나무라고 결코 다르지 않다. 산림경영을 통해 괴롭힘을 당하는 숲은 이후에 찾아오는 공격을 방어하지 못한다. 하지만 여전히 우리는 숲을 보호하는 대신 다른 해결책을 찾는 데 골몰하고 있다.

외래종과 함께 들어온 재난

사실 산림을 관리하는 일은 매우 쉽다. 산림경영 전문가는 자연적으로 자리 잡은 수종만 다루면 되기 때문이다. 숲에 씨를 뿌리는 일과 그것을 관리하는 일은 자연에게 맡기고 그저 필요에 따라 몇몇 개체목들만 수확하면 문제가 발생할 일도 없다. 자연의 순리에 따라 나무들은 누구의 방해도 없이 공동생활을 영위해 갈 것이고, 그렇게 되면 모두가 만족감을 누릴 수 있을 것이다. 심은 만큼만 수확하는 경영 방식에 더해 일부를 보호 지구로 지정한 숲이라면 밀집도가 높은 중부 유럽에서 숲을 지키는 아주 이상적인 해결책이 될 수 있을 것이라고 생각한다.

여기에는 문제가 하나 있다. 이 문제를 해결하려면 우선 지금까지 잘못해 온 일이 있음을 고백해야 한다. 하지만 우리는 여전히 잘못했다는 것을 인식하지 못하는 것 같다. 그래서 숲의 죽음에 대해 그랬듯이 기후변화에 대해서도 늘 다른 곳에 책임을 전가한다. 언제나 남의 탓인 것이다. 지금까지의 경영 방식을 고수해 놓고, 아니 심지어 바이오매스 에너지를 생산한다는 명목으로 더 강화해 놓고 해결책이 시급하다고 한다. 커다란 골짜기의 깊은 곳에서부터 제곱킬로미터 단위로 독일가문비나무숲이 사라지고 있다는 이유에서다. 하지만 그렇다고 외래종인 독일가문비나무를, 더 나아가 침엽수 목재를 포기하려 하지는 않는다. 말도 안 되는 일이라고 생각하기 때문이다.

그래서 책임 당국과 연구기관은 머리를 맞대고 대체재를 찾는다. 수익을 가져다주던 빵나무를 베어 냈다면 같은 값의 가치를 가진 나무를 찾는 것이다. 전나무는 어떨까? 활엽수와 비슷한 잎을 가지고 있고, 토종의 벌레와 균류가 기생하기에도 적합할 것이므로 생태학적 성향도 긍정적이다. 전나무라면 활엽수와 혼합림을 이룰 수 있을 것이다. 그러나 전나무를 매우 좋아하는 노루와 사슴이 문제다. 그렇다면 구주소나무는 어떤가? 구주소나무는 건조한 환경의 전문가이므로 지구 온난화에도 살아남을 수 있을 것이다. 결정적으로 무려 몇 세대에 걸쳐 브란덴부르크에 정착하는 데 성공하지 않았던가? 비도 많이 오지 않고 여름에는 끔찍하게 더운 곳에서 말이다. 하지만 이내 구주소나무도 포기한다. 구주소나무는 몇 년에 걸쳐 천천히 심는 것이 좋다는 말이 전해져서다. 그렇게 구주소나무 이야기마저 쏙 들어가 버리고 말았다.

최근 나는 내 관리구역에서 구주소나무들을 택벌하기 시작했다. 활엽수 인근에 있는 구주소나무는 모두 제거 대상이다. 식물기간 중 건조한 날이 많아진 것이 아마 2003년 무렵부터였던 것 같다. 이때부터 구주소나무가 집단으로 죽기 시작했다. 건조한 날씨에 강하다고 칭찬받던 수종인데도 그랬다. 구주소나무는 사실 건조한 지역에 적합하지 않은 수종이었다. 죽음을 맞이한 대부분의 구주소나무 아래에 다행히 어린 참나무들이 자라고 있었다. 이렇게 숲은 다시 자연적인 회복을 이룰 수 있었다. 환경을 위한다면 나쁘지 않은 변화다.

두 번째 대체목은 미송이다. 북아메리카, 정확하게는 미국의 북서 해안에서 들여온 외래종 소나무로, 그곳에서는 원시림 전체를 차지하고 있는 수종이다. 사실 미송은 고향에 놔두는 편이 나았을 것이라고 보지만, 호기심 많은 산림경영 전문가들이 100년 전에 들여왔고, 어느새 거대한 나무로 성장했다. 이들의 능력은 대단해서 독일가문비나무보다 빠르게 성장하는 데다 건조함과 더위에 강하다. 특히 미송의 목질은 정원용 가구나 테라스용 널빤지로 만들기 좋다. 일부러 도장 마감을 하지 않아도 썩지 않기 때문이다. 이 특성 덕인지 최근 제재소에서는 다른 침엽수들보다 미송의 가격을 높게 책정하고 있다. 수확 과정에서 줄기가 손상되어도 썩지 않는다. 그뿐인가. 다가올 미래의 기후변화에 대비해 무장하고 있으니, 그야말로 더할 나위 없는 나무인 셈이다. 연방산림청에서 끊임없이 미송의 식재를 권유하는 까닭은 바로 그것이다. 숲 주인들은 전문가인 산림청의 조언을 기꺼이 따를 뿐이다.

미송의 능력은 여기에서 끝나지 않는다. 독일가문비나무를 집단으로 죽음에 이르게 만드는 나무좀에 맞설 수도 있다. 하지만 오렌지 향을 풍기는 낯선 나무인 미송이 정작 진드기와 톡토기, 균류 그리고 그 밖의 향토 식물들에게는 절대 유용하지 않다는 사실에 관심을 갖는 사람은 없다.

산림경영 전문가들은 장기적인 관점에서 숲을 경영한다고 자부하지만, 정작 미송과 관련해서는 이와 같은 문제점을 여전히 인식하지 못하고 있는 것 같다. 그도 그럴 것이 미국 출신의 미송이 이곳에 들어온 지는 불과 100년밖에 되지 않았다. 한 나무가 가진 평균수명의 4분의 1도 보내지 못한 것이다. 미송이 중부 유럽의 생태계에 어떤 영향을 끼칠지는 아무도 예단할 수 없다. 심지어 미송을 따라 들어온 생물들이 어떤 결과를 불러일으킬지는 예측하기조차 어렵다. 생물종은 모두 저마다 다른 유해종을 가지고 있다. 생육이나 번식에 피해를 주는 적군이 있는 것이다. 미송이 유입될 당시만 해도 미송의 유해종은 대부분 대서양 너머에 남았다. 유해한 생물이 없으니 아무런 걱정 없이 성장할 수 있는 것은 당연했다.

하지만 시간이 지나면서 변화가 생겼다. 한 가지 사례가 이를 증명해 준다. 독일가문비나무좀은 기본적으로 미송을 공격하지 않는다. 그런데 몇 년 전 오스트리아의 한 전문지가 전한 소식은 충격적이었다. 갑자기 모든 미송 개체목이 가문비나무좀의 공격을 받아 일부가 죽고 말았다는 내용이었다.[60] 몇십 년이 흐르는 동안 가문비나무좀이 미송의 맛을 알게 된 것이다.

현 시대의 무역이 전 세계를 무대로 활기를 띠고 있는 탓에 성가신 생물들이 뒤늦게 유입되는 경우는 흔하다. 2007년 여름 나는 이웃 지역의 시장으로부터 전화 한 통을 받았다. 지역회관 옆에 있는 나무에 괴물 같은 진딧물들이 우글거린다며, 한번 봐줄 수 있느냐는 전화였다. 정말이었다. 주차장으로 꺾어 들어가는 순간, 내 눈에는 침엽수를 둘러싸고 바닥에 고여 있는 끈적끈적한 웅덩이가 들어왔다. 피해를 입은 수종은 전나무였다. 수십 년 전부터 유럽의 많은 정원과 공원에 식재된 외래종으로, 우리 구역의 관사 쪽에도 한 그루가 있다. 지금까지는 아무런 문제가 없었으나, 지역회관 앞에 있던 전나무 두 그루가 갑자기 통통하게 살이 오른 검은 벌레들로 뒤덮인 것이다. 그 가운데 가장 큰 것은 몸통의 길이가 0.5센티미터를 넘을 정도였다. 꿀을 연상시키는 이들의 배설물은 끈적끈적한 보슬비처럼 쏟아져 내렸다. 하필 많은 사람이 이용하는 지역회관 앞에서 이런 일이 일어났으니 보기에도 좋지 않았으리라.

이 작은 괴물들에 대해 들어 본 적이 없던 나는 집으로 돌아가 연구기관의 홈페이지에서 정보를 찾았다. 그리고 조사 결과, 이것이 그간 중부 유럽에서 발견되지 않던 콜로라도전나무진딧물이라는 사실을 확인할 수 있었다. 솜벌레의 일종으로 전나무와 함께 북아메리카에서 유입된 콜로라도전나무진딧물은 앞으로 우리 곁에 오래오래 머물 것이다. 물론 이들이 전나무에 치명적인 피해를 입히는 것은 아니다. 하지만 이 이 벌레들이 따라다니는 한 전나무를 정원에 심으려는 사람은 없지 않을까?

산림경영은 장기적인 사업이다. 그래서 의구심이 가는 부분이 있으면 먼저 입증된 사실을 근거로 판단을 내려야 한다. 아무런 위기의식 없이 외래종을 유입하고, 장기적으로는 그로 인해 낯선 균류나 벌레가 뒤따라 들어올 수 있는 위험성을 가벼이 여기는 동료들이 나로서는 도무지 이해가 되지 않는다. 중부 유럽의 침엽수들이 정말로 우리에게 득이 되는지 아닌지는 몇 세대가 지나고 나서야 제대로 평가할 수 있는 부분이기 때문이다.

외래종의 유입은 실험 정신이 투철한 산림경영 전문가들에게만 위협적인 것이 아니다. 무역의 세계화로 멸종 위기에 이르는 수종이 나타날 수 있기 때문이다. 과거 느릅나무가 그랬다. 지금 생각해도 참으로 애석한 일이 아닐 수 없다. 느릅나무가 공격당한 것은 1960년대부터였다. 아시아에서 목재를 들여오는 과정에서 공격적인 성향을 가진 균류가 유입된 것이다. 나무들은 보통 균의 공격에 효과적으로 방어하지만, 느릅나무의 경우에는 느릅나무 나무좀이 균들에게 길을 터준 것이 문제가 되었다.

나무좀은 늘 그렇듯 가장 좋아하는 음식을 얻기 위해 느릅나무를 파기 시작했다. 물론 아시아산 수입 목재가 등장하기 전까지 수천 년 동안은 아무런 문제가 없었다. 나무좀은 의도치 않게 균포자를 퍼뜨리는데, 나무에 구멍을 낼 때 나무껍질을 통해 목질에까지 침투시킨다. 감염으로부터 나무를 보호해 주는 마지막 장애물, 즉 나무의 껍질을 뚫고 나면 균들의 공격이 시작된다. 나무에 수분을 전달해야 할 책임이 있는 바깥 나이테에 자리를 잡는 것이다.

위기에 처한 나무는 이미 공격을 당한 부분을 떼어 내려고 물이 통하는 관을 막아 버린다. 하지만 그렇게 되면 더 이상 수분을 공급받지 못해 느릅나무는 결국 갈증으로 죽음에 이른다. 느릅나무의 죽음은 유럽을 넘어 북아메리카까지 이어졌고, 느릅나무와 함께 살던 수많은 생물종의 멸종을 불러왔다.

이 같은 재난의 위험은 산업계에도 도사리고 있다. 중국에서 들여온 상품들을 운반하는 데 사용하는 나무받침대를 통해 유리알락하늘소가 본 인근까지 침투해 온 것이다. 본에서 빠져나간 유리알락하늘소는 향토 활엽수들을 공격하기 시작했고, 가지마다 엄지손가락 두께만 한 구멍을 남겼다. 나무좀에게 공격당한 줄기는 부러졌고, 나무는 죽음을 맞이했다. 2008년 식품할인점에서 판매된 관상용 식물에도 이와 비슷한 나무좀들이 숨어 있었다. 세계무역은 분명 주의를 필요로 하는 일이다. 그럼에도 많은 사람이 검역지침을 성장을 가로막고 무역을 억제하는 경제적 손실 정도로 여기는 것 같다. 예방책을 쉽게 포기하는 인간의 욕심은 우리의 환경 그리고 또다시 뒷전이 되어버린 우리의 숲을 위협하고 있다.

15

숲 주인들의 고집으로 지켜지는 나무

이는 토지의 특성이 아니라
지역 주민들의 고집 때문에 가능한 일이었다.
주민들은 행정기관의 지시에 아랑곳하지 않고
전통적인 산림경영 방식을 이어 나갔다.
오늘날 이 반항아들의 숲은 산림경영의 메카가 되었다.

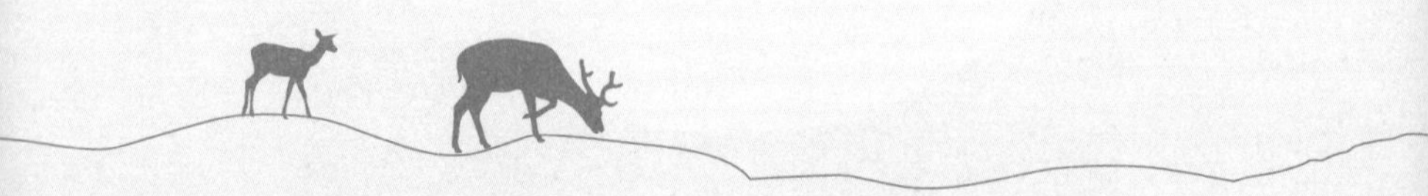

숲의 개발과 파괴는 정말 계속될 수밖에 없을까? 누구도 이 질문에 답할 수 없을 것이다. 하지만 오늘날 임업과 관련한 지식은, 생태학적으로 관리되는 구역과 보호 지구를 조합하여 숲의 생태계를 유지 또는 회복시킬 수 있는 수준으로까지 발전했다.

포장지에 '에코'라고 써 있다고 그 안에 들어 있는 것 모두가 친환경적인 것은 아니다. 요즘은 모든 산림경영업체가 생태학적인 것을 추구한다. 적어도 공식적으로는 그렇다. 환경을 파괴하는 산림경영에 대한 시민들의 목소리가 커지면서 생긴 변화다. 시민들은 기계로 파괴된 숲길, 무분별한 목재 수확, 늙은 나무들의 멸종 등에 비판의 목소리를 내기 시작했다. 실제로 요즘은 숲 주인이 혼자 모든 것을 결정할 수 없다. 시민들의 의식 수준이 그만큼 높아진 덕분이다. 그래서 이들은 경영 방식을 바꾸는 대신 생태학적으로 경영할 수 있는 면적이 얼마 되지 않는다는 주장을 고수한다. 기후 조건만 맞아도 원시림과 같은 수준으로 숲을 경영할 수 있을 것이라고 말이다. 나 또한 이와 같은 주장을 수없이 들었다. 하지만 그것이 얼마나 새빨간 거짓말인지를 지금부터 여러분에게 들려주겠다. 그러려면 진정한 의미의 생태학적 산림경영의 뿌리에 대한 이야기부터 시작해야 한다.

독일에는 생태학적으로 숲을 경영하는 산림경영 전문가들의 조직이 있다. 1950년에 설립된 이 조직은 오랜 전통을 갖고 있다. 'ANW'라고 부르기도 하는 자연림조성연구회가 바로 그 주인공이다. 이 조직에는 이미 오래전부터 주류에 반대해 온 산림경영 전문가들이 함께하고 있다. 숲의 자연적인 진화에 최소한으로 개입하고, 관찰하면서 배우고, 자신이 관리하는 구역에서 자연의 가르침을 받는 학생이기를 자처하는 사람들이다. 그러니 개벌이나 화학비료 사용, 침엽수 식재 등이 고려의 대상이 될 리 없다.

스위스와 오스트리아는 이보다 훨씬 늦게 뒤를 좇았다. 처음에는 'ANW'라는 이름으로 시작되었지만 '프로 실바 스위스ProSilvaSchweiz', '프로 실바 오스트리아Pro Silva Austria'라는 유사한 조직이 1992년과 2000년에 각각 설립되었다. 알프스 지대에는 오래전부터 생태학적인 산림경영의 선구자로 잘 알려진 사람이 있었다. 그 주인공은 스위스 북서부 쥐라에 위치한 쿠베 지역의 숲을 관리하던 앙리 비올리Henri Biolley다. 앙리 비올리가 선택한 방식은 택벌림이었는데, 최소한의 면적에서 임업림의 진행 과정 전부를 유지하는 방법이다. 앙리 비올리는 산림경영에 의한 개입을 철저하게 기록했고, 생장하는 모든 개체를 측정했으며, 이 같은 조사를 몇 년에 한 번씩 주기적으로 반복했다. 산림경영 전문가로서의 역할을 스스로 통제하고, 자신의 경영 방식이 어떤 영향을 가져오는지를 이해해 나간 것이다. 그야말로 그 구역은 축복받은 공유림이었다. 운 좋게도 앙리 비올리의 후임자 역시 그 성과를 인정하고 같은 방식으로 산림을 경영해 나갔다. 현재 쿠베의 공유림은 훌륭한 나무들로 가득하다. 웅장하게 서 있는 고목들과 그 아래 어두한 환경 속에서 자라는 어린나무들, 신중하게 목재를 수확하고 남은 곳곳의 그루터기들까지 관리하는 덕분이다. 인간과 자연의 조화를 보여 주는 이보다 아름다운 사례가 또 있을까.

앙리 비올리 같은 선구자는 어디에나 있었다. 그리고 선구자들이 생태학적 산림 경영을 이어 나갈 수 있었던 것은 이미 앞에서 길을 닦아 놓은 선조들의 지식이 있었기 때문이다. 그들 대부분은 건강한 인간 지성을 토대로 자신의 소유물을 대하는 평범한 농부들이었다. 그들의 숲에서는 나무를 수확해도 남은 나무의 숫자에 그다지 변화가 없었다.

행정기관에 있는 감독관들에게는 불편한 일이었다. 대체 어떻게 하는 거지? 혹시 사람들 몰래 자라는 것보다 더 많은 나무를 베어 내 숲을 파괴하고 있는 것은 아닐까? 그래서 19세기에는 이와 같은 택벌림이 금지된 적도 있다. 개벌로 수익을 얻는 공유림의 금고가 감시하기에는 더 쉽기 때문이다.[61] 한 구역에서 개벌이 이루어지면 다시 심어야 한다. 이런 공유림은 모호할 것이 하나도 없으니 정확한 측정이 가능하다. 이와 같은 19세기의 사고방식을 고수하고 있는 학자는 여전히 많다. 그리고 그들은 산림경영 전문가들에게도 영향을 미치고 있다. 그들에 따르면 택벌림은 알프스 지대, 슈바르츠발트, 슈바벤 주라에서나 가능하다. 이 지역들 외에는 택벌림이 발견되지 않고 있다는 이유에서다.

물론 이 지역에 택벌 작업 방식으로 관리되고 있는 나무들이 유난히 많은 것은 사실이다. 하지만 이는 토지의 특성이 아니라 지역 주민들의 고집 때문에 가능한 일이었다. 주민들은 행정기관의 지시에 아랑곳하지 않고 전통적인 산림경영 방식을 이어 나갔다. 오늘날 이 반항아들의 숲은 산림경영의 메카가 되었다. 적어도 한 번은 진짜 숲의 모습을 보고 싶은 마음에 전세버스를 타고 찾아온 산림경영 전문가들 모두가 놀라움을 금치 못하는 곳이 된 것이다.

이 지역들이 아니더라도 택벌림 운영을 고수해 온 숲의 주인들은 곳곳에 있다. 예를 들어 튀링겐주의 하이니히 국립공원이 그렇다. 그들의 주장도 같다. 다른 지역에서도 택벌 작업이 가능하다는 것이다. 특히 하이니히 국립공원 안에 있는 택벌림은 너도밤나무와 전나무, 독일가문비나무로 구성되어 있다. 알프스 지대의 택벌림과는 달리 오로지 활엽수로만 구성된 숲이다.

16

젊은 산림경영 전문가들

정작 학생들에게 전수되지 않은 것이 있다.
유일무이하고 복잡다단한 숲이라는
생태계를 향한 존경심과 사랑이다.
우리는 느림을 필요로 하는 곳에서는
속도를 내라고 가르치고,
면밀한 관찰이 필요한 곳에서는
대충 일반화해 버리라고 강요한다.

젊은이들에게 희망이 있다는 말은 산림경영 분야에도 적용된다. 나이 든 산림경영 전문가들이 하나둘 은퇴하기 시작하면 활기로 가득 찬 젊은 산림경영 전문가들이 숲을 회복시켜야 하기 때문이다. 휨멜에서도 우리의 지식을 전수하기 위해 매년 두 명의 실습생을 받는다. 내가 가진 지식을 돌아보고 이해하기 쉽게 설명하는 훈련의 시간이 되기에 실습생을 받는 일은 나에게도 도움이 된다. 이로써 나의 전문성을 시대의 흐름에 맞게 유지한다. 그뿐 아니라 여러모로 놀라운 시간이 된다.

젊은 친구들을 가르칠 때마다 잊지 않고 던지는 기본 질문이 하나 있다. “나무는 어디까지 자랄까?” 하는 것이다. 산림경영 전문가에게는 관리 대상에 대한 보편적인 지식을 갖추고 있어야 할 의무가 있다. 독일가문비나무는 어디까지 자랄까? 너도밤나무 수관의 최대 지름은 얼마일까? 그런데 이러한 질문을 할 때마다 학생들은 눈만 크게 뜬 채 대답을 하지 못하거나 터무니없는 숫자를 댄다.

"나무의 최대 수명은 100년 아닌가요? 아, 200년인가?"

돌아오는 것은 자신 없는 답변들뿐이다. 이런 순간을 맞닥뜨릴 때마다 화가 치민다. 스웨덴에서 약 1만 년을 산 전설적인 나무가 발견되었다거나 나무들이 서로 소통을 한다거나 나무의 성장은 매우 느리게 진행된다는 정보를 난생처음 들어 보는 듯한 반응에는 더더욱 말문이 막힌다.

반면 임업림의 경영에 대한 전문지식과 관련해서는 척척 잘도 대답한다. 어떤 장비를 언제 어디에 투입해야 하는지, 어떤 화학비료를 사용해야 하는지, 나무의 생장을 촉진하는 방법은 무엇인지, 그래서 최대한 빠르게 수확할 수 있는 방법은 무엇인지……. 이것들에 대해서는 할 말이 많은 모양이다. 목재가 좋은 녹색 에너지원이라는 데에도 깊은 확신을 갖고 있다. 숲에서 베어 내 가공한 모든 목질 바이오매스 에너지는 자연에게 축복이니 최대한 많이 사용해야 한다는 것이다. 하지만 정작 학생들에게 전수되지 않은 것이 있다. 유일무이하고 복잡다단한 숲이라는 생태계를 향한 존경심과 사랑이다. 우리는 느림을 필요로 하는 곳에서는 속도를 내라고 가르치고, 면밀한 관찰이 필요한 곳에서는 대충 일반화해 버리라고 강요한다.

이와 같은 비극은 필터링으로부터 시작된다. 자고로 사람은 자신과 같은 신념을 가진 사람들과 있을 때 편안함을 느끼기 마련이다. 학생들도 마찬가지다. 이들은 이미 확고한 신념을 가지고 일을 시작한다. 일부 과목의 경우, 개를 데리고 수업에 참여하는 일이 허용되는 것은 그 때문이다. 사실 이는 일반 학생에게는 허용되지 않는 예외적인 일이다. 그러나 미래의 산림경영 전문가에게는 예외가 아닌가 보다. 그렇게 되면 학생들은 직업에 대한 편견을 갖게 된다. 이들 중 대부분은 앞으로 공공기관에서 국민을 위해 일하는 공무원이자 직원이 될 것이다. 한번 상상해 보라. 상점의 계산대에 무서운 셰퍼드가 앉아 있다면 여러분은 그 상점을 자주 찾겠는가?

꽤 많은 동료가 제대로 훈련받지도 않아 산책객들에게 달려드는 거친 사냥개를 어떤 자리든 수행견처럼 데리고 다닌다. 고객의 편의가 최우선인 요즘 같은 시대에는 전혀 어울리지 않는 행동이다. 상황이 이러한데 학교에서마저 개를 데리고 다니는 것이 산림경영 전문가의 권리 중 하나라는 생각을 심어 준다면 무슨 수로 변화를 기대하겠는가.

복장 또한 문제다. 학생들은 산림경영 전문가가 지저분한 옷을 입을수록 좋다고 생각한다. 그래서 실습생이 되기 위한 면접 자리에 그런 복장으로 나타난 학생도 있었다. 실습이 시작되면 대부분의 학생이 그런 차림으로 숲을 누빈다. 긴 시간 대화를 나누며 숲을 찾는 산책객들에게 친절하게 굴 것을 가르칠 때면 마치 내가 부모라도 된 듯한 기분이 든다. 친절한 태도에는 깨끗하게 감은 머리와 땀냄새를 방지해 주는 데오드란트 사용, 말끔한 옷차림이 당연히 포함된다. 물론 산림경영 전문가가 지저분한 옷차림으로 나타날 수도 있다. 하지만 10미터 거리에서부터 바람을 타고 땀냄새가 전해지는 것은 분명 문제가 아닐까? 중요한 손님과의 만남에 왜 그렇게 지저분한 바지와 땀에 젖은 티셔츠를 입고 나타났는지를 묻자, 한 학생이 이렇게 대답했다.

"제가 일했다는 걸 보여 줘야 하잖아요!"

학교 이야기로 돌아가 보자. 이러한 생각을 가진 집단 속에는 분명 불편함을 느끼는 학생들이 있을 것이다. 새로운 방식의 산림경영으로 자극이 되어 줄 학생들은 정작 위협을 당한다. 여기에 수렵 문제까지 더해진다. 산림경영 전문가는 업무 차원에서, 즉 비용을 들이지 않고 수렵을 할 수 있는 몇 안 되는 직업에 속한다. 학교에는 아예 사격 자격증이라는 과목이 개설되어 있다. 임학을 공부하는 학생들 가운데에는 숲을 사랑해서가 아니라, 몰이수렵에 관심이 많거나 가족 중에 수렵인이 있어서 학위를 취득하는 경우도 상당수 있다.

이와 같은 환경에서는 사고의 변화도, 고통을 호소하는 숲을 구할 해결책 마련도 기대하기 어렵다. 이에 대해서는 산림경영 전문가로 활동하다 교수가 된 이들이 도움을 줄 수 있으리라고 생각한다. 루츠 패저Lutz Fähser 가 그런 사람이다. 루츠 패저는 그린피스의 기준에 맞게 뤼베크 공유림을 관리한 경험이 있는 산림경영 전문가로, 산림경영 업계의 괴짜로 알려진 달변가다. 심지어 절대로 모범을 삼지 말아야 할 사례로 뤼베크 공유림이 언급될 정도다. 루츠 패저가 한 일이라고는 택벌림과 보호 지구를 결합시킨 새로운 숲을 경영한 것뿐이다. 하지만 산림경영 전문가 모두가 이렇게 해야 한다면? 많은 이들에게는 상상조차 하기 싫은 일인 것이다.

17

희망의 끈을 놓지 않다

나는 우리가 사는 곳에서도 원시림이
회복될 수 있으리라는 희망의 끈을 놓지 않고 있다.
그리고 우리에게는 윤리적인 측면에서라도
원시림을 회복시켜야 할 책임이 있다.

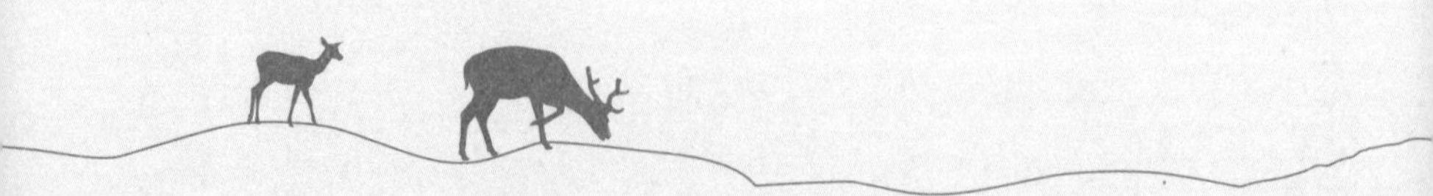

‘중부 유럽에 아름다운 숲이 많은데 모든 것을 너무 비관적으로만 보는 것은 아닐까?’라고 생각하는 독자도 분명 있으리라. 하지만 그렇지 않다. 숲이라는 생태계가 어디까지 피해를 입었는지 속속들이 아는 사람이 없기 때문에 가질 수 있는 생각일 뿐이다. 이는 습관과도 관계 있다. 그래서 잠시 여러분을 미래의 보르네오섬으로 안내하려고 한다. 현재 보르네오섬의 열대우림은 거의 사라진 것이나 다름없어 대신 지평선을 따라 기름야자 재배가 활기를 띠고 있다. 수많은 향토 동식물은 멸종되었고, 파괴되지 않은 서식지를 찾지 못한 오랑우탄들은 생존에 위협을 받고 있다.

이제부터 수십 년이 흐른 미래의 모습을 상상해 보자. 사람들은 어느새 아프리카에서 들여온 기름야자에 적응했다. 하지만 이 같은 생태계의 변화에 적응한 조류와 포유류, 곤충의 소수만 기름야자 단순림에 서식하고 있다. 그나마 생물종 다양성이 어느 정도는 유지되고 있는 셈이다. 그사이 아이들과 그 아이들의 아이들은 과거의 원시림도, 그 안에 살던 생명체들도 알지 못한 채 현재의 숲을 정상적인 것이라 생각하게 되었다. 기름야자 유입에 반대하는 목소리가 있었다는 사실조차 알려지지 않았는데, 아이들이 무슨 수로 문제를 인식하겠는가? 열대지방의 야자는 목가적인 풍경을 자아내며 식량과 연료까지 공급해 주고 있다. 게다가 일부지만 동식물이 서식하는 생태계의 기능은 유지되고 있다. 나무가 베어져 나갈 때마다 새로운 나무를 심고 있으니 지속 가능성의 측면 또한 고려하고 있다. 그런데 대체 뭐가 문제란 말인가?

우리가 본 것은 보르네오섬의 미래지만, 사실 이 시나리오의 결과는 우리가 사는 사는 곳에서도 직접 확인할 수 있다. 이는 이미 오래전 우리가 써 내려간 시나리오였기 때문이다. 우리는 광범위한 면적에 침엽수를 심었고, 생물종의 다양성은 빈곤해졌으며, 원시림은 자취를 감췄다. 그리고 여러 세대에 걸쳐 우리는 그와 같은 환경에 적응했다. 현재 우리에게 익숙한 조림지가 사라질 것이라고 해야 반발의 목소리가 나올 것이라는 이야기다. 하지만 그럴 일은 없다. 현 상태를 유지하고자 하는 산림경영 전문가들이 주민들과 부딪칠 이유가 없기 때문이다.

우리가 정말로 잃어버린 것이 무엇인지, 아직 살릴 수 있는 것이 남아 있다면 그것이 무엇인지, 혹은 무엇을 회복시켜야 하는 것인지 현재를 살아가는 우리는 알지 못한다. 유럽을 뒤덮고 있던 원시림도, 존엄하게 늙어 가는 나무들도, 오랜 기간에 걸쳐 성장하는 묘목들도 목격한 사람이 없으니 말이다. 이와 같은 비교 대상의 부재 속에서는 인공림 경영이 가져오는 폐해를 인지하기 어려운 것이 어쩌면 당연하다.

그렇다면 산림경영 전문가는 모두 숲을 착취하는 사람들일까? 물론 그렇지 않다. 나는 매우 헌신적으로 자신의 관리구역을 돌보는 동료들을 알고 있다. 자연의 권한을 자연에게 돌려주고, 원시림과 유사한 형태의 숲을 이루며, 역사 속 인공림의 수레바퀴가 거꾸로 돌아가기를 간절히 바라는 사람들이다. 그들은 유럽 전역에서 '프로실바'라는 이름으로 조직되어 활동을 해나가고 있다. 이와 비슷한 단체로는 자연과 동물보호의 조화라는 수렵의 새로운 표본을 제시하고 있는 수렵인들의 모임 '생태학적 수렵협회Ökologischer Jagdverband'가 있다.

그렇다고 다소 비관적으로 보일 수 있는 내 생각이 바뀐 것은 아니다. 수렵인과 산림경영 전문가의 95퍼센트가 지금껏 설명한 바와 같이 행동하고 있기 때문이다. 실제로 우리의 산림경영은 개발도상국 수준에서 벗어나지 못하고 있다. 다만 한 가지 그 나라의 산림경영 전문가들보다 뛰어난 위장술을 가지고 있을 뿐이다.

그럼에도 조금은 희망적인 이야기로 이 책을 마무리하고 싶다. 그러려면 우리의 시선을 한 번 더 브라질로 돌려야 한다. 브라질의 열대우림은 다양한 생물종을 자랑하는 곳이지만, 동시에 부서지기 쉬운 생태계로 여겨지기도 한다. 불과 몇 제곱킬로미터밖에 안 되는 구역에서만 발견되는 종들이 있는가 하면, 1헥타르의 숲에 중부 유럽의 나무 전부를 합친 것보다 많은 수종이 모여 있는 경우가 있기 때문이다. 여기에서 나무가 베어져 나가면 모든 것이 사라진다. 원숭이와 나무늘보, 희귀 나비종만 사라지는 것이 아니라 민감한 토양도 함께 파괴된다. 지리학적 측면에서 보면 나이가 아주 많은 땅이라 미네랄을 함유하고 있지 않아서이다. 그래서 이곳의 숲은 끊임없이 순환이 이루어져야 부족한 물질을 채울 수 있다. 죽은 동식물은 토양미생물들에 의해 분해되고, 이는 다시 양분이 되어 나무에 흡수되어야 한다. 하지만 원시림의 거인인 나무가 베어져 나가면 양분은 빗물에 휩쓸려 내려가고 이내 열매를 맺지 못하는 빈곤한 토양만 남게 된다. 지금까지 내가 알고 있는 바로는 그랬다.

2008년 8월 《프랑크푸르터 알게마이네 차이퉁》은 열대우림에서 원시인들의 거주지가 확장된 흔적이 발견되었다는 내용을 보도했다.[62] 지금으로부터 수백 년 전 아마존 열대우림의 남쪽에 도시와 경작지, 통행로, 도로가 들어섰던 것이다. 파헤치고 쌓아 올린 흔적들은 그 구역에서 집중적인 공사가 이루어졌다는 사실을 증명하고 있었다. 다시 말해 인간의 거주지로 사용되었던 곳에 다시 열대우림이 형성된 것이다. 브라질 서부에 있는 론도니아주가 이 사례에 해당한다.

최근 이 지역은 무분별한 개발의 대상이 되고 있는데, 인간의 개입이 전혀 이루어지지 않았을 것이라고 생각되는 곳에서 원주민들이 살았던 자취가 발견되면서 학자들은 놀라움을 감추지 못하고 있다. 그러니까 원시 상태로 보존되었다고 생각하던 광활한 원시림이 실제로는 인간의 적극적인 개발 이후 다시 형성된 두 번째 원시림이라는 사실이 드러난 셈이다. 흔히 자연친화적인 삶을 살았을 것이라는 원시인에 대한 환상을 버리고 보더라도, 이는 한번 개발된 우림은 영원히 회복될 수 없다는 기존의 가설을 반박하는 사실임이 틀림없다.

이로써 숲의 회복과 관련한 지금까지의 학문적 이론을 성급히 일반화할 수 없게 된 것이다. 그렇다면 우리가 사는 황무지에도 이와 같은 일이 일어날 수 있지 않을까?

나는 우리가 사는 곳에서도 원시림이 회복될 수 있으리라는 희망의 끈을 놓지 않고 있다. 그리고 우리에게는 윤리적인 측면에서라도 원시림을 회복시켜야 할 책임이 있다. 우리가 사는 곳의 환경이 변하지 않는 한, 파괴되어 가는 말레이시아와 인도네시아의 자연환경을 보며 오랑우탄의 죽음에 가슴 아파할 명분마저 사라져 버리기 때문이다.

하지만 아직은 여러분이 있다. 혹시 산림경영 전문가에게 영향력을 행사해 볼 의향은 없는가? 숲 문제와 관련해 지역의 회의가 열리면 그 자리에 참석해 의견을 내세워 보는 것은 어떤가? 문제가 발생하기 전에 조치를 취할 수 있을지도 모른다. 주 산림청이 다소 불편해할 색다른 문의를 해보는 것은 어떨까? 무엇이 되었든 분명 가치가 있을 것이다. 우리의 숲과 나무들은 지금 당장 우리의 도움을 절실히 필요로 하기 때문이다.

주

1_ Bundesministerium für Ernährung, Landwirtschaft und Verbraucherschutz (BMELV) (2011) : Unser Wald. Berlin. sowie : Bundesamt für Umwelt BAFU : Waldfläche. www.bafu.admin.ch/wald/01198/01201/index.html?lang=de.Stand 07. 09. 2012. sowie : Bundesforschungszentrum für Wald (2012) : Österreichs Wald. Wien.

2_ Bundesministerium für Ernährung, Landwirtschaft und Verbraucherschutz (BMELV) (2011) : Unser Wald. Berlin.

3_ Bundesministerium für Land- und Forstwirtschaft, Umwelt und Wasserwirtschaft (2012) : Holzeinschlag 2011 gestiegen — Schadholzanteil weiter rückläufig. www.lebensministerium.at/forst/oesterreich-wald/wirtschaftsfaktor/rohstoff-holz/holzeinschlag_2011.html. Stand 07. 09. 2012. sowie : Hofer P. et al. (2011) : Holznutzungspotenziale im Schweizer Wald. Auswertung von Nutzungsszenarien und Waldwachstumsentwicklung. Bundesamt für Umwelt. Bern. Umwelt-Wissen Nr. 1116. sowie : Statistisches Bundesamt : Forstwirtschaft— Gesamteinschlag nach Baumartengruppen. www.destatis.de/DE/ZahlenFakten/Wirtschaftsbereiche/Land-Forstwirtschaft/Forstwirtschaft/Tabellen/GesamteinschlagHolzartengruppen.html. Stand 07. 09. 2012.

4_ Schutzgemeinschaft Deutscher Wald : Was leistet der Wald für uns? www.sdw.de/waldwissen/oekosystem-wald/waldleistungen. Stand 07. 09. 2012.

5_ Denzler, L. (2007) : Der Bödmerenwald unter der Lupe. www.waldwissen.net/wald/naturschutz/monitoring/wsl_boedmerenwald/index_DE. Stand 25. 09. 2012.

6_ Boland, W. (2007) : Wehrhafte Pflanzen : Abwehr und Kommunikation mit Düften. In : Labor & more, 1, S. 34–39.

7_ ZDF.umwelt : Raubbau am Wald. Sendung vom 16. 06. 2011.

8_ Zimmermann, R. (2011) : Erfassung und Operationalisierung von ökosystemaren Funktionen und Dienstleistungen im Hinblick auf eine nachhaltige Waldnutzung. Diplomarbeit am Institut für Umweltforschung der RWTH Aachen.

9_ Niederlich, I. (2012) : Sind unsere Buchenwälder in Gefahr? In : Abendzeitung Nürnberg. 08. 05. 2012.

10_ Wellenstein, G. (1975) : Biologische und öko-toxikologische Probleme bei einer Flug-Begiftung unserer Wälder mit Derivaten der Phenoxyessigsäure. In : Plant Foods for Human Nutrition, 1, S. 1–20.

11_ Mit Helikoptern gegen Forstschädlinge in der Mark. In : Märkische Allgemeine. 04. 05. 2012.

12_ Land Brandenburg, Landesbetrieb Forst Brandenburg (2012) : Bekämpfungsmaßnahmen 2012 gegen Forstschädlinge. www.forst.brandenburg.de/sixcms/detail.php/550473. Stand 24. 09. 2012.

13_ Thüringer Landesforstverwaltung (2008) : »Kyrill« — Ein Orkantief mit weitreichenden Folgen für die Thüringer Forstwirtschaft. www.thueringen.de/de/forst/thueringenforst_anstalt_oeffentlichen_rechts/forstaemter/Frauenwald/kyrill. Stand 12. 09. 2012.

14_ Conedera, M. et al. (2007) : Pilze als Pioniere nach Feuer. In : Wald und Holz, 11, S. 45.

15_ Arnold, W. (2002) : Der verborgene Winterschlaf des Rotwildes. In : Der Anblick, 2, S. 28–33.

16_ Dohle, U. (2009) : Besser : Wie mästet Deutschland? In : Ökojagd, Februar, S. 14–15.

17_ Niedersächsisches Ministerialblatt (2007) : Langfristige, ökologische Waldentwicklung in den Niedersächsischen Landesforsten (LÖWE-Erlass). www.landesforsten.de/fileadmin/doku/W_u_U/loewe_erlass_2007.pdf. Stand 24. 09. 2012.

18_ Motorradzeitung (2012) : Wildunfälle—Vorsicht in der Dämmerung! www.

motorzeitung.de/news.php?newsid=71651. Stand 16. 09. 2012.
19_ Gesamtverband der Deutschen Versicherungswirtschaft e. V. (GDV) : Pressemitteilung. 07. 11. 2011.
20_ Deutscher Jagdschutzverband : Wildunfall-Statistik 2010/2011. medienjagd.test.newsroom.de/201011_wildunflle2.pdf. Stand 24. 09. 2012.
21_ European Court of Human Rights (2012) : Grundstückseigentümer hätte nicht verpflichtet werden dürfen, die Jagd auf seinem Land zu dulden. Pressemitteilung des Kanzlers Nr. 274, 26. 06. 2012.
22_ VOX-TV, Sendung hundkatzemaus vom 31. 03. 2012.
23_ Spoerrle, M. (2007) : Waidmanns Unheil. www.zeit.de/2002/06/Waidmanns_Unheil. Stand 16. 09. 2012.
24_ Naturschutzgroßprojekt Obere Ahr-Hocheifel : Extensivgrünland. www.obere-ahr-hocheifel.de/index.php?id=276. Stand 25. 09. 2012.
25_ Deutscher Bundestag, Drucksache 17/6021, 31. 05. 2011.
26_ Statistisches Bundesamt (2012) : Bruttoinlandsprodukt 2011 für Deutschland. Wiesbaden.
27_ Auswärtiges Amt (2012) : Wirtschaft. www.auswaertiges-amt.de/DE/Aussenpolitik/Laender/Laenderinfos/Brasilien/Wirtschaft_node.html. Stand 18. 09. 2012.
28_ Verband der Deutschen Säge- und Holzindustrie e. V. : Säge- und Holzindustrie—Die Branche. www.saegeindustrie.de. Stand 18. 09. 2012.
29_ Mrosek, T. Kies, U. und A. Schulte (2005) : Clusterstudie Forst und Holz 2005. www.wald-zentrum.de/pdf/projekte/Clusterstudie.pdf. Stand 18. 09. 2012.
30_ Wald-Zentrum : Clusterstudie Forst- und Holzwirtschaft Bundesrepublik Deutschland. www.wald-zentrum.de/index_innen.php?unav=projekte&subnav=aktuelle&seite=clusterstudie_deutschland.html. Stand 18. 09. 2012.
31_ Bundesministerium für Ernährung, Landwirtschaft und Verbraucherschutz : Das potenzielle Rohholzaufkommen in Deutschland. www.bundeswaldinventur.

de/enid/867d49b1b41e508e23a60790befb5ade,0/7p.html. Stand 18. 09. 2012.

32_ Heitkamp, A. (2003) : Die Einrichtung von (Ziel-)Nationalparks in Deutschland — Dargestellt am Beispiel des für 2004 geplanten »Nationalpark Eifel«, Hausarbeit zur Erlangung des Grades Magister Artium der Philosophischen Fakultät im Fachbereich Geographie der Heinrich-Heine-Universität Düsseldorf. www.nationalpark-eifel.de/data/inhalt/Magisterarbeit_Eifel_1086941555_1136453997.pdf. Stand 24. 09. 2012.

33_ Verband der Säge- und Holzindustrie Baden-Württemberg e. V. : Positionspapier VSH—Ist der Schwarzwald für einen Nationalpark geeignet? www.vsh.de/nationalpark/positionspapier. Stand 25. 09. 2012.

34_ Bundesverband Säge- und Holzindustrie Deutschland (2012) : Nationalpark Rheinland-Pfalz : Sägeindustrie fordert zeitgemäße Alternativen. www.bshd.eu/sites/pressemitteilungen.php?id=170&headline=Nationalpark%20Rheinland-Pfalz:%20S%E4geindustrie%20fordert%20zeitgem%E4%DFe%20Alternativen. Stand 25. 09. 2012.

35_ Arbeitsgemeinschaft Deutscher Waldbesitzerverbände e. V. (2012) : Buchwälder schützen durch nützen! www.agdw.org/index.php?option=com_content&view=article&id=64:buchenwaelder-schuetzen-durch-nuetzen&catid=11&Itemid=119. Stand 25. 09. 2012.

36_ Holzverbrauch 2011 auf über 1,3 m^3 pro Kopf gestiegen. In : Holz-Zentralblatt, 38, 21. 09. 2012, S. 1.

37_ Positionspapier des Vereins für Forstliche Standortskunde und Forstpflanzenzüchtung e. V. (VFS) (2006) : Integrative Waldwirtschaft versus Segregation der Waldfunktionen. www.vfs-freiburg.de/html/seiten/output_adb_file.php?id=771. Stand 04. 10. 2012.

38_ Interne Mitteilung der Landesforstverwaltung Rheinland-Pfalz an ihre Mitarbeiter zur Vermeidung künftiger Gefahrensituationen.

39_ Ministerium für Umwelt, Landwirtschaft, Ernährung, Weinbau und Forsten

(2011) : BAT-KONZEPT — Konzept zum Umgang mit Biotopbäumen, Altbäumen und Totholz bei Landesforsten Rheinland-Pfalz.

40_ Pencz, H. (2007) : Ausweisung von Altholzinseln. In : AFZ-Der Wald, 1, S. 29–31.

41_ Bundesamt für Naturschutz (BfN) (2007) : Europäische Buchenwaldinitiative. BfN-Skripten 222, S. 7.

42_ www.wildebuche.de.

43_ Arbeitsgemeinschaft Deutscher Waldbesitzerverbände e. V. (2008) : Forst- und Holzwirtschaft tragen zum Klimaschutz bei. www.agdw.org/index.php?option=com_content&view=article&id=134:forst-und-holzwirtschaft-tragen-zum-klimaschutz-bei&catid=59&Itemid=213. Stand 9. 09. 2012.

44_ Unser Steigerwald e. V. : Ökopopulismus Nationalpark. www.unser-steigerwald.de/blog/2009/okopopulismus-nationalpark. Stand 19. 09. 2012.

45_ Arbeitsgemeinschaft Rohholzverbraucher e. V. und Bundesverband Säge- und Holzindustrie Deutschland e. V. : Umweltschutz an falscher Stelle! Die fünf größten Nationalparkirrtümer. www.forstkammer-bw.de/fileadmin/Forstkammer/Download/AGR-BSHD_Nationalpark-Irrtuemer.pdf. Stand 24. 09. 2012.

46_ www.treffpunktwald.de.

47_ FORDAQ (2007) : Holzernte — Harvesterfahrer statt Förster. holz.fordaq.com/fordaq/news/Holzernte_Harvesterfahrer_Foerster_Forstunternehmer_16044.html. Stand 24. 09. 2012.

48_ Bundeszentrale für politische Bildung (2012) : Die soziale Situation in Deutschland — Bevölkerung nach Ländern. www.bpb.de/nachschlagen/zahlen-und-fakten/soziale-situation-in-deutschland/61535/bevoelkerung-nach-laendern. Stand 04. 10. 2012. sowie : Statistik Austria (2012) : Österreich und seine Bundesländer. www.statistik.at/web_de/services/wirtschaftsatlas_oesterreich/oesterreich_und_seine_bundeslaender/index.html. sowie : Bundesamt für Statistik (2011) : Kennzahlen. www.bfs.

admin.ch/bfs/portal/de/index/international/laenderportraets/schweiz/blank/kennzahlen.html. Stand 04. 10. 2012.

49_ Schutzgemeinschaft Deutscher Wald Landesverband Rheinland-Pfalz e. V. (2012) : Wald-Jugendspiele Rheinland-Pfalz. www.wald-jugendspiele.de/index.php?Waldjugendspiele. Stand 24. 09. 2012.

50_ Brand-Schock, R. (2010) : Grüner Strom und Biokraftstoffe in Deutschland und Frankreich. Dissertation an der Freien Universität Berlin.

51 · 52_ Blasberg, A. und M. Blasberg (2011) : Niebel und die Indianer. www.zeit.de/2011/25/DOS-Ecuador-Yasuni-Nationalpark. Stand 21. 09. 2012.

53_ Landesregierung Rheinland-Pfalz, Ministerium für Umwelt, Landwirtschaft, Ernährung, Weinbau und Forsten (2011) : Höfken und Lemke kündigen Ausbau der Windkraft im Wald an. www.rlp.de/no_cache/aktuelles/presse/einzelansicht/archive/2011/september/article/hoefken-und-lemke-kuendigen-ausbau-der-windkraft-im-wald-an-1. Stand 21. 09. 2012.

54_ Bayerisches Landesamt für Umwelt (2012) : Windenergie in Bayern. Augsburg.

55_ Umweltbundesamt (2008) : Klimaschutz konkret — Mut zum Handeln. Berlin.

56 · 57_ Schulze, E.-D. et al. (2009) : CarboEurope-IP, An Assessment of the European Terrestrial Carbon Balance. Jena.

58_ Kölling, C. (2007) : Klimahüllen für 27 Baumarten. In : AFZ-Der Wald, 23, S. 1242–1245.

59_ ZDF.umwelt : Raubbau am Wald. Sendung vom 16. 06. 2011.

60_ Völkl, M. (2009) : Borkenkäfer an Douglasie. www.bfw.ac.at/db/bfwcms.web?dok=8054. Stand 24. 09. 2012.

61_ Landratsamt Freudenstadt (2008) : Plenterwald-Pfad.

62_ von Rauchhaupt, U. (2008) : Gartenträume am Xingu. In : Frankfurter Allgemeine Sonntagszeitung, 31. 08. 2008, S. 59.

숲, 다시 보기를 권함

1판 1쇄 발행 2021년 6월 25일
1판 2쇄 발행 2021년 11월 15일

지은이 페터 볼레벤
옮긴이 박여명
감수 남효창

발행인 김기중
주간 신선영
편집 민성원, 정은미, 정진숙
마케팅 김신정, 김보미
경영지원 홍운선

펴낸곳 도서출판 더숲
주소 서울시 마포구 동교로 43-1 (04018)
전화 02-3141-8301
팩스 02-3141-8303
이메일 info@theforestbook.co.kr
페이스북 · 인스타그램 @theforestbook
출판신고 2009년 3월 30일 제2009-000062호

ISBN 979-11-90357-65-4 03400

식물, 세계를 모험하다

혁신적이고 독창적인 전략으로 지구를 누빈 식물의 놀라운 모험담

스테파노 만쿠소 지음 | 임희연 옮김 | 신혜우 감수 | 204쪽 | 값 16,000원

*** 인디고서원 추천도서**

◇◇◇◇◇◇◇

귀소본능

행복과 생존의 본능, '귀소'의 의미를 찾아나선
세계적 생물학자의 세밀하고 집요한 탐사의 기록

베른트 하인리히 지음 | 이경아 옮김 | 462쪽 | 값 18,000원

*** 문화체육관광부 2018년 세종도서 교양 부문 선정작, 환경부(환경보전협회) 2018년 우수환경도서,**
국립중앙도서관 선정 2018 휴가철에 읽기 좋은 책, 전라북도 김승환 교육감 2018년 추천도서

◇◇◇◇◇◇◇

싸우는 식물

속이고 이용하고 동맹을 통해 생존하는 식물들의 놀라운 투쟁기

이나가키 히데히로 지음 | 김선숙 옮김 | 236쪽 | 값 14,000원

*** 2019우수과학도서, 학교도서관저널 2019년 추천도서(청소년과학), 광주광역시중앙도서관 2020년 권장도서**

◇◇◇◇◇◇◇

전략가, 잡초

'타고난 약함'을 '전략적 강함'으로 승화시킨 잡초의 생존 투쟁기

이나가키 히데히로 지음 | 김소영 옮김 | 김진옥 감수 | 228쪽 | 값 14,000원